新世纪普通高等教育
土木工程类课程规划教材

微课版

建筑施工组织

主　编　肖　婧　熊亚军　黄筑强
副主编　张　可

JIANZHU SHIGONG ZUZHI

大连理工大学出版社

图书在版编目(CIP)数据

建筑施工组织 / 肖婧，熊亚军，黄筑强主编. -- 大连 ：大连理工大学出版社，2024.2(2024.2 重印)
新世纪普通高等教育土木工程类课程规划教材
ISBN 978-7-5685-4495-5

Ⅰ. ①建… Ⅱ. ①肖… ②熊… ③黄… Ⅲ. ①建筑工程—施工组织—高等学校—教材 Ⅳ. ①TU721

中国国家版本馆 CIP 数据核字(2023)第 113862 号

大连理工大学出版社出版
地址:大连市软件园路 80 号　邮政编码:116023
发行:0411-84708842　邮购:0411-84708943　传真:0411-84701466
E-mail:dutp@dutp.cn　URL:https://www.dutp.cn
辽宁虎驰科技传媒有限公司印刷　　大连理工大学出版社发行

幅面尺寸:185mm×260mm　印张:13.5　字数:310 千字
2024 年 2 月第 1 版　　2024 年 2 月第 2 次印刷

责任编辑:王晓历　　责任校对:孙兴乐
封面设计:对岸书影

ISBN 978-7-5685-4495-5　　定　价:45.00 元

前言

Preface

“建筑施工组织”是高等院校土木工程、工程造价、工程管理等专业的一门主要专业课程，是建设工程项目从开工到竣工整个过程的重要投入手段，对于提高建设工程项目的质量、安全文明施工管理、工程进度控制和工程建设投资效益等起着十分重要的作用，有助于实现项目预期的质量、工期和成本目标。

建筑施工组织主要研究建筑工程施工组织的一般规律，将流水施工原理、网络计划技术和施工组织设计融为一体，既体现了施工组织的基本理论和基本方法，又注重与实践的结合，突出了本学科综合性和实践性较强的特点。

本教材编写结合高等教育人才培养要求，综合了目前建筑施工组织中常用的基本原理、方法、步骤、技术以及现代化科技成果，并采用了现行《工程网络计划技术规程》及相关规范、标准，具有适用性和超前性。本教材既注重理论联系实际，保证体系的系统性和完整性，又能体现内容的先进性、实用性、可操作性，便于理论教学与实践教学。

通过系统学习“建筑施工组织”，可提高综合运用所学知识解决实际问题的能力，为将来从事施工管理工作打下良好的基础。

本教材响应二十大精神，推进教育数字化，建设全民终身学习的学习型社会、学习型大国，及时丰富和更新了数字化微课资源，以二维码形式融合纸质教材，使得教材更具及时性、内容的丰富性和环境的可交互性等特征，使读者学习时更轻松、更有趣味，促进了碎片化学习，提高了学习效果和效率。

本教材由长沙学院肖婧，湖南工程职业技术学院熊亚军，长沙学院黄筑强任主编；湖南工程职业技术学院张可任副主编。具体编写分工如下：肖婧编写第3章、第4章，熊亚军编写第5章、第6章，黄筑强编写第1章，张可编写第2章。全书由肖婧统稿并定稿。

在编写本教材的过程中，编者参考、引用和改编了国内外出版物中的相关资料以及网络资源，在此表示深深的谢意！相关著作权人看到本教材后，请与出版社联系，出版社将按照相关法律的规定支付稿酬。

限于水平，书中仍有疏漏和不妥之处，敬请专家和读者批评指正，以使教材日臻完善。

编 者

2024年2月

所有意见和建议请发往：dutpbk@163.com

欢迎访问高教数字化服务平台：https://www.dutp.cn/hep/

联系电话：0411-84708462　84708445

Contents

目录

第1章 施工组织概论

学习内容

本章主要介绍基本建设的含义，阐述基本建设程序及其相互间关系；根据建筑产品及其生产的特点，叙述施工组织的复杂性和编制施工组织设计的必要性；介绍了施工组织设计的含义、作用、分类；阐述组织施工的原则。本章教学重点为基本建设程序、建设项目的划分及施工组织设计的分类、作用和主要内容；教学难点是施工组织设计的分类。

学习目标

了解基本建设的含义，基本建设程序及其相互间关系；了解施工组织设计的含义、作用、分类、组织施工的原则；理解建筑产品及其生产的特点；掌握基本建设程序、建设项目的划分以及施工组织设计的主要内容。

1.1 基本建设概述

1.1.1 基本建设的含义及项目分类

1. 基本建设的含义

基本建设是国民经济各部门、各单位新增固定资产的一项综合性的经济活动，主要通过新建、扩建、改建、迁建和恢复工程等投资活动完成。

基本建设是国民经济的组成部分。国民经济各部门都有基本建设经济活动，包括建设项目的投资决策、选址，建设布局，技术决策，环保、工艺流程的确定，设备选型，生产准备以及对工程建设项目的规划、勘察、设计和施工等活动。

有计划、有步骤地进行基本建设，对扩大社会再生产、提高人民物质文化生活水平和加强国防实力具有重要意义。基本建设的具体作用表现在为国民经济各部门提供生产能力；影响和改变各产业部门内部、各部门之间的构成和比例关系；使全国生产力的配置更趋合理；用先进的技术改造国民经济；为社会提供住宅、文化设施、市政设施等；为解决社会重大问题提供物质基础。

2. 基本建设项目分类

从全社会的角度来看，基本建设项目是由多个建设项目组成的。基本建设项目一般是指在一个总体设计或初步设计范围内，由一个或几个有内在联系的单项工程组成，在经济上实行统一核算，行政上有独立组织形式，实行统一管理的建设项目。凡属于总体进行建设的主体工程和附属配套工程、供水供电工程等，均应作为一个工程建设项目，不能将其按地区或施工承包单位划分为若干个工程建设项目。

基本建设项目可以按如下标准进行分类：

(1)按建设性质分类

基本建设项目按建设性质可分为新建项目、扩建项目、改建项目、迁建项目和恢复(重建)项目。

①新建项目：是指根据国民经济和社会发展的近远期规划，按照规定的程序立项，从无到有的建设项目。现有企业、事业和行政单位一般没有新建项目，只有当新增加的固定资产价值超过原有全部固定资产价值(原值)3 倍以上时，才可算新建项目。

②扩建项目：是指企业为扩大生产能力或新增效益而增建的生产车间或工程项目，以及事业和行政单位增建业务用房等。

③改建项目：是指为了提高生产效率，改变产品方向，提高产品质量以及综合利用原材料等，对原有固定资产或工艺流程进行技术改造的工程项目。

④迁建项目：是指现有企、事业单位为改变生产布局、考虑自身的发展前景或出于环境保护等其他特殊要求，搬迁到其他地点进行建设的项目。

⑤恢复(重建)项目：是指原固定资产因自然灾害或人为灾害等原因已全部或部分报

废，又在原地投资重新建设的项目。

基本建设项目按其性质分为上述五类，一个基本建设项目只能有一种性质，在项目按总体设计全部建成之前，其建设性质是始终不变的。

(2)按投资作用分类

基本建设项目按其投资在国民经济各部门中的作用，分为生产性建设项目和非生产性建设项目。

①生产性建设项目：是指直接用于物质生产或直接为物质生产服务的建设项目，包括工业建设、农业建设、基础设施建设、商业建设等。

②非生产性建设项目：是指用于满足人民物质和文化、福利需要的建设和非物质生产部门的建设，包括办公用房、居住建筑、公共建筑、其他建设等。

(3)按建设项目建设总规模和投资的多少分类

根据国家规定的标准，按建设项目建设总规模和投资的多少，基本建设项目划分为大型、中型、小型三类。

对工业项目来说，基本建设项目按项目的设计生产能力规模或总投资额划分。其划分项目等级的原则是按批准的可行性研究报告(或初步设计)所确定的总设计能力或投资总额的大小，依据国家颁布的《基本建设项目大中小型划分标准》进行分类。生产单一产品的项目，一般以产品的设计生产能力划分；生产多种产品的项目，一般按照其主要产品的设计生产能力划分；产品分类较多，不易分清主次，难以按产品的设计能力划分时，按其投资额划分。

按生产能力划分的基本建设项目，以国家对各行各业的具体规定作为标准；按投资额划分的基本建设项目，能源、交通、原材料部门投资额达到 5 000 万元以上为大中型建设项目，其他部门和非工业建设项目投资额达到 3 000 万元以上为大中型建设项目。

对于非工业建设项目，基本建设项目按项目的经济效益或总投资额划分。

(4)按行业性质和特点分类

根据工程建设的经济效益、社会效益和市场需求等基本特性，可以将其划分为竞争性项目、基础性项目和公益性项目三种。

①竞争性项目：是指投资效益比较高、竞争性比较强的一般建设项目。

②基础性项目：是指具有自然垄断性、建设周期长、投资额大而收益低的基础设施和需要政府重点扶持的一部分基础工业项目，以及直接增强国力的符合经济规模的支柱产业项目。

③公益性项目：主要包括科技、文教、卫生、体育和环保等设施，公、检、法等政权机关以及政府机关、社会团体办公设施、国防建设等。

1.1.2　基本建设程序

拓展阅读1

基本建设程序是基本建设项目从策划、选址、评估、决策、设计、施工、竣工验收到投入生产或交付使用的整个建设过程中，各项工作必须遵循的先后工作次序。基本建设程序是经过大量实践工作所总结出来的工程建设过程中客观规律的反映，是工程项目科学决策和顺利进行的重要保证。按照我国现行规定,一般大中型工程项目的建设程序可以分为以下几个阶段,如图 1-1 所示。

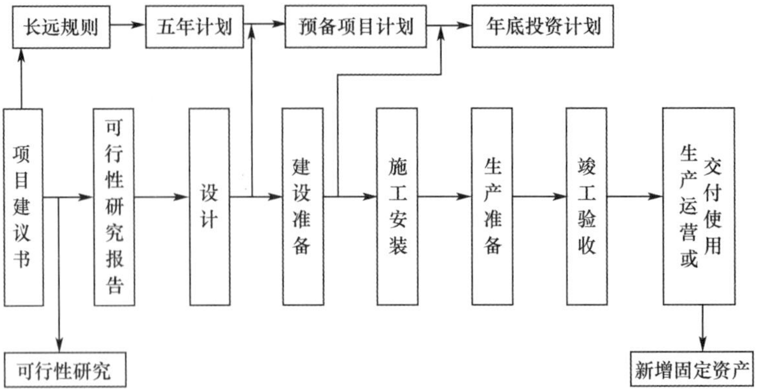

图 1-1　大中型工程项目的建设程序

1. 项目建议书阶段

项目建议书是由业主单位提出的要求建设某一项目的建议性文件,是对工程项目建设的轮廓设想。项目建议书的主要作用是推荐一个项目,论述其建设的必要性、建设条件的可行性和获利的可能性。根据国民经济中长期发展规划和产业政策,由审批部门审批,并据此开展可行性研究工作。

项目建议书的内容视项目的不同而有繁有简,但一般应包括以下几方面内容:

①建设项目提出的必要性和依据。

②产品方案、拟建规模和建设地点的初步设想。

③资源情况、建设条件、协作关系等的初步分析。

④投资估算和资金筹措设想。

⑤经济效益和社会效益初步估计。

项目建议书按要求编制完成后,应根据建设规模分别报送有关部门审批。项目建议书经审批后,就可以进行详细的可行性研究工作了,但这并不表示项目非上不可,项目建议书并不是项目的最终决策。

2. 可行性研究报告阶段

可行性研究的主要作用是对项目在技术上是否可行和经济上是否合理进行科学的分析和论证,在评估论证的基础上,由审批部门对项目进行审批。经批准的可行性研究报告是进行初步设计的依据。可行性研究报告主要内容因项目性质不同而有所不同,但一般应包括以下内容:

①项目的背景和依据。

②需求预测及拟建规模、产品方案、市场预测和确定依据。

③技术工艺、主要设备和建设标准。

④资源、原料、动力、运输、供水及公用设施情况。

⑤建设条件、建设地点、布置方案、占地面积。

⑥项目设计方案及协作配套条件。

⑦环境保护、规划、抗震、防洪等方面的要求及相应措施。

⑧建设工期和实施进度。

⑨生产组织、劳动定员和人员培训。

⑩投资估算和资金筹措方案。

⑪财务评价和国民经济评价。

⑫经济评价和社会效益分析。

可行性研究报告经批准，建设项目才算正式“立项”。

3. 设计阶段

设计是对拟建工程的实施在技术上和经济上所进行的全面而详尽的安排，即建设单位委托设计单位，按照可行性研究报告的有关要求，根据建设单位提出的技术、功能、质量等要求来对拟建工程进行图纸方面的详细说明。它是基本建设计划的具体化，同时也是组织施工的依据。按我国现行规定，对于重大工程项目要进行三阶段设计：初步设计、技术设计和施工图设计。中小型项目可按两阶段设计进行——初步设计和施工图设计。有的工程技术较复杂时，可把初步设计内容适当加深扩大到技术设计。

(1)初步设计

根据批准的可行性研究报告和比较准确的设计基础资料所做的具体实施方案，目的是阐明在指定的地点、时间和投资控制数额，拟建工程在技术上的可能性和经济上的合理性，并通过对工程项目所做出的基本技术经济规定，编制项目总概算。

(2)技术设计

根据初步设计和更详细的调查研究资料，进一步解决初步设计中的重大技术问题，如工艺流程、建筑结构、设备选型及数量确定等，并修正总概算。

(3)施工图设计

根据批准的扩大初步设计或技术设计的要求，结合现场实际情况，完整地表现建筑物外形、内部空间分割、结构体系、构造状况以及建筑群的组成和周围环境的配合。它还包括各种运输、通信、管道系统、建筑设备的设计。在工艺方面，应具体确定各种设备的型号、规格及各种非标准设备的制造加工过程。在施工图设计完成后应编制施工图预算。

4. 建设准备阶段

项目在开工前要切实做好各项准备工作，其主要内容包括：

①征地、拆迁和场地平整。

②完成施工用水、电、路等畅通工作。

③组织设备、材料定货。

④准备必要的施工图纸。

⑤组织施工招标，择优选定施工单位。

5. 施工安装阶段

工程项目经批准开工建设，项目即进入了施工阶段。项目新开工时间，是指工程建设项目设计文件中规定的任何一项永久性工程第一次正式破土开始施工的日期。

施工安装活动应按照工程设计要求、施工合同条款及施工组织设计，在保证工程质量、工期、安全、环保等目标的前提下进行，达到竣工验收标准后，由施工单位移交给建设单位。

6. 生产准备阶段

在生产前要切实做好各项准备工作，其主要内容包括：

①招收和培训生产人员。

②组织准备。

③技术准备。

④物资准备。

7. 竣工验收阶段

当工程项目按设计文件的规定内容和施工图纸的要求建完后，便可组织验收。竣工验收是工程建设过程的最后一环，是投资成果转入生产或使用的标志，也是全面考核基本建设成果、检验设计和工程质量的重要步骤。

工程项目竣工验收及交付使用，应达到下列标准：

①生产性项目和辅助公用设施已按设计要求建完，能满足要求。

②主要工艺设备已安装配套，经联动负荷试车合格，形成生产能力，能够生产出设计文件规定的产品。

③职工宿舍和其他必要的生产福利设施，能适应投产初期的需要。

④生产准备工作能适应投产初期的需要。

⑤环境保护设施、劳动安全卫生设施、消防设施已按设计要求与主体工程同时建成使用。

拓展阅读2

1.1.3 工程建设项目的组成

根据国家《建筑工程施工质量验收统一标准》(GB 50300—2013)规定，工程建设项目可分为单项工程、单位工程、分部工程、分项工程和检验批。

1. 单项工程

具备独立施工条件并能形成独立使用功能的建筑物及构筑物为一个单项工程。工业建设项目(如各个独立的生产车间、实验大楼等)、民用建筑(如学校的教学楼、食堂、图书馆等)都可以称为一个单项工程。单项工程是工程建设项目的组成部分，一个工程建设项目有时可以仅包括一个单项工程，也可以包括许多单项工程。由于单项工程的施工条件具有相对的独立性，因此一般要单独组织施工和竣工验收。单项工程体现了工程建设项目的主要建设内容，是新增生产能力或工程效益的基础。

2. 单位工程

具备独立施工条件可以独立编制施工图预算，施工企业可以据此考核工程成本和进行核算的工程，但建成后不能独立发挥生产能力或使用效益。为了便于施工，通常根据工程性质和能否满足独立施工的要求，将一个单项工程划分为若干个单位工程，故单位工程是单项工程的组成部分。

建筑安装工程中的单位工程有：一般土建工程，包括房屋的各类结构和装饰等；特殊构筑物工程，如水池、水塔、烟囱、桥梁、隧道工程等；卫生工程，包括室内外给排水工程、采暖通风工程、民用煤气管道工程等；电气照明工程，包括室内外照明设备安装、线路铺设、变电与配电安装工程。

3. 分部工程

分部工程是按单位工程的行业性质、建筑部位划分的，是单位工程的进一步分解。一般工业与民用建筑可划分为地基与基础工程、主体结构工程、装饰装修工程、屋面工程，其相应的建筑设备安装工程由给水、排水及采暖、建筑电气、通风与空调工程、电梯安装工程等组成。

当分部工程较大或较复杂时，可按材料种类、施工特点、施工程序、作业系统及类别等划分为若干子分部工程。如主体结构又可分为混凝土结构、砌体结构、钢结构、木结构等子分部工程。

4. 分项工程

分项工程是分部工程的组成部分，一般按主要工种、材料、施工工艺、设备类别等进行划分。例如模板工程、钢筋工程、混凝土工程、砖砌体工程等。分项工程是建筑施工生产活动的基础，也是计量工程用工用料和机械台班消耗的基本单元。分项工程既有其作业活动的独立性，又有相互联系、相互制约的整体性。

5. 检验批

按现行《建筑工程施工质量验收统一标准》(GB 50300—2013)规定，建筑工程质量验收时，可将分项工程进一步划分检验批。一个分项工程可由一个或若干检验批组成，检验批可根据施工及质量控制和行业验收需要按楼层、施工段、变形缝等进行划分。

1.2 建筑产品及其生产的特点

建筑产品是指根据社会生产发展和人民生活水平提高的需要而决定的各种类型和规模的工业、民用和公共等建筑物和构筑物的总称，是建筑施工的最终成果。建筑产品多种多样，但归纳起来有体形庞大、整体难分、不能移动等特点，这些特点就决定了建筑产品生产与一般的工业产品生产不同，只有对建筑产品及其生产的特点进行研究，才能更好地组织建筑产品的生产，保证产品的质量。

1.2.1 建筑产品自身的特点

与一般工业产品相比，建筑产品具有自己的特点：

1. 建筑产品的固定性

建筑产品是按照使用要求在固定地点兴建的。建筑产品的基础与作为地基的工地直接联系，因而建筑产品在建造中和建成后是不能移动的，建在哪里就在哪里发挥作用。在有些情况下，一些建筑产品本身就是工地不可分割的一部分，如油气田、桥梁、地铁、水库等。固定性是建筑产品与一般工业产品的最大区别。

2. 建筑产品的多样性

建筑产品一般是由设计和施工部门根据建设单位（业主）的委托，按特定的要求进行设计和施工的。由于对建筑产品的功能要求多种多样，因而建筑产品的结构、造型、空间分割、设备配置、内外装饰都有具体要求。即使功能要求相同，建筑类型相同，但由于地形、地质等自然条件不同以及交通运输、材料供应等社会条件不同，在建造时施工组织与施工方法也存在差异。建筑产品的这种多样性特点决定了建筑产品不能像一般工业产品那样进行批量生产。

3. 建筑产品体积庞大

建筑产品是生产与生活的场所，要在其内部布置各种生产与生活必需的设备与用具，因而与其他工业产品相比，建筑产品体型庞大，占有广阔的空间，排他性很强。因其体积庞大，建筑产品对城市的形成影响很大，城市必须控制建筑区位、面积、层高、层数、密度等，建筑必须服从城市规划的要求。

4. 建筑产品的高值性

能够发挥投资效用的任一项建筑品，在其生产过程中耗用了大量的材料、人力、机械及其他资源，不仅实物形体庞大，而且造价高昂，动辄数百万、数千万、数亿人民币，特大的工程项目其工程造价可达数十亿、数百亿人民币。建筑产品的高值性也使其工程造价关系到各方面的重大经济利益，同时也会对宏观经济产生重大影响。根据国际经验，每套社会住宅房价约为工薪阶层一年平均总收入的 6～10 倍，或相当于家庭 3～6 年的总收入。由于住宅是人们的生活必需品，因此建筑领域是一个政府经常介入的领域，如建立公积金制度等。

1.2.2 建筑产品生产的特点

1. 建筑产品生产的流动性

建筑产品生产的流动性有如下两层含义：

由于建筑产品是在固定地点建造的，生产者和生产设备要随着建筑物建造地点的变更而流动，相应材料、附属生产加工企业、生产和生活设施也经常迁移，使建筑生产费用增加。同时由于建筑产品生产现场和规模都不固定、需求变化大，因此要求建筑产品生产者在生产时遵循弹性组织原则。

由于建筑产品固定在工地上，与工地相连，在生产过程中，产品固定不动，人、材料、机械设备围绕着建筑产品移动，要从一个施工段移到另一个施工段，从房屋的一个部位转移到另一个部位。许多不同的工种，在同一对象上进行作业，不可避免地会产生施工空间和时间上的矛盾。这就要求有一个周密的施工组织设计，使流动的人、机、物等互相协调配合，做到连续、均衡施工。

2. 建筑产品生产的单件性

建筑产品的多样性决定了建筑产品生产的单件性。每项建筑产品都是按照建设单位的要求进行设计与施工的，都有其相应的功能、规模和结构特点，所以工程内容和实物形态都具有个别性、差异性。工程所处的地区、地段不同，可增强建筑产品的差异性，同一类型的工程或标准设计，在不同的地区、季节及现场条件下，施工准备工作、施工工艺和施工方法不尽相同，所以建筑产品只能是单件生产，而不能按通用定型的施工方案重复生产。

这一特点就要求施工组织设计编制者考虑设计要求、工程特点、工程条件等因素，制订出可行的施工组织方案。

3. 建筑产品的生产过程具有综合性

建筑产品的生产首先由勘察单位进行勘测，设计单位设计，建设单位进行施工准备，建安工程施工单位进行施工，最后经过竣工验收交付使用。所以建安工程施工单位在生产过程中，要和业主、金融机构、设计单位、监理单位、材料供应部门、分包等单位配合协作。由于生产过复杂，协作单位多，它是一个特殊的生产过程，因此这就决定了其生产过程具有很强的综合性。

4. 建筑产品生产受外部环境影响较大

建筑产品体积庞大，使建筑产品不具备在室内生产的条件，一般都要求露天作业，其生产受到风、霜、雨、雪、温度等气候条件的影响；建筑产品的固定性决定了其生产过程会受到工程地质、水文条件变化的影响，以及地理条件和地域资源的影响。这些外部条件对工程进度、工程质量、建造成本等都有很大影响。这一特点要求建筑产品生产者提前进行原始资料调查，制定合理的季节性施工措施、质量保证措施、安全保证措施等，科学组织施工，使生产有序进行。

5. 建筑产品生产过程具有连续性

建筑产品不能像其他许多工业产品一样可以分解为若干部分同时生产(标准化构件除外)，而是必须在同一固定场地上按严格程序连续生产，上一道工序不完成，下一道工序不能进行。建筑产品是持续不断的劳动过程的成果，只有全部生产过程完成，才能发挥其生产能力或使用价值。一个建设工程项目从立项到投产使用要经历五个阶段，即设计前的准备阶段(包括项目的可行性研究和立项)、设计阶段、施工阶段、使用前准备阶段(包括竣工验收和试运行)和保修阶段。这是一个不可间断的、完整的周期性生产过程，所以要求在生产过程中各阶段、各环节、各项工作必须有条不紊地组织起来，在时间上不间断，空间上不脱节。要求生产过程的各项工作必须合理组织、统筹安排，遵守施工程序，按照合理的施工顺序科学地组织施工。

6. 建筑产品的生产周期长

建筑产品的体积庞大决定了建筑产品生产周期长，有的建筑项目，少则 1～2 年，多则 3～6 年，甚至 10 年以上。因此它必须长期大量占用与消耗人力、物力和财力，要到整个生产周期完结，才能出产品。故应科学地组织建筑生产，缩短生产周期，尽快提高投资效果。

由此可知，建筑产品与其他工业产品相比，有其独具的一系列技术经济特点。现代建筑施工已成为一项十分复杂的生产活动，这就对施工组织与管理工作提出了更高的要求，主要表现在以下几个方面：

①建筑产品的固定性和其生产的流动性，构成了建筑施工中空间分布与时间排列的主要矛盾。建筑产品具有体积庞大和高值性的特点，决定了在建筑施工中要投入大量的生产要素(劳动力、材料、机具等)，同时为了迅速完成施工任务，在保证材料、物资供应的前提下，最好有尽可能多的工人和机具同时进行生产。而建筑产品的固定性又决定了在

建筑生产过程中，各种工人和机具只能在同一场所的不同时间或在同一时间的不同场所进行生产活动。要顺利进行施工，就必须正确处理这一主要矛盾。在编制施工组织设计时要通盘考虑，优化施工组织，合理组织平行、交叉、流水作业，使生产要素按一定的顺序、数量和比例投入，使所有的工人和机具各得其所、各尽其能，实现时间、空间的最佳利用，以达到连续、均衡施工。

②建筑产品具有多样性和复杂性，任何一个建筑物或建筑群的施工准备工作、施工工艺方法、施工现场布置等均不相同。因此在编制施工组织设计时必须根据施工对象的特点和规模、地质、水文、气候、机械设备、材料供应等客观条件，从运用先进技术、提高经济效益出发，做到技术和经济统一，选择合理的施工方案。

③建筑施工具有生产周期长、综合性强、技术间歇性强、露天作业多、受自然条件影响大、工程性质复杂等特点，进一步增加了建筑施工中矛盾的复杂性，这就要求施工组织设计要考虑全面，事先制定相应的技术、质量、安全、节约等保证措施，避免质量安全事故，确保安全生产。

另外，在建筑施工中，需要组织各种行业的建筑施工单位和不同工种的工人，组织数量众多的各类建筑材料、制品和构配件的生产、运输、储存和供应工作，组织各种施工机械设备的供应、维修和保养工作。同时，还要组织好施工临时供水、供电、供热、供气以及安排生产和生活所需的各种临时设施。其间的协作配合关系十分复杂。这要求在编制施工组织设计时要照顾施工的各个方面和各个阶段的联系配合问题，合理安排资源供应，精心规划施工平面布置，合理部署施工现场，实现文明施工，降低工程成本，发挥投资效益。

总之，由于建筑产品及其生产的特点，要求每个工程开工之前，根据工程的特点和要求，结合工程施工的条件和程序，编制出拟建工程的施工组织设计。建筑施工组织设计应按照基本建设程序和客观的施工规律的要求，从施工全局出发，研究施工过程中带有全局性的问题。施工组织设计包括确定开工前的各项准备工作，选择施工方案，安排劳动力和各种技术物资的组织与供应，安排施工进度以及规划和布置现场等。施工组织设计主要用来全面安排和正确指导施工，以达到工期短、质量优、成本低的目标。

什么是施工组织

1.3 施工组织设计与组织施工的原则

1.3.1 施工组织设计的含义及作用

1. 施工组织设计的含义

施工组织设计是规划和指导拟建工程从工程投标、签订承包合同、施工准备到竣工验收全过程的一个综合性的技术经济文件，是对拟建工程在人力和物力、时间和空间、技术和组织等方面所做的全面合理的安排，是沟通工程设计和施工之间的桥梁。作为指导拟建工程项目的全局性文件，施工组织既要体现拟建工程的设计和使用要求，又要符合建筑施工的客观规律，应尽量适应施工过程的复杂性和具体施工项目的特殊性，通过科学、经济、合理的规划安排，使工程项目能够连续、均衡、协调地进行施工，满足工程项目对工期、质量、投资方面的各项要求。

2. 施工组织设计的作用

施工组织设计是用以指导施工组织与管理、施工准备与实施、施工控制与协调、资源的配置与使用等全面性的技术经济文件，是对施工活动的全过程进行科学管理的重要手段。

其作用具体表现在以下方面：

①施工组织设计是施工准备工作的重要组成部分，同时又是做好施工准备工作的依据和保证。

②施工组织设计是根据工程各种具体条件拟定的施工方案、施工顺序、劳动组织和技术组织措施等，是指导开展紧凑、有序施工活动的技术依据。

③施工组织设计所提出的各项资源需要量计划，直接为组织材料、机具、设备、劳动力需要量的供应和使用提供数据。

④通过编制施工组织设计，可以合理利用和安排为施工服务的各项临时设施，可以合理地部署施工现场，确保文明与安全施工。

⑤通过编制施工组织设计，可以将工程的设计与施工、技术与经济、施工全局性规律和局部性规律、土建施工与设备安装、各部门之间、各行业之间有机结合，统一协调。

⑥通过编制施工组织设计，可分析施工中的风险和矛盾，及时研究解决问题的对策、措施，从而提高了施工的预见性，减少了盲目性。

⑦施工组织设计是统筹安排施工企业生产的投入与产出过程的关键和依据。工程产品的生产和其他工业产品的生产一样，都是按要求投入生产要素，通过一定的生产过程，而后生产出成品，而中间转换的过程离不开管理。施工企业也是如此，从承接工程任务开始到竣工验收交付使用为止的全部施工过程的计划、组织和控制的基础就是科学的施工组织设计。

⑧施工组织设计可以指导投标与签订工程承包合同，并作为投标书的内容和合同文件的一部分。

1.3.2 施工组织设计的分类

施工组织设计是一个总的概念，根据工程项目的类别、工程规模、编制阶段、编制对象和范围的不同，在编制的深度和广度上也有所不同。

1. 按施工组织设计阶段不同分类

根据施工组织设计阶段和作用的不同，施工组织设计可以划分为两类：一类是投标前编制的施工组织设计（简称标前设计），另一类是签订工程承包合同后编制的施工组织设计（简称标后设计）。两类施工组织设计的特点和区别见表 1-1。

表 1-1　两类施工组织设计的特点和区别

种类	服务范围	编制时间	编制者	主要特征	追求主要目标
标前设计	投标与签约	投标书编制前	经营管理层	规划性	中标与经济效益

（续表）

种类	服务范围	编制时间	编制者	主要特征	追求主要目标
标后设计	施工准备与验收	签约后开工前	项目管理层	作业性	施工效率和效益

2. 按施工组织设计的工程对象分类

按施工组织设计的工程对象范围分类，可分为施工组织总设计、单位工程施工组织设计及分部（分项）工程施工组织设计。

（1）施工组织总设计

施工组织总设计是以整个建设项目或民用建筑群为对象编制的，用以指导整个工程项目施工全过程的各项施工活动的全局性、控制性文件，是对整个建设项目的全面规划，涉及范围较广，内容比较概括。施工组织总设计一般在初步设计或扩大初步设计被批准之后，由总承包企业的总工程师负责，会同建设、设计和分包单位的工程师共同编制。

施工组织总设计用于确定建设总工期、各单位工程开展的顺序及工期、主要工程的施工方案、各种物资的供需计划、全工地性暂设工程及准备工作、施工现场的布置等工作，同时也是施工单位编制年度施工计划和单位工程施工组织设计的依据。

（2）单位工程施工组织设计

单位工程施工组织设计是以一个单位工程（一个建筑物或构筑物，一个交工系统）为编制对象，用以指导其施工全过程的各项施工活动的局部性、指导性文件，是施工单位年度施工计划和施工组织总设计的具体化，用以直接指导单位工程的施工活动，是施工单位编制作业计划和制订季、月、旬施工计划的依据。单位工程施工组织设计一般在施工图设计完成后，在拟建工程开工之前，由工程项目的技术负责人负责编制。单位工程施工组织设计，根据工程规模、技术复杂程度不同，其编制内容的深度和广度亦有所不同。对于简单单位工程，施工组织设计一般只编制施工方案并附以施工进度和施工平面图，即“一案、一图、一表”。

（3）分部（分项）工程施工组织设计

分部（分项）工程施工组织设计也叫分部（分项）工程施工作业设计。它是以分部（分项）工程为编制对象，用以具体实施其分部（分项）工程施工全过程的各项施工活动的技术、经济和组织的实施性文件。一般对于工程规模大、技术复杂、施工难度大或采用新工艺、新技术施工的建筑物或构筑物，在编制单位工程施工组织设计之后，常需对某些重要的又缺乏经验的分部（分项）工程再深入编制具体施工设计。例如深基础工程、大型结构安装工程、高层钢筋混凝土主体结构工程、无黏结预应力混凝土工程、定向爆破、冬雨期施工、地下防水工程等。分部（分项）工程作业设计一般在单位工程施工组织设计确定了施工方案后，由施工队（组）技术人员负责编制，其内容具体、详细、可操作性强，是直接指导分部（分项）工程施工的依据。

施工组织总设计、单位工程施工组织设计和分部（分项）工程施工组织设计是同一工程项目不同广度、深度和作用的三个层次。

1.3.3 组织施工的原则

1. 贯彻执行党和国家关于基本建设的各项制度，坚持基本建设程序

我国关于基本建设的制度有：审批制度；施工许可制度；从业资格管理制度；招标投标制度；总承包制度；承包合同制度；工程监理制度；建筑安全生产管理制度；工程质量责任制度；竣工验收制度；等等。这些制度为建立和完善建筑市场的运行机制、加强建筑活动的实施与管理提供了重要的法律依据，必须认真贯彻执行。

建设程序是指建设项目从决策、设计、施工到竣工验收整个建设过程中各个阶段及其先后顺序。各个阶段有着不可分割的联系，但不同的阶段有不同的内容，既不能相互代替，也不许颠倒或跳跃。实践证明，凡是坚持建设程序，基本建设就能顺利进行，就能充分发挥投资的经济效益；反之，违背了建设程序，就会造成施工混乱，影响质量、进度和成本，甚至对建设工作带来严重的危害。因此，坚持建设程序是工程建设顺利进行的有力保证。

2. 严格遵守国家和合同规定的工程竣工及交付使用期限

对总工期较长的大型建设项目，应根据生产或使用的需要，安排分期分批建设、投产或交付使用，以期早日发挥建设投资的经济效益。在确定分期分批施工的项目时，必须注意使如期交工的项目可以独立地发挥效用，即主要项目同有关的辅助项目应同时完工，可以立即交付使用。

3. 合理安排施工程序和顺序

建筑产品的特点之一是产品的固定性，这使得建筑施工各阶段工作始终在同一场地上进行。没有前一段的工作，后一段工作就不可能进行，即使它们之间交叉搭接地进行，也必须严格遵守一定的程序和顺序。施工程序和顺序反映客观规律的要求，其安排应符合施工工艺，满足技术要求，有利于组织立体交叉、流水作业，有利于为后续工程施工创造良好的条件，有利于充分利用空间、争取时间。

4. 尽量采用国内外先进施工技术，科学地确定施工方案

先进的施工技术是提高生产率和工程质量、加快施工进度、降低工程成本的主要途径。在选择施工方案时，要积极采用新材料、新设备、新工艺和新技术，努力为新结构的推行创造条件；要注意结合工程特点和现场条件，使技术的先进适用性和经济合理性相结合，还要符合施工验收规范、操作规程的要求，遵守有关防火、保安及环卫等规定，确保工程质量和施工安全。

5. 采用流水施工方法和网络计划技术安排进度计划

在编制施工进度计划时，应从实际出发，采用流水施工方法组织均衡施工，以达到合理使用资源、充分利用空间、争取时间的目的。

网络计划技术是当代计划管理的有效方法，采用网络计划技术编制施工进度计划，可使计划逻辑严密、层次清晰、关键问题明确，同时便于对计划方案进行优化、控制和调整，并有利于电子计算机在计划管理中的应用。

6. 贯彻工厂预制和现场预制相结合的方针，提高建筑工业化程度

建筑技术进步的重要标志之一是建筑工业化，在制订施工方案时必须注意根据地区条件和构件性质，通过技术经济比较，恰当地选择预制方案或现场浇筑方案。当确定预制方案时，应贯彻工厂预制与现场预制相结合的方针，努力提高建筑工业化程度，但不能盲目追求装配化程度的提高。

7. 充分发挥机械效能，提高机械化程度

机械化施工可加快工程进度，减轻劳动强度，提高生产率。为此，在选择施工机械时，应充分发挥机械的效能，并使主导工程的大型机械如土方机械、吊装机械能连续作业，以减少机械台班费用；同时，还应使大型机械与中小型机械相结合，机械化与半机械化相结合，扩大机械化施工范围，实现施工综合机械化，以提高机械化施工程度。

8. 加强季节性施工措施，确保全年连续施工

为了确保全年连续施工，减少季节性施工的技术措施费用，在组织施工时，应充分了解当地的气象条件和水文地质条件。尽量避免把土方工程、地下工程、水下工程安排在雨期和洪水期施工，把混凝土现浇结构安排在冬季施工；高空作业、结构吊装则应避免在风季施工。对那些必须在冬雨期施工的项目，则应采用相应的技术措施，既要确保全年连续施工、均衡施工，更要确保工程质量和施工安全。

9. 合理部署施工现场，尽可能减少暂设工程

在编制施工组织设计及现场组织施工时，应精心地进行施工总平面图的规划，合理地部署施工现场，节约施工用地；尽量利用正式工程、原有建筑物及已有设施，以减少各种临时设施；尽量利用当地资源，合理安排运输、装卸与储存作业，减少物资运输量，避免二次搬运。

思考与练习题

1. 什么是基本建设程序？基本建设程序有哪几个阶段？
2. 建筑产品自身及其生产各有什么特点？
3. 施工组织设计按编制阶段如何分类，各有什么特点和作用？
4. 施工组织设计的主要内容有哪些？
5. 编制施工组织设计应遵循的基本原则有哪些？

第2章 施工准备工作

学习内容

本章通过强调施工准备工作的意义，从6个方面对施工准备工作的具体内容进行了详细讲解，即调查、收集原始资料，技术资料准备，施工现场准备，物资准备，施工人员、组织准备和冬季、雨期施工准备。

学习目标

了解施工准备工作的意义；掌握施工准备工作的分类和主要内容。

施工准备和
施工部署

2.1 施工准备工作概述

2.1.1 施工准备工作的概念

施工准备工作是从组织、技术、经济、劳动力、物资等各方面，为拟建工程的施工创造必要的技术、物质条件，统筹安排施工力量和部署施工现场，事先必须做好各项准备工作，以确保顺利开工和工程施工的顺利进行。它是建筑施工管理的一个重要组成部分，是组织施工的前提，是顺利完成建筑工程任务的关键，是施工程序的重要环节。它有组织、有计划、有步骤分阶段地贯穿于整个工程建设的始终，不仅在开工前要做，开工后也要做。

现代建筑施工是一项复杂的生产活动，不仅要消耗大量的材料，使用多种施工机械，还要组织大量的施工人员，处理各种技术问题，协调各种协作关系，涉及面广，情况复杂。施工准备工作是施工企业搞好目标管理、推行技术经济承包的重要前提条件，同时还是土建施工和设计安装顺利进行的根本保证。因此，认真做好施工准备工作，对于发挥企业优势、合理供应资源、加快施工速度、提高工程质量、降低工程成本、增加经济效益和提高企业现代化管理水平都具有重要意义。

2.1.2 施工准备工作的意义

施工准备工作的意义具体体现在以下几个方面：

①施工准备工作是建筑企业生产经营管理的重要组成部分。

②施工准备工作是建筑施工程序的重要阶段。

③做好施工准备工作，可以有效降低施工风险。

④做好施工准备工作，可以加快施工进度，提高工程质量，节约资金和材料，从而提高经济效益。

⑤做好施工准备工作，可以调动各方面的积极因素，合理地组织人力、物力。

⑥做好施工准备工作，是施工顺利进行和工程圆满完成的重要保证。

大量实践经验证明，若是重视和做好施工准备工作，事先细致周到地为施工创造一切必要的条件，该工程的施工任务就能顺利完成。反之，若违背施工程序，忽视施工准备工作，工程仓促开工，又不及时做好施工中的各项工作，则虽有加快工程施工进度的主观愿望，也往往会造成事与愿违的客观结果。因此，严格遵守施工程序，按照客观规律组织施工，做好各项施工准备工作，是施工顺利和工程圆满完成的重要保证。

2.1.3 施工准备工作的分类及内容

1. 施工准备工作的分类

(1)按工程所处施工阶段分类

按工程所处施工阶段分类,施工准备可分为开工前的施工准备和开工后的施工准备。

①开工前的施工准备:是指在拟建工程正式开工前所进行的一切施工准备,目的是为工程正式开工创造必要的施工条件,带有全局性和总体性。它既包括全场性的施工准备,又包括单项(单位)工程施工条件的准备。没有这个阶段则工程不能顺利开工,更不能连续施工。

②开工后的施工准备:是指开工之后,每个施工阶段正式开始前,为某一单位工程、某个施工阶段或某个分部(分项)工程所做的施工准备工作,带有局部性和经常性。如砖混结构建筑的施工,通常分为地下工程、主体结构工程和装饰工程等施工阶段,每个阶段的施工内容不同,其所需物资技术条件、组织要求和现场布置等方面也不同。一般来说,冬季、雨季施工准备也都属于这种施工准备。

(2)按准备工作范围分类

按准备工作范围分类,施工准备可分为全场性施工准备、单项(单位)工程施工条件准备、分部(分项)工程作业条件准备。

①全场性施工准备:是指以整个建设项目或建筑群为对象所进行的统一部署的施工准备工作,其目的和内容都是为全场性施工服务的,它不仅要为全场性施工活动创造有利条件,还要兼顾单项(单位)工程施工条件的准备。

②单项(单位)工程施工条件准备:是指以一个建筑物或构筑物为施工对象而进行的施工条件准备,不仅要为该单项(单位)工程做好开工前的一切准备,还要为分部(分项)工程作业条件做好施工准备工作。

③分部(分项)工程作业条件准备:是指以一个分部(分项)工程为施工对象而进行的作业条件准备。由于对某些施工难度大、技术复杂的分部(分项)工程,需要单独编制施工作业设计,应对其所采用的施工工艺、材料、机具、设备及安全防护设施等分别进行准备。

2. 施工准备工作的内容

一般工程的施工准备工作可归纳为以下六部分内容:

①调查收集原始资料。

②技术资料准备:熟悉和会审图纸,编制施工图预算,编制施工组织设计。

③施工现场准备:清除障碍物,搞好三通一平,测量放线,搭设临时设施。

④物资准备:主要材料的准备,地方材料的准备,模板、脚手架的准备,施工机械、机具的准备。

⑤施工人员、组织准备:研究施工项目组织管理模式,组建项目经理部;规划施工力量的集结与任务安排,建立健全质量管理体系和各项管理制度;完善技术检测措施;落实分包单位,审查分包单位资质,签订分包合同。

⑥冬季、雨季施工准备:拟定和落实冬季、雨季施工措施。

每项工程施工准备工作的内容，视该工程本身及其具备的条件而定。只有按照施工项目的规划来确定准备工作的内容，并拟定具体的、分阶段的施工准备工作实施计划，才能充分地为施工创造一切必要的条件。

2.1.4 施工准备工作的要求

1. 施工准备工作应有组织、有计划、分阶段、有步骤地进行

①建立施工准备工作的组织机构，明确相应管理人员。

②编制施工准备工作计划表，保证施工准备工作按计划落实。

③将施工准备工作按工程的具体情况划分为开工前、地基基础工程、主体工程、屋面与装饰装修工程等时间区段，分期、分阶段、有步骤地进行。

2. 建立严格的施工准备工作责任制

施工准备工作项目多、范围广，必须建立严格的责任制，按计划将责任落实到有关部门及个人，明确各级技术负责人在施工准备工作中应负的责任，以便按计划要求的内容和时间进行工作。现场施工准备工作应由项目经理部全职负责。

3. 建立相应的检查制度

在施工准备工作实施过程中，应定期进行检查，可按周、半月、月度进行检查，主要检查施工准备工作计划的实施情况。检查的目的在于督促、发现薄弱环节，不断改进工作。如果没有完成计划要求，应进行分析，找出原因，排除障碍，协调施工准备工作进度或调整施工准备工作计划。检查的方法可采用实际与计划对比法，或采用相应单位、人员责任制，检查施工准备工作情况，当场分析产生问题的原因，提出解决问题的方法。后一种方法见效快，解决问题及时，现场采用较多。

4. 坚持按基本建设程序办事，严格执行开工报告制度

从施工准备工作完成到具有开工条件后，项目经理部应申请开工报告，报建设单位审查通过后方可开工。实行建设监理的工程，企业还应该将开工报告送监理工程师审批，由监理工程师签发开工通知书，在限定时间内开工，不得拖延。

单位工程应具备的开工条件如下：

①施工图纸已经会审并有记录。

②施工组织设计已经审核批准并已进行交底。

③施工图预算和施工预算已经编制并审定。

④施工合同已签订，施工证照已经审批办好。

⑤现场障碍物已清除。

⑥场地已平整，施工道路、水源、电源已接通，排水沟渠畅通，能满足施工需要。

⑦材料、构件、半成品和生产设备等已经落实并能陆续进场，保证连续施工的需要。

⑧各种临时设施已经搭设，能满足施工和生活的需要。

⑨施工机械设备的安排已落实，先期使用的机械设备已运入现场，已试运转并能正常使用。

⑩劳动力安排已经落实，可以按时进场。现场安全守则、安全宣传牌已建立，安全、防火的必要设施已具备。

5. 施工准备工作必须贯穿施工全过程

工程开工后，要随时做好作业条件的施工准备工作。施工顺利与否，主要看施工准备工作的及时性和完善性。因此，企业各职能部门要面向施工现场，像重视施工活动一样重视施工准备工作，及时解决施工准备工作中的技术、机械设备、材料、人力、资金、管理等各种问题，以提供工程施工的保证条件。项目经理应十分重视施工准备工作，加强施工准备工作的计划性，及时做好协调、平衡工作。

6. 取得相关协作单位的友好支持，多方配合做好施工准备工作

施工准备工作涉及面广，除了施工单位本身的努力外，还应取得建设单位、监理单位、设计单位、供应单位、银行、行政主管部门及其他协作单位的大力支持，分工负责，统一步调，共同做好施工准备工作，以缩短施工准备工作的时间，争取早日开工，施工中密切配合，保证整个施工过程顺利进行。

(1)设计与施工相结合

设计与施工两个方面的积极配合，对加速施工准备是非常重要的。双方应互通情况，通力协作，为准备工作快速、准确创造有利条件。

设计单位应尽可能按施工程序出图。对规模较大的工程和特殊工程，首先提供建筑总平面图、单项工程平面图、基础图，以利于及早规划施工现场，提前进行现场准备。对于地下管道多的工程，先设计出主要的管网图及交通道路的施工图，以利于现场尽快实现“三通一平”，便于材料进场和其他准备工作。

(2)室内准备与室外准备相结合

室内准备与室外准备应同时并举，相互创造条件。室内准备工作主要包括熟悉施工图纸和图纸会审，编制施工组织设计、设计概算、施工图预算等。室外准备工作要加紧对建设地区的自然条件和技术经济条件进行调查分析，尽快为室内作业提供充分的技术资料。同时要做好现场准备工作、现场平面布置及临时设施等，施工组织设计确定一项就准备一项，以争取时间。

(3)土建工程与专业工程相结合

施工准备工作必须注意土建工程与专业工程相结合。在明确施工任务，拟定施工准备工作的初步规划以后，应及时通知水电设备安装等专业施工单位及材料运输等部门，组织它们研究初步规划，协调各方面的行动，使准备工作规划更切合实际，各有关单位都能做到心中有数，并及时做好必要准备，以利于互相配合。

(4)前期准备与后期准备相结合

由于施工准备工作周期长，有一些是开工前所做的，有一些是在开工后交叉进行的。因此，既要立足于前期的准备工作，又要着眼于后期的准备工作，更要统筹安排好前、后期的准备工作，把握时机，及时做好近期的施工准备工作。

2.1.5 施工准备工作的基本任务

施工准备工作的基本任务是：调查研究各种有关工程施工的原始资料、施工条件以及业主要求，全面合理地布置施工力量，从计划、技术物质、资金、劳动力、设备、组织、现场以及外部施工环境等方面为拟建工程的顺利施工建立一切必要的条件，并对施工中可能发生的各种变化做好应变准备。

2.2 调查研究与收集资料

建设项目由于本身的规模和复杂程度不同，施工涉及的单位多、内容广、情况多变、问题复杂，编制施工组织设计的人员对建筑地区的技术经济条件、场址特征和社会情况等往往不太熟悉，特别是建筑工程的施工在很大程度上要受当地技术经济条件的影响和约束。因此，为了编制符合实际情况并切实可行的最佳施工组织设计，在进行建设项目施工准备工作中，必须进行建设场址的勘察和技术经济条件的调查，以获得施工组织设计的基础资料，并对调查、收集到的这些基础资料进行整理归纳、分析研究，复核其数据的真实性和可靠性。

原始资料是工程设计及施工组织设计的重要依据之一。原始资料的调查主要是查明工程环境特点和施工的自然、技术经济条件，为选择合理的施工技术与建立有效的施工组织方案收集基础资料，并以此作为确定施工准备工作项目的依据。原始资料调查工作应有计划、有目的地进行，事先要拟定明确、详细的调查提纲。调查的范围、内容、要求等，应根据拟建工程的规模、性质、复杂程度、工期及对当地的熟悉了解程度而定。

原始资料调查内容一般包括建设场址勘察和技术经济资料调查。

2.2.1 建设场址勘察

建设场址勘察主要是了解建设地点的地形、地貌、地质、水文、气象以及场址周围环境和障碍物情况等。勘察结果一般可作为确定施工方法和技术措施的依据，具体内容见表 2-1。

表 2-1　建设场址勘察项目

序号	项目	调查内容	调查目的
1		工程地形、地貌勘察	
(1)	地形	①区域地形图与工程位置地形图 ②工程建设地区的城市规划 ③控制桩、水准点的位置 ④地形地貌的特征 ⑤勘察高程、高差等	①选择施工用地 ②合理布置施工总平面图 ③计算现场平整土方量 ④障碍物及其数量 ⑤拆迁和清理施工现场

（续表）

序号	项目	调查内容	调查目的
（2）	地质	①钻孔布置图 ②地质剖面图（各层土的特征、厚度） ③地勘稳定性：滑坡、流砂、冲沟 ④地基土各项物理力学指标： 天然含水量、孔隙比、渗透系数、压缩性指标、塑性指数、地基强度 ⑤软弱土、膨胀土、湿陷性黄土分布情况；最大冻结深度 ⑥防空洞、枯井、土坑、古墓、洞穴，地基土破坏情况 ⑦地下沟道管网、地下构筑物	①土方工程施工方法的选择 ②地基土的处理方法 ③基础、地下结构施工措施 ④障碍物拆除计划 ⑤基坑开挖方案设计
（3）	地震	地震设防烈度的大小	对地基、结构影响、施工注意事项
2		工程水文地质	
（1）	地下水	①最高、最低水位及时间 ②流速、流向、流量 ③水质分析 ④抽水试验、测定水量	①基础施工方案的选择 ②降低地下水位方法、措施 ③判定侵蚀性质及施工注意事项 ④使用、饮用地下水的可能性
（2）	地面水 （地面河流）	①临近的江河湖泊及距离 ②洪水、平水、枯水期的水位、流量、流速、航道深度，通航可能性 ③水质分析	①临时给水 ②航运组织 ③水工工程
3	周围环境 及障碍物	①施工区域现有建筑物、构筑物、沟渠、树木、土堆、高压输变电线路等 ②临近建筑坚固程度及其中人员工作、生活、健康状况	①及时拆迁、拆除 ②保护工作 ③合理布置施工平面 ④合理安排施工进度
4		气象资料	
（1）	气温	①全年各月平均温度 ②最高温度、月份，最低温度、月份 ③冬季、雨季室外计算温度 ④霜、冻、冰雹期 ⑤小于－3 ℃、0 ℃、5 ℃的天数，起止日期	①防暑降温 ②全年正常施工天数 ③冬季施工措施 ④估计混凝土、砂浆强度增长
（2）	降雨	①雨季起止时间 ②全年降水量、一日最大降水量 ③全年雷暴日数、时间 ④全年各月平均降水量	①雨季施工措施 ②现场排水、防洪 ③防雷 ④雨天天数估计
（3）	风	①主导风向及频率（风玫瑰图） ②大于或等于 8 级风全年天数、时间	①布置临时设施 ②高空作业及吊装措施

1. 地形、地貌勘察

这项勘察要求提供工程的建设规划图、区域地形图（1/25 000～1/10 000）、工程位置地形图（1/2 000～1/1 000），该地区城市规划图、水准点及控制桩的位置、现场地形地貌特征、勘察高程及高差等。这些资料可作为选择施工用地、布置施工总平面图、场地平整及土方量计算、了解障碍物及其数量的依据。

2. 工程地质勘察

工程地质勘察的目的是查明建设地区的工程地质条件和特征，包括地层构造、土层的类别及厚度、承载力及地震级别等。应提供的资料有：钻孔布置图；工程地质剖面图；土层类别、厚度；土壤物理力学指标，包括天然含水量、孔隙比、塑性指数、渗透系数、压缩试验及地基土强度等；地层的稳定性、断层滑块、流砂；最大冻结深度；地基土破坏情况等。工程地质勘察资料可为选择土方工程施工方法、地基土的处理方法、基础施工方法及地下障碍物拆除和问题土处理提供依据。

3. 水文地质勘察

水文地质勘察所提供的资料主要有如下两方面：

①地下水文资料：地下水最高、最低水位及时间，水的流速、流向、流量；地下水的水质分析及化学成分分析；地下水对基础有无冲刷、侵蚀影响等。所提供资料有助于选择基础施工方案、选择降水方法以及拟定防止侵蚀性介质的措施。

②地面水文资料：临近江河湖泊距工地的距离；洪水、平水、枯水期的水位、流量及航道深度；水质分析；最大最小冻结深度及冻结时间等。调查目的在于为确定临时给水方案、施工运输方式、水工工程施工方案及施工防洪措施提供依据。

4. 气象资料的调查

气象资料一般可向当地气象部门进行调查，调查资料作为确定冬季、雨季施工措施的依据。气象资料包括如下几方面：

①降雨、降水资料：全年降雨量、降雪量；一日最大降雨量；雨季起止日期；年雷暴日数等。

②风向资料：主导风向、风速、风的频率；大于或等于 8 级风全年天数，并应将风向资料绘成风玫瑰图。

5. 周围环境及障碍物的调查

这项调查包括施工区域现有建筑物、构筑物、沟渠、水井、树木、土堆、电力架空线路、地下沟道、人防工程、上下水管道、埋地电缆、煤气及天然气管道、地下杂填积坑、枯井等。这些资料要通过实地踏勘，并向建设单位、设计单位等调查取得，可作为布置现场施工平面的依据。

在城镇居民密集区施工时，要详细调查施工现场周围道路、房屋、居民活动和交通情况，因为在这种环境的施工现场一般较狭窄，环境状况将对机械布置、材料构件的运输与堆放，甚至对施工方法和进度安排产生不同程度的影响或限制。

2.2.2 技术经济资料调查

技术经济调查的目的在于查明建设地区地方工业、资源、交通运输、动力资源、生活福利设施等地区经济因素，获取建设地区技术经济条件资料，以便在施工组织中尽可能利用地方资源为工程建设服务，同时也可作为选择施工方法和确定费用的依据。

1. 建设地区的能源调查

能源一般指水源、电源、气源等。能源资料可向当地城建、电力、燃气供应部门及建设单位等进行调查，主要用作选择施工用临时供水、供电和供气的方式，提供经济分析比较的依据，其调查内容见表 2-2。

表 2-2　　建设地区能源条件的调查项目

序号	项目	调查内容
1	给排水	(1)与当地现有水源连接的可能性，可供水量，接管地点、管径、管材、埋深、水压、水质、水费，至工地距离，地形地物情况 (2)临时供水源：利用江河、湖水可能性、水源、水量、水质、取水方式，至工地距离、地形地物情况；临时水井位置、深度、出水量、水质 (3)利用永久排水设施的可能性，施工排水去向，距离坡度；有无洪水影响，现有防洪设施、排洪能力
2	供电与通信	(1)电源位置，引入的可能，允许供电容量、电压、距离、电费、接线地点，至工地距离、地形地物情况 (2)建设、施工单位、自有发电、变电设备的规格、台数、能力，燃料及可能性 (3)利用邻近电信设备的可能性，电话、电报局至工地距离，增设电话设备和计算机等自动化办公设备和线路的可能性
3	供气	(1)蒸汽来源，可供能力、数量，接管地点、管径、埋深，至工地距离，地形地物情况，供气价格，供气的正常性 (2)建设、施工单位自有锅炉型号、台数、能力、所需燃料、用水水质、投资费用 (3)当地、建设单位提供压缩空气、氧气的能力，至工地距离

注：1. 资料来源：当地城建、供电局、水厂等单位及建设单位。
　　2. 调查目的：选择给排水、供电、供气方式，做出经济比较。

2. 建设地区的交通调查

交通运输方式一般有铁路、公路、水路、航运等。交通资料可向当地铁路、交通运输和民航等管理局的业务部门进行调查，具体调查内容见表 2-3。

表 2-3　　建设地区运输条件的调查项目

序号	项目	调查内容
1	铁路	(1)邻近铁路专用线、车站至工地距离及沿途运输条件 (2)站场卸货线长度、起重能力和储存能力 (3)装载单个货物的最大尺寸、重量的限制 (4)运费、装卸费和装卸力量
2	公路	(1)主要材料产地至工地的公路等级，路面构造宽度及完好情况，允许最大载重量 (2)途径桥涵等级，允许最大载重量 (3)当地专业机构及附近村镇能提供的装卸、运输能力，汽车、人力车的数量及运输效率，运费、装卸费 (4)当地有无汽车修配厂、修配能力和至工地距离、路况 (5)沿途架空电线高度

（续表）

序号	项目	调查内容
3	航运	(1)货源、工地至邻近河流、码头渡口的距离，道路情况 (2)洪水、平水、枯水期、封冻期，通航的最大船只及吨位，取得船只的可能性 (3)码头装卸能力，最大起重量，增设码头的可能性 (4)渡口的渡船能力；同时可载汽车、马车数，每日次数，能为施工提供的能力 (5)运费、渡口费、装卸费

通过调查收集道路、街巷、途经的桥涵宽度、高度，允许载重量和转弯半径限制等资料。如有超长、超高、超宽或超重的大型构件、大型起重机械和生产工艺设备需整体运输时，还要调查沿途架空电线、天桥的高度，并与有关部门商议避免大件运输对正常交通产生干扰的路线、时间及解决措施。所收集资料可以作为组织施工运输业务、选择运输方式、提供经济分析比较的依据。

3. 主要材料及地方资源情况调查

这项调查的内容包括：三大材料（钢材、木材和水泥）的供应能力、质量、价格、运费情况；地方资源如石灰石、石膏石、碎石、卵石、河砂、矿渣、粉煤灰等能否满足建筑施工的要求；开采、运输和利用的可能性及经济合理性，调查内容见表 2-4、表 2-5。

表 2-4　　主要材料调查项目

序号	项目	调查内容	调查目的
1	主要材料	(1)钢材订货的规格、钢号、强度等级、数量和到货时间 (2)木材订货的规格、等级、数量和到货时间 (3)水泥订货的品种、程度等级、数量级和到货时间	(1)确定临时设施和堆放场地 (2)确定木材加工计划 (3)确定水泥储存方式
2	特殊材料	(1)需要的品种、规格、数量 (2)试制、加工和供应情况 (3)进口材料和新材料	(1)制订供应计划 (2)确定储存方式
3	主要设备	(1)主要工艺设备名称、规格、数量和供货单位 (2)分批和全部到货时间	(1)确定临时设施和堆放场地 (2)拟定防雨措施

表 2-5　　地方材料调查项目

序号	材料名称	产地	储存量	质量	开采（生产）量	开采费	出厂价	运距	运费	供应的可能性

注：1. 材料名称栏：卵石、碎石、石膏石、石灰石、河砂、工业废料（包括冶金矿渣、炉渣、电站粉煤灰）填列。
2. 调查目的落实地方物资准备工作。

这些资料可向当地计划、经济等部门进行调查，作为确定材料的供应计划、加工方式、储存和堆放场地及建造临时设施的依据。

4. 建筑基地情况

主要调查建设地区附近有无建筑机械化基地、机械租赁站及修配站；有无金属结构及配件加工；有无商品混凝土搅拌站和预制构件等。这些资料可用来确定构配件、半成品及成品等货源的加工供应方式、运输计划和规划临时设施。

5. 社会劳动力和生活设施情况

这些情况包括当地能提供的劳动力人数、技术水平、来源和生活安排；当地尤其是现场周边能提供作为施工期间使用的现有房屋情况；当地主副食产品、日用品供应、文化教育、消防治安、医疗单位的基本情况以及能为施工提供的支援能力。这些资料是拟定劳动力安排计划、建立职工生活基地、确定临时设施的依据，调查内容及目的见表 2-6。

表 2-6 建设地区社会劳动力和生活设施的调查内容及目的

序号	项目	调查内容	调查目的
1	社会劳动力	(1)少数民族地区的风俗习惯 (2)当地能提供的劳动力人数、技术水平、工资费用和来源 (3)上述人员的生活安排	(1)拟定劳动力安排计划 (2)安排临时设施
2	房屋设施	(1)必须在工地居住的单身人数和户数 (2)能作为施工用的现有房屋栋数，每栋面积，结构特征，总面积、位置、水暖电卫、设备状况 (3)上述建筑物的适宜用途，用作宿舍、食堂、办公室的可能性	(1)确定现有房屋为施工服务的可能性 (2)安排临时设施
3	周围环境	(1)主副食产品供应，日用品供应，文化教育、消防治安等机构能为施工提供的支援能力 (2)邻近医疗单位至工地的距离，可能就医情况 (3)当地公共汽车、邮电服务情况 (4)是否存在有害气体、污染情况，有无地方病	安排职工生活基地，解除后顾之忧

6. 参加施工的各单位能力调查

主要调查施工企业的资质等级、技术装备、管理水平、施工经验、社会信誉等有关情况。这些可作为了解总、分包单位的技术及管理水平与选择分包单位的依据，具体调查内容见表 2-7。

表 2-7 参加施工的各单位能力调查

序号	项目	调查内容
1	工人	(1)工人数量、分工种人数，能投入本工程施工的人数 (2)专业分工及一专多能的情况、工人队伍形式 (3)定额完成情况、工人技术水平、技术等级构成
2	管理人员	(1)管理人员总数，所占比例 (2)技术人员数，专业情况，技术职称，其他人员数
3	施工机械	(1)机械名称、型号、能力、数量、新旧程度、完好率，能投入施工的情况 (2)总装备程度(马力/全员) (3)分配、新购情况
4	施工经验	(1)历年曾施工的主要工程项目、规模、结构、工期 (2)习惯施工方法，采用过的先进施工方法，构件加工、生产能力、质量 (3)工程质量合格情况，科研、革新成果
5	经济指标	(1)生产率，年完成能力 (2)质量、安全、降低成本情况 (3)机械化程度 (4)工业化程度设备、机械的完好率、利用率

2.2.3 其他相关信息与资料的收集

在编制施工组织设计时，为弥补原始资料的不足，还要借助一些相关的参考资料作为编制依据，如《建筑工程施工质量验收统一标准》(GB 50300—2013)、《建筑施工安全检查标准》(JGJ 59—2011)、《建设工程项目管理规范》(GB/T 50326—2017)和《建设工程文件归档规范》(GB/T 50328—2019)等，企业现有的施工定额、施工手册、类似工程的技术资料及平时施工实践活动中所积累的资料等，收集这些相关资料为施工准备工件和编制施工组织设计提供参考依据。

2.3 技术资料的准备

技术资料准备即通常所说的室内准备(内业准备)，是施工准备工作的核心，指导着现场施工准备工作，对于保证建筑产品质量、实现安全生产、加快工程进度、提高工程经济效益具有十分重要的意义。任何技术的差错或隐患都可能引起人身安全和质量事故，造成生命、财产和经济的巨大损失。因此必须认真做好技术资料准备工作。其内容一般包括：熟悉与审查设计图纸，编制施工组织设计，编制施工图预算和施工预算及"四新"试验、试制的技术准备。

2.3.1 熟悉与审查设计图纸及其他技术资料

1. 熟悉与审查图纸的目的

①从事施工和管理的工程技术人员充分了解和掌握设计图纸的设计意图、结构与构造特点和技术要求。

②通过审查发现图纸中存在的问题和错误，为拟建工程的施工提供一份准确、齐全的设计图纸，保证能够按设计图纸的要求顺利施工、生产出符合设计要求的建筑产品。

2. 熟悉图纸

(1)熟悉图纸工作的组织

施工单位项目经理部收到拟建工程的设计图纸和有关技术文件后，应尽快组织有关的工程技术人员熟悉和自审图纸，了解设计意图和建设单位要求以及施工时应达到的技术标准，并写出自审图纸的记录。自审图纸的记录应包括对设计图纸的疑问和对设计图纸的有关建议，以便于图纸会审时提出。

(2)熟悉图纸的要求

①基础部分：核对建筑、结构、设备施工图中关于留口、留洞的位置及标高；地下室排水方向；变形缝及人防出口做法；防水体系的包圈与收头要求；特殊基础形式做法；等等。

②主体部分：弄清建筑物、墙、柱与轴线的关系；主体结构各层所用的砂浆、混凝土强度等级；梁、柱的配筋及节点做法；悬挑结构的锚固要求；楼梯间的构造；卫生间的构造；对标准图有无特别说明和规定；等等。

③屋面及装修部分：屋面防水节点做法；结构施工时应为装修施工提供的预埋件和预留洞；内外墙和地面等材料及做法；防火、保温、隔热、防尘、高级装修等的类型和技术要求。

④设备安装工程部分：弄清设备安装工程各管线型号、规格及布置走向，各安装专业管线之间是否存在交叉和矛盾，建筑设备的型号、规格、尺寸是否正确，设备的位置及预埋件做法与土建是否存在矛盾。

⑤人防工程：弄清人防设计等级，人防设施的布置要求，暂时封堵的预埋件设置位置。

⑥消防工程：弄清建筑物防火分区和消防设施型号及做法，消防通道的要求。

⑦建筑智能：弄清建筑智能控制的对象、控制要求，所选用的设备及控制线路布置的合理性。

3. 审查图纸

(1)审查图纸的组织

由施工单位该项目经理部组织各工种人员对本工种的有关图纸进行审查，掌握和了解图纸中的细节；在此基础上，由总承包单位内部的土建与水、暖、电等专业，共同核对图纸，消除差错，协商施工配合事项；最后，总承包单位与各分包单位(如桩基施工、装饰工程施工、设备安装施工等)在各自审查图纸基础上，共同核对图纸中的差错及协商有关施工配合问题。

(2)审查图纸的要求

①审查拟建工程的地点，建筑总平面图与国家、城市或地区规划是否一致，以及建筑物或构筑物的设计功能和使用要求是否符合环卫、防火等美化城市方面的要求。

②审查设计图纸是否完整齐全以及设计图纸和资料是否符合国家有关技术规范及技术政策的要求。

③审查建筑、结构、设备安装图纸是否相符，有无“错、漏、碰、缺”，内部结构和工艺设备有无矛盾。

④审查地基处理与基础设计同拟建工程地点的工程地质和水文地质等条件是否一致，以及建筑物或构筑物与原地下构筑物及管线之间有无矛盾。深基础的防水方案是否可靠，材料设备能否解决。

⑤明确拟建工程的结构形式和特点，复核主要承重结构的承载能力、刚度和稳定性是否满足要求，审查设计图纸中的形体复杂、施工难度大和技术要求高的分部分项工程或新结构、新材料、新工艺，在施工技术和管理水平上能否满足质量和工期要求，选用的材料、构配件、设备能否解决。

⑥明确建设期限，分期分批投产或交付使用的顺序和时间，以及工程所用的主要材料、设备的数量、规格、来源和供货日期。

⑦明确建设单位、设计单位和施工单位等之间的协作、配合关系，以及建设单位可以提供的施工条件。

⑧审查设计是否考虑了施工的需要，各种结构的承载力、刚度和稳定性是否满足设置内爬、附着、固定式塔式起重机等使用的要求。

在学习和审查图纸过程中，对发现的问题应做出标记，画部门送审初步设计及施工图。

4.图纸会审

(1)图纸会审的组织

建设单位应在开工前向有关规划部门送审初步设计及施工图。初步设计文件审批后，根据批准的年度基建计划，组织进行施工图设计。施工图是进行施工的具体依据，图纸会审是施工前的一项重要准备工作。

图纸会审一般在施工承包单位完成自审的基础上，由建设单位组织并主持，设计单位交底，施工单位、监理单位参加。重点工程或规模较大及结构、装修较复杂的工程，如有必要可邀请各主管部门、消防、银行、质量监督管理部门和物资供应单位等有关人员参加。

(2)图纸会审的程序

当图纸会审时，首先由设计单位的工程主设计人向与会者说明拟建工程的设计依据、意图和功能要求，并对特殊结构、新材料、新工艺和新技术提出设计要求；其次施工单位根据自审记录以及对设计意图的了解，提出对设计图纸的疑问和建议；最后在统一认识的基础上，对所探讨的问题逐一地做好记录，形成“图纸会审纪要”(表2-8)。由监理单位正式行文，参加单位共同会签、盖章，作为与设计文件同时使用的技术文件和指导施工的依据，以及建设单位与施工单位进行工程结算的依据。对施工过程中提出的一般问题，经设计单位同意，即可办理手续进行修改，涉及技术和经济的较大问题，则必须经建设单位、设计单位和施工单位三方共同协商，由设计单位修改，向施工单位签发设计变更单，方能生效。

(3)图纸会审的主要内容

①图纸设计是否符合国家有关技术规范，是否符合经济合理、美观适用的原则。

②图纸及说明是否完整、齐全、清楚，图中的尺寸、标示是否准确，图纸之间是否有矛盾。

③施工单位在技术上有无困难，能否保证工程质量和确保安全，装备条件是否满足。

④地下与地上、土建与安装、结构与装饰施工之间是否有矛盾，各种设备管道的布置对土建施工是否有影响。

⑤图纸中不明确或有疑问处，设计单位是否解释清楚。

⑥各种材料、配件、构件等采购供应是否有问题，规格、性能、质量等能否满足设计要求。

⑦设计、施工中的合理化建议能否采纳。

表 2-8　图纸会审纪要

会审日期：　　　　年　月　日　　　　编号：

<table>
<tr><td rowspan="2">工程名称</td><td colspan="3" rowspan="2"></td><td>共　页</td></tr>
<tr><td>第　页</td></tr>
<tr><td>图纸编号</td><td colspan="3">提出问题</td><td>会审结果</td></tr>
<tr><td></td><td colspan="3"></td><td></td></tr>
<tr><td>参加会审人员</td><td colspan="4"></td></tr>
<tr><td>会审单位(公章)</td><td>建设单位</td><td>监理单位</td><td>设计单位</td><td>施工单位</td></tr>
</table>

5. 技术交底

在图纸会审的基础上，按施工技术管理程序，应在单位工程或分部(分项)工程施工前逐级进行技术交底。如对施工组织设计中涉及的工艺要求、质量标准、技术安全措施、规范要求和采用的施工方法，以及图纸会审中涉及的要求及变更等内容向有关的施工人员交底。技术交底的形式主要有：会议、授课、口头交底、书面交底、现场演示等。其目的是使施工人员对工程特点、技术质量要求、施工方法与措施、安全等方面有一个较详细的了解，以便科学地组织施工，避免技术质量等事故的发生。技术交底应有如下分工：

凡由公司组织编制施工组织设计的工程，由公司主管生产技术的副经理主持，公司总工程师向有关项目经理部经理、主管工程师、栋号技术负责人以及有关职能负责人进行交底，交底内容以总工程师签发的会议记录或其他文字资料为准。

凡由项目经理编制的施工组织设计的工程，由项目经理部主管工程师向参加施工的技术负责人和经理部有关技术人员进行交底，交底后将主管工程师签署的技术交底文件，交栋号技术负责人作为指导施工的技术依据。

栋号技术负责人，在施工前根据施工进度，按部位和操作项目向工长及班组长进行技术交底。

6. 学习、熟悉技术规范、规程和有关技术规定

技术规范、规程是由国家有关部门制定的实践经验的总结，在技术管理上是具有法律性、政策性和严肃性的建设法规。施工各部门必须按规范与规程施工，建筑施工中常用的技术规范、规程主要有以下几种：

①建筑工程施工及验收规范。

②建筑安装工程质量检验评定标准。

③施工操作规程。

④设备维护及检修规程。

⑤安全技术规程。

⑥上级技术部门所颁布的其他技术规程与规定等。

各级工程技术人员平时应认真学习、掌握规范知识，在接受施工任务后，一定要结合本工程实际，进一步认真学习，并根据相关规范、规程制订施工技术和组织方案，为保证优质、安全、按时完成工程任务打下坚实的技术基础。

2.3.2 编制施工组织设计

施工组织设计是施工准备工作的重要组成部分，是指导拟建工程从施工准备到施工完成的组织、技术、经济的一个综合性技术文件，也是编制施工预算、实现项目管理的依据，是施工准备工作的主要文件。它对施工全过程起指导作用，既要体现基本建设计划和设计的要求，又要符合施工活动的客观规律，对建设项目、单项及单位工程的施工全过程起到部署和安排的双重作用。建筑施工生产活动的全过程是非常复杂的物质财富再创造的过程，为了正确处理人与物、主体与辅助、工艺与设备、专业与协作、供应与消耗、生产与储存、使用与维修以及它们在空间布置、时间排列之间的关系，必须根据拟建工程的规模、结构特点和建设单位的要求，在原始资料调查分析的基础上，编制出一份能切实指导该工程全部施工活动的科学方案（施工组织设计）。

2.3.3 编制施工图预算和施工预算

在设计交底和图纸会审的基础上，施工组织设计一经批准，预算部门即可着手单位工程施工图预算和施工预算，以确定人工、材料和机械费用的支出，并确定人工数量、材料消耗及机械台班使用量。

1. 编制施工图预算

施工图预算是技术准备工作的主要组成部分之一，是按照施工图确定的工程量、施工组织设计所拟定的施工方法、建筑工程预算定额及其取费标准，由施工单位编制的确定建筑安装工程造价的经济文件。它是在拟建工程开工前的施工准备工作时期编制的，是施工企业签订工程承包合同、工程结算、建设银行拨付工程价款、进行成本核算、加强经营管理等方面工作的重要依据。

2. 编制施工预算

施工预算是施工企业在签订工程承包合同后，根据施工图预算、施工图纸、施工组织设计或施工方案、施工定额等文件进行编制的，用以确定建筑安装工程人工、材料、机械台班消耗量的技术文件，直接受施工图预算的控制。它是施工企业内部控制各项成本支出、考核用工、“两算”对比、签发施工任务单、限额领料、基层进行经济核算的依据。

2.3.4 “四新”试验、试制的技术准备

拓展阅读3

在工程开工前应根据施工图纸和施工组织设计的要求进行新技术、新结构、新材料、新工艺等项目试验和试制工作，保证新技术、新结构、新材料、新工艺的应用取得成功。

2.4　施工现场的准备

施工现场的准备即通常所说的室外准备（外业准备），是为工程创造有利于施工条件的保证，是保证工程按计划开工和顺利进行的重要环节，其工作应按照施工组织设计的要求进行。主要内容有：清除障碍物、三通一平、测量放线、搭设临时设施等。

2.4.1　现场准备工作的范围及各方的职责

施工现场准备工作由两个方面来完成，一是建设单位应完成的施工现场准备工作；二是施工单位应完成的施工现场准备工作。建设单位与施工单位的施工现场准备工作均就绪时，施工现场就具备了施工条件。

1. 建设单位施工现场准备工作

建设单位要按合同条款中约定的内容和时间完成以下工作：

①办理土地征用、拆迁补偿、平整施工场地等工作，使施工现场具备施工条件，在开工后继续负责解决以上事项遗留问题。

②将施工所需水、电、电信线路从施工场地外部接至专用条款约定的施工地点，保证施工期间的需要。

③开通施工场地与城乡公共道路的通道，以及专用条款约定的施工场地内的主要道路，满足施工运输的需要，保证施工期间的畅通。

④向承包人提供施工场地的工程地质和地下管线资料，对资料的真实性、准确性负责。

⑤办理施工许可证及其他施工所需证件、批件和临时用地、停水、停电、中断道路交通、爆破作业等的审批手续（证明承包人自身资质的证件除外）。

⑥确定水准点与坐标控制点，以书面形式交给承包人，进行现场交验。

⑦协调处理施工场地周围的地下管线和邻近建筑物、构筑物（包括文物保护建筑）、古树名木的保护工作，承担有关费用。

⑧上述施工现场准备工作，承发包双方也可在合同专用条款内移交由施工单位完成，其费用由建设单位承担。

2. 施工单位现场准备工作

施工单位现场准备工作即通常所说的室外准备，施工单位应按合同条款中约定的内容和施工组织设计的要求完成以下工作：

①根据工程需要，提供和维护非夜间施工使用的照明、围栏设施，并负责安全保卫。

②按专用条款约定的数量和要求，向发包人提供施工场地办公和生活的房屋及设施，发包人承担由此发生的费用。

③遵守政府有关主管部门对施工场地交通、施工噪声以及环境保护和安全生产等的

管理规定,按规定办理有关手续,并以书面形式通知发包人,发包人承担由此发生的费用,因承包人责任造成的罚款除外。

④按条款预先做好施工场地地下管线和邻近建筑物、构筑物(包括文物保护建筑)、古树名木的保护工作。

⑤保证施工场地清洁,符合环境卫生管理的有关规定。

⑥建立测量控制网。

⑦工程用地范围内的“七通一平”,其中平整场地工作应由其他单位承担,但建设单位也可要求施工单位完成,费用仍由建设单位承担。

⑧搭设现场生产和生活用地临时设施。

2.4.2 清除障碍物

施工场地内的一切障碍物,无论是地上的还是地下的,都应在开工前清除。这一工作通常由建设单位完成,有时也由委托施工单位完成。清除时,一定要摸清情况,尤其是在老城区内,由于原有建筑物和构筑物情况复杂,资料不全,因此在清除前应采取相应的措施,防止事故发生。

对于房屋,一般只要把水源、电源切断后即可进行拆除。若房屋较大、较坚固,则有可能采用爆破的方法,这需要由专业的爆破作业人员来承担,并且须经有关部门批准。

拆除架空电线(包括电力、通信)、埋地电缆(包括电力、通信)、自来水管、污水管、煤气管道等,都要与有关部门取得联系办好手续,最好由专业公司拆除。场内的树木需报请园林部门批准后方可砍伐。

拆除障碍物后,留下的渣土等杂物都应清除出场外。运输时,应遵守交通、环保部门的有关规定,运土的车辆要按指定的路线和时间行驶,并采取封闭运输车辆或在渣土上直接洒水等措施,以免渣土飞扬而污染环境。

2.4.3 三通一平

在工程用地范围内,接通施工用水、用电、道路和平整场地的工作简称为“三通一平”。其实工地上的实际需要往往不只是水通、电通、路通,有的工地还需要供应蒸汽,架设热力管线,简称“热通”;通煤气,称为“气通”;通电话作为联络通信工具,称为“话通”;还可能因为施工中的特殊要求,有其他的“通”,但最基本的还是“三通”。

1. 平整场地

清除障碍物后,方可进行场地平整工作。平整场地工作是根据建筑施工总平面图规定的标高、勘测地形图和场地平整方案等技术文件的要求,通过测量,计算出挖、填土方量,设计土方调配方案,组织人力或机械进行平整工作。应尽量使挖填土方量趋于平衡。总运输量最小,便于机械施工和充分利用建筑物挖方填土,并应防止利用地表土、软润土层、草皮、建筑垃圾等做填方。如果规模较大,这项工作可以分段进行,先完成第一期开工的工程用地范围内的场地平整工作，再依次进行后续的平整工作，为第一期工程项目尽早开工创造条件。

2. 路通

施工现场的道路是组织物资运输的动脉。开工前应按总平面图的要求，修建好施工现场的永久性道路和临时性道路，从而形成一个完整畅通的运输道路网，为建筑材料进场、堆放和消防创造有利条件。为节省临时工程费用，缩短施工准备工作时间，尽量利用原有道路设施，也可以先修永久性道路的路基或在路基上铺简易路面，待施工完毕后，再铺永久性路面。临时道路的等级，可根据交通流量和所用车确定。

3. 水通

水通包括给水和排水两个方面。施工用水主要指施工现场的生产用水、生活用水和消防用水，它的布置应按施工组织总设计的规划安排。给水设施尽量利用永久性的给水线路。临时线路的铺设应在满足生产与生活用水需要与方便的同时，尽可能缩短线路，节约成本。

施工现场的排水也十分重要，特别是在雨季，如场地排水不畅，会影响到施工和运输的顺利进行。高层建筑的基坑深、面积大，施工往往都要经过雨季，应做好基坑周围的挡土支护工作，防止坑外雨水向坑内汇流，并做好基坑底部雨水的排放工作。

4. 电通

电是施工现场的主要动力来源，电通包括施工生产用电和生活用电。电通应按施工组织设计要求布设线路和通电设备。

由于建筑工程施工供电面积大、启动电流大、负荷变化多和手持式用电机具多，施工现场临时用电要考虑安全和节能措施。开工前，要按照施工组织设计的要求，接通电力和电信设施。电源首先应考虑从国家电力系统或建设单位已有的电源上获得，如供电系统的供电量不能满足施工生产、生活用电的需要，则应考虑在现场建立自备发电系统，以确保施工现场动力设备和通信设备的正常运转。

2.4.4 测量放线

测量放线的任务是把图纸上所设计好的建筑物、构筑物及管线等测量到地面上或实物上，并用各种标志表现出来，以作为施工的依据。它是确保建筑施工质量的先决条件。其工作的进行，一般是在土方开挖之前，在施工场地内设置坐标控制网和高程控制点来实现的。这些网点的设置应视工程范围的大小和控制的精度而定。在测量放线前，应做好以下几项准备工作：

1. 对测量仪器进行检验和校正

对所用的经纬仪、水准仪、全站仪、钢尺、水准尺等，应进行校验。

2. 了解设计意图，熟悉并校核施工图纸

通过设计交底，了解工程全貌和设计意图，掌握现场情况和定位条件，主要轴线尺寸的相互关系，地下、地上的标高以及测量精度要求。在熟悉施工图纸过程中，应仔细核对图纸尺寸，对轴线尺寸、标高是否齐全以及边界尺寸要特别注意。

3. 校核红线桩与水准点

建设单位提供的由城市规划勘测部门给定的建筑红线，在法律上起着限制建筑边界的作用。在使用红线桩前要进行校核，施工过程中要保护好桩位，以便将它作为检查建筑物定位的依据。水准点也同样要校测和保护。红线和水准点经校测发现问题，应提请建设单位处理。

4. 制订测量、放线方案

根据设计图纸的要求和施工方案，制订切实可行的测量、放线方案，主要包括平面控制、标高控制、±0.000以上施测、沉降观测和竣工测量等项目。

建筑物定位放线是确定整个工程平面位置的关键环节，施测中必须保证精度、杜绝错误，否则其后果将难以处理。建筑物定位、放线，一般通过设计图中平面控制轴线来确定建筑物的四廓位置，测定并经自检合格后，提交有关部门和甲方（或监理人员）验线，以保证定位的准确性。沿红线建的建筑物放线后，还要由城市规划部门验线，以防止建筑物压红线或超红线，为顺利施工创造条件。

2.4.5 搭设临时设施

现场生活和生产用地临时设施，在布置安装时，要遵照当地有关规定进行规划布置，如房屋的间距、标准是否符合卫生和防火要求，污水和垃圾的排放是否符合环境的要求等。因此，临时建筑平面图及主要房屋结构图都应报请城市规划、市政、消防、交通、环境保护等有关部门审查批准。

为了施工方便和行人的安全，对于指定的施工用地的周界，应用围墙围护起来。围墙的形式和材料应符合市容管理的有关规定和要求，并在主要出入口设置标牌，标明工地名称、施工单位、工地负责人等。各种生产、生活用的临时设施，均应按批准的施工组织设计规定的数量、标准、面积、位置等要求组织搭建，不得乱搭乱建，并尽可能利用原有建筑物，减少临时设施的搭设，以便节约用地，节约投资。

各种生产、生活用的临时设施，包括各种仓库、混凝土搅拌站、预制构件场、机修站、各种生产作业棚、办公用房、宿舍、食堂、文化生活设施等，均应按批准的施工组织设计规定的数量、标准、面积、位置等要求组织修建。大、中型工程可分批分期修建。

2.5 物资的准备

施工物资准备是指施工中必须有的劳动手段（施工机械、工具、临时设施）和劳动对象（材料、配件、构件）等的准备，是一项较为复杂而又细致的工作，建筑施工所需的材料、构（配）件、机具和设备品种多且数量大，能否保证按计划供应，对整个施工过程的工期、质量和成本，有着举足轻重的作用。各种施工物资只有运到现场并有必要的储备后，才具备必要的开工条件。

因此，要将这项工作作为施工准备工作的一个重要方面来抓。施工管理人员应尽早计算出各阶段对材料、施工机械、设备、工具等的需要量，并说明供应单位、交货地点、运输方式等，特别是对预制构件，必须尽早从施工图中摘录出构件的规格、质量、品种和数量，制表造册，向预制加工厂订货并确定分笔交货清单、交货地点及时间，对大型施工机械、辅助机械及设备要精确计算工作日，并确定进场时间，做到进场后立即使用，用毕立即退场，提高机械利用率，节省机械台班费及停留费。

物资准备的具体内容有建筑材料的准备、预制构件和商品混凝土的准备、施工机具的准备、模板和脚手架的准备、生产工艺设备的准备等。

2.5.1 建筑材料的准备

建筑材料的准备主要是根据施工预算进行分析，按照施工进度计划的使用要求以及材料储备定额和消耗定额，分别按材料名称、规格、使用时间、材料储备定额和消耗定额进行汇总，编制出材料需要量计划，为组织备料、确定仓库、场地堆放所需的面积和组织运输等提供依据。建筑材料的准备包括三材、地方材料、装饰材料的准备。准备工作应根据材料的需要量计划，组织货源，确定加工、供应地点和供应方式，签订物资供应合同。

①根据施工方案中的施工进度计划和施工预算中的工料分析，编制工程所需材料用量计划，作为备料、供料和确定仓库、堆场面积及组织运输的依据。

②根据材料需要量计划，做好材料的申请、订货和采购工作，使计划得到落实。

③组织材料按计划进场，按施工平面图和相应位置堆放，并做好合理储备、保管工作。

④严格验收、检查、核对材料的数量和规格，做好材料试验和检验工作，保证施工质量。

2.5.2 预制构件和商品凝土的准备

工程项目施工中需要大量的预制构件、门窗、金属构件、水泥制品以及洁具等。这些构件、配件要在图纸会审后立即提出预制加工单，确定加工方案、供应渠道及进场后的储存地点和方式。现场预制的大型构件应做好场地规划与底座施工，并提前加工预制。对于采用商品混凝土现浇的工程，则先要到生产单位签订供货合同，注明品种、规格、数量、需要时间及送货地点等。

2.5.3 施工机具的准备

根据采用的施工方案，安排施工进度，确定施工机械的类型、数量和进场时间。确定施工机具的供应办法和进场后的存放地点和方式，编制建筑安装机具的需要量计划，为组织运输、确定堆场面积等提供依据。主要内容有：

①根据施工进度计划及施工预算所提供的各种构配件及设备数量，做好加工翻样工作，并编制相应的需要量计划。

②根据需要量计划，向有关厂家提出加工订货计划要求，并签订订货合同。

③对施工企业缺少且需要的施工机具，应与有关部门签订订购和租赁合同，以保证施工需要。

④对于大型施工机械（如塔式起重机、挖土机、桩基设备等）的需求量和时间，应向有关方面（如专业分包单位）联系，提出要求，在落实后签订有关分包合同，并为大型机械按期进场做好现场有关准备工作。

⑤安装、调试施工机具，按照施工机具需要量计划，组织施工机具进场，根据施工总平面图将施工机具安置在规定的地方或仓库。对于施工机具要进行就位、搭棚、接电源、保养、调试工作。对所有施工机具都必须在使用前进行检查和试运转。

2.5.4 模板和脚手架的准备

模板和脚手架是施工现场使用量大、堆放占地大的周转材料。

模板及其配件规格多、数量大，对堆放场地要求比较高，一定要分规格、型号整齐码放，以便使用和维修。大钢模一般要求立放，并防止倾倒，在现场应规划出必要的存放场地。钢管脚手架、桥式脚手架等都应按指定的平面位置堆放整齐，扣件等零件还应防雨，以防锈蚀。

2.5.5 生产工艺设备的准备

订购生产用的生产工艺设备，要注意交货时间与土建进度密切配合，因为某些庞大设备的安装往往要与土建施工穿插进行，如果土建全部完成或封顶后，安装会有困难，故各种设备的交货时间要与安装时间密切配合，以免影响建设工期。准备时按照拟建工程生产工艺流程及工艺设备的布置图提出工艺设备的名称、型号、生产能力和需要量，确定分期分批进场时间和保管方式，编制工艺设备需要量计划，为组织运输、确定堆场面积提供依据。

2.6 施工人员的准备

工程项目是否按目标完成以及完成的好坏，很大程度上取决于承担这一工程的施工人员的素质。劳动力组织准备的范围既有整个建筑施工企业的劳动组织准备，又有大型综合的拟建建设项目的劳动组织准备，也有小型简单的拟建单位工程的劳动组织准备。

按照内容包括施工管理层和作业层两大部分，这些人员的合理选择和配备，将直接影响到工程质量与安全、施工进度及工程成本，因此，劳动组织准备是开工前施工准备的一项重要内容。

2.6.1 建立拟建工程项目的领导机构

对于实行项目管理的工程，建立项目组织机构就是监理项目经理部。高效率的项目机构的建立，是为建设单位服务的，是为项目管理目标服务的。这项工作实施得合理与否很大程度上关系到拟建工程能否顺利进行。施工企业建立项目经理部，要针对工程特点和建设单位要求，根据有关规定进行精心组织安排，认真抓实、抓细、抓好。

1. 项目组织机构的设置原则

①根据所选择的项目组织形式设置，责权利统一。不同的组织形式对项目经理部的人员、职责提出了不同的要求，提供了不同的管理环境。它决定了企业对项目的管理方式及对项目经理授予的权限并要体现责权利统一。

②根据项目的规模、复杂程度和专业特点设置，组织要现代化。根据大中小型、专业化、复杂性的不同，按需要设置部、处、科、组成员。要反映出施工项目的目标要求，分工协作，精简、高效和统一，体现组织现代化。

③根据工程任务需要设置，弹性建制。项目经理部是弹性的一次性工程管理实体，不应成为固定组织，不设固定作业队伍，要根据施工的进展、业务的变化实行人员选聘进出，优化组合，及时调整，动态管理。

④根据现代施工的需要设置，功能齐全。项目经理部的人员配置应满足现场的经营、计划、合同、调度、工程、技术、质量、安全、预算、成本核算、劳务、物资、机具、生活、文明施工等需要，设置专职或兼职岗位，必须功能齐全。

2. 项目经理部的设立步骤

①根据企业批准《项目管理规划大纲》，确定项目经理部的管理任务和组织形式。

②确定项目经理的层次，设立职能部门与工作岗位。

③确定人员、职责、权限。

④由项目经理根据《项目管理目标责任书》进行目标分解。

⑤组织有关人员制定规章制度和目标责任考核、奖惩制度。

3. 项目经理部的组织形式

项目经理部的组织形式应根据施工项目的规模、结构负责程度、专业特点、人员素质和地域范围确定，并应符合下列规定：

①大中型项目宜按矩阵式项目管理组织设置项目经理部。

②远离企业管理层的大中型项目宜按事业部式项目管理组织设置项目经理部。

③小型项目宜按直线职能式项目管理组织设置项目部。

4. 项目经理部的规模等级(表 2-9)

表 2-9　项目经理部等级划分及相应设立规模

项目经理部等级	项目规范				
	群体建筑面积/万 m^2	单体建筑面积/万 m^2	合约造价(万元)	人员配备(人)	工程规模
一级	>15	>10	>8 000	30～45	特大型
二级	10～15	5～10	3 000～8 000	20～30	大型
三级	2～10	1～5	500～3 000	15～20	中型
四级	1～2	0.5～1.0	<500	<15	小型
其他项目经理代管	<1	<0.5	—	<10	

2.6.2 建立精干的施工队伍

组织施工队伍，要认真考虑专业、工种的合理配合，技工、普工的比例要满足合理的劳动组织，要符合流水施工组织方式的要求，确定施工队(组)[是专业施工队(组)，或是混合施工队(组)]，要坚持合理、精干的原则，同时制订出该工程的劳动力需要量计划。

集结施工力量，组织劳动力进场。项目经理部确定之后，按照开工日期和劳动力需要量计划组织劳动力进场。同时要进行安全、防火和文明施工等方面的教育，并安排好职工的生活。

2.6.3 优化劳动组合与技术培训

针对工程施工要求，强化各工种的技术培训，优化劳动组合，主要抓好以下几个方面的工作：

①针对工程施工难点，组织工程技术人员和工人队伍中的骨干力量，进行类似工程的考察学习。

②做好专业工程技术培训，提高对新工艺、新材料使用操作的适应能力。

③强化质量意识，抓好质量教育，增强质量观念。

④工人队伍实行优化组合、双向选择、动态管理，最大限度地调动职工的积极性。

⑤认真全面地进行施工组织设计的落实和技术交底工作。施工组织设计、计划和技术交底的目的是把施工项目的设计内容、施工计划和国内技术等要求，详尽地向施工队伍和工人讲解交代。这是落实计划和技术责任制的好办法。

施工组织设计、计划和技术交底的时间在单位工程或分部(项)工程开工前及时进行，以保证项目严格地按照设计图纸、施工组织设计、安全操作规程和施工验收规范等要求进行施工。施工组织设计、计划和技术交底的内容有：项目的施工进度计划、月(旬)作业计划；施工组织设计，尤其是施工工艺、质量标准、安全技术措施、降低成本措施和施工验收规范的要求；新结构、新材料、新技术和新工艺的实施方案和保证措施；图纸会审中所确定的有关部位设计变更和技术核定等事项。交底工作应该按照管理系统逐级进行，由上而下直到施工队（组）。交底的方式有书面形式、口头形式和现场示范形式等。

施工队（组）、工人接受施工组织设计、计划和技术交底后，要组织其成员进行认真的分析研究，弄清关键部位、质量标准、安全措施和操作要领。必要时应进行示范，并明确任务及做好分工协作，同时建立健全岗位责任制和保证措施。

⑥切实抓好施工安全、安全防火和文明施工等方面的教育。

2.6.4 建立健全各项管理制度

是否建立了工地的各项管理制度，各项制度是否健全，直接影响其各项施工活动的顺利进行。有章不循其后果是严重的，而无章可循更加危险。为此必须建立、健全工地的各项管理制度。通常其内容如下：工程质量检查与验收制度；工程技术档案管理制度；建筑材料（构件、配件、制品）的检查验收制度；技术责任制度；施工图纸学习与会审制度；技术交底制度；职工考勤、考核制度；工地及班组经济核算制度；材料出入库制度；安全操作制度；机具使用保养制度。

2.6.5 做好分包分配

对于本企业难以承担的一些专业项目，如深基础开挖和支护、大型结构安装盒设备安装等项目，应及早做好分包或劳务安排，与有关单位协调，签订分包合同或劳务合同，以保证按计划施工。综上所述，各项施工准备工作不是分离、孤立的，而是互为补充、相互配合的。为了提高施工准备工作的质量，加快施工准备工作的速度，必须加强建设单位、设计单位和施工单位之间的协调工作，建立并健全施工准备工作的责任制度和检查制度，使施工准备工作有领导、有组织、有计划和分期分批地进行，贯穿施工的全过程。

2.7 冬季、雨季施工的准备

建筑工程施工绝大部分工作是露天作业，受气候影响比较大。在冬季施工中，对建筑物有影响的长时间的持续负低温、大的温差、强风、降雪和反复的冰冻，经常造成质量事故。冬季施工期是事故多发期，据资料分析，有2/3的质量事故发生在冬季，而且冬季发生事故往往不易察觉，这种滞后性给处理质量事故带来很大的困难。

雨季施工具有突然性和突击性。由于暴雨山洪等恶劣气候往往不期而至，这需要及早进行雨季施工的准备和防洪措施。因为雨水对建筑结构和地基基础的冲刷或浸泡具有严重的破坏性，必须迅速及时地保护，才能避免给工程造成损失。而且往往持续时间长，拖延工期，因此必须有充分的估计，事先做好安排。

在冬季和雨季施工中，必须从具体条件出发，正确选择施工方法，做好季节性施工准备工作，以保证按期、保质、安全地完成施工任务，取得较好的技术经济效果。

2.7.1 冬季施工准备

1.组织措施

①进行冬季施工的工程项目，在入冬前组织专人编制冬季施工方案。编制的原则是：确保工程质量；经济合理，使增加的费用为最少；所需的热源和材料有可靠的来源，并尽量减少能源消耗；确实能缩短工期。冬季施工方案应包括以下内容：施工程序，施工方法，现场布置，设备、材料、能源、工具的供应计划，安全防火措施，测温制度和质量检查制度等。方案确定后，要组织有关人员学习，并向队伍进行交底。

②合理安排施工进度计划。冬季施工条件差，技术要求高，费用增加，要合理安排施工进度计划，尽量安排保证施工质量且费用增加不多的项目在冬季施工，如吊装、打桩、室内装饰装修等工程。费用增加较多又不容易保证质量的项目则不宜安排在冬季施工，如土方、基础、外装修、屋面防水等工程。因此，从施工组织安排上要综合研究，明确冬季施工的项目，做到冬季不停工，而冬季采取的措施费用增加较少。

③组织人员培训。对掺外加剂人员、测温保温人员、锅炉司炉工和火炉管理人员，应专门组织技术业务培训，学习其工作范围内的有关知识，明确职责，经考试合格后方准上岗工作。

④做好测量工作。冬季施工昼夜温差较大，为保证施工质量应做好室外气温、暖棚内气温、砂浆温度、混凝土温度的测温工作，防止砂浆、混凝土在达到临界强度前遭受冻结而破坏。

⑤与当地气象台站保持联系，及时接收天气预报做好应对寒流的措施，防止寒流突然袭击。

⑥加强安全教育，严防火灾发生。要有防火安全技术措施，并经常检查落实，保证各种热源设备完好。做好职工培训及冬季施工的技术操作和安全施工的教育，确保施工质量，避免事故发生。

2.图纸准备

凡进行冬季施工的工程项目，必须复核施工图纸，查对其是否能适应冬季施工要求。如墙体的高厚比、横墙间距等有关的结构稳定性，现浇改为预制以及工程结构能否在寒冷状态下安全过冬等问题，应通过图纸会审解决。

3.现场准备

①根据实物工程量提前组织有关机具、外加剂和保温材料、测温材料进场。

②搭建加热用的锅炉房、搅拌站、铺设管道，对锅炉进行试火试压，对各种加热的材料、设备要检查其安全可靠性。

③计算变压器容量，接通电源。

④对工地的临时给水排水管道及石灰膏等材料做好保温防冻工作，防止道路积水成冰，及时清扫积雪，保证运输顺利。

⑤做好冬季施工混凝土、砂浆及掺外加剂的试配试验工作，提出施工配合比。

⑥做好室内施工项目的保温，如先完成供热系统、安装好门窗玻璃等项目，保证室内其他项目能够顺利施工。

4. 安全与防火

①冬季施工时，要采取防滑措施。

②大雪后必须将架子上的积雪清扫干净，并检查马道平台，如有松动下沉现象，务必及时处理。

③施工时如接触汽源、热水，要防止烫伤；使用氯化钙、漂白粉时，要防止腐蚀皮肤。

④亚硝酸钠有剧毒，要严加保管，防止突发性误食中毒。

⑤对现场火源要加强管理。使用天然气、煤气时，要防止爆炸；使用焦炭炉、煤炉或天然气、煤气时，应注意通风换气，防止煤气中毒。

⑥电源开关、控制箱等设施要加锁，并设专人负责管理，防止漏电、触电。

2.7.2　雨季施工准备

1. 合理安排雨季施工

为避免雨季窝工造成的损失，一般情况下，在雨季到来之前，应多安排完成基础、地下工程、土方工程、室外及屋面工程等不宜在雨季施工的项目，多留些室内工程在雨季施工。

2. 加强施工管理，做好雨季施工的安全教育

认真编制雨季施工技术措施（如雨季前后的沉降观测措施，保证防水层雨季施工质量的措施，保证混凝土配合比、浇筑质量的措施，钢筋除锈的措施等），认真组织观察实施。加强对职工的安全教育，防止各事故发生。

3. 防洪排涝，做好现场排水工作

工程地点若在河流附近，上游有大面积山地丘陵，应有防洪排涝准备。施工现场雨季来临前，应做好排水沟渠的开挖，准备好抽水设备，防止因场地积水和地沟、基槽、地下室等泡水而造成损失。

4. 做好道路维护，保证运输畅通

雨季前检查道路边坡排水，适当提高路面，防止路面凹陷，保证运输畅通。

5. 做好物资的储存

雨季到来前，应多储存物资，减少雨季运输量，以节约费用。要准备必要的防水器材，库房四周要有排水沟渠，防止物资淋雨浸水而变质，仓库要做好地面防潮和屋面防漏雨工作。

6. 做好机具设备等防护

雨季施工，对现场的各种设施、机具要加强检查，特别是脚手架、垂直运输设备等，要采取防倒塌、防雷击、防漏电等一系列技术措施，现场机具设备（焊机、闸箱等）要有防雨措施。

思考与练习题

1. 什么是施工准备工作？为什么要做好施工准备工作？
2. 施工准备工作的主要内容有哪些？
3. 技术资料准备工作主要包括哪些内容？
4. 施工现场的准备工作包括哪些内容？
5. 资源的准备工作主要包括哪几个方面的内容？如何做好资源的准备工作？
6. 如何做好冬雨季的施工准备工作？

实践活动

第3章 流水施工原理

学习内容

本章通过对几种施工组织方式的比较，引出了流水施工的基本概念和组织流水施工的条件，详细介绍了流水施工的主要参数和几种常见的流水施工组织方式，并将流水施工的基本原理和方法应用于不同结构的建筑施工实例中。

学习目标

熟悉组织施工的几种方式及其特点，流水施工的基本概念和组织流水施工的条件；理解流水施工的主要参数及其确定，掌握流水施工的基本原理和方法以及流水施工在实际工程中的具体应用。

3.1 流水施工的基本概念

3.1.1 建筑施工流水作业的含义及特点

1. 建筑施工流水作业的含义

建筑施工流水作业是由固定组织的施工人员，在若干个工作性质相同的施工区域中依次连续地工作的一种施工组织方式。

2. 建筑施工流水作业的特点

建筑施工流水作业与一般工业生产的组织方式有所不同，它有自身的特点：

①生产内容固定。

②施工人员同所使用的机械设备一起流动。

3.1.2 建筑施工的组织方式

任何建筑工程都是由若干简单和复杂的施工过程所组成的，而这些施工过程又是由各专业工作队或混合工作队来完成的。按照劳动力的组织与安排不同，建筑施工有以下三种组织方式：

1. 依次施工组织方式

依次施工组织方式是将拟建工程项目中的每一个施工对象分解为若干个施工过程，按施工工艺要求依次完成每一个施工过程；当一个施工对象完成后，再按同样的顺序完成下一个施工对象，以此类推，直至完成所有施工对象。它是一种最基本、最原始的施工组织方式。

【例 3.1】 拟兴建四幢相同的建筑物，其编号分别为 A、B、C、D。它们的基础工程量都相等，而且均由挖土方、做垫层、砌基础和回填土等四个施工过程组成，每个施工过程在每幢建筑物中的施工天数均为 5 天。其中，挖土方时，工作队由 8 人组成；做垫层时，工作队由 6 人组成；砌基础时，工作队由 14 人组成；回填土时，工作队由 5 人组成。按依次施工组织方式施工，其施工进度计划如图 3-1 中“依次施工”栏所示。

由图 3-1 可以看出，依次施工组织方式具有以下特点：

①没有充分利用工作面进行施工，工期长。

②如果按专业成立工作队，则各专业队不能连续作业，有时间间隙，劳动力及施工机具等资源无法均衡使用。

③如果由一个工作队完成全部施工任务，则不能实现专业化施工，不利于提高生产率和工程质量。

④单位时间内投入的劳动力、施工机具、材料等资源量较少，有利于资源供应的组织。

⑤施工现场的组织、管理比较简单。

适用范围：适用于规模较小、工作面有限的工程。

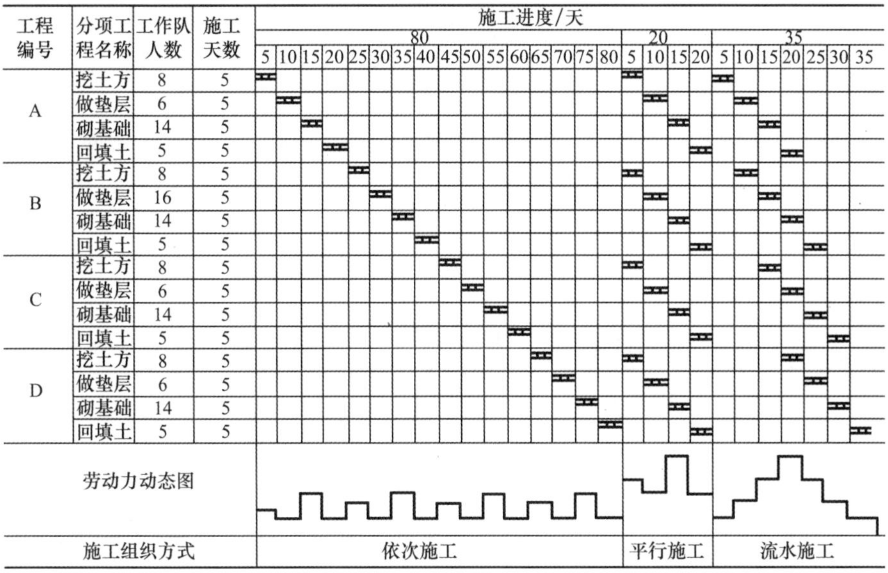

图 3-1　施工组织方式

2. 平行施工组织方式

平行施工组织方式是组织几个劳动组织相同的工作队，在同一时间、不同的空间按施工工艺要求完成各施工对象。

在例 3.1 中，如果采用平行施工组织方式，其施工进度计划如图 3-1 中“平行施工”栏所示。

由图 3-1 可以看出，平行施工组织方式具有以下特点：

①充分利用工作面进行施工，工期短。

②如果每一个施工对象均按专业成立工作队，则各专业队不能连续作业，劳动力及施工机具等资源无法均衡使用。

③如果由一个工作队完成一个施工对象的全部施工任务，则不能实现专业化施工，不利于提高生产率和工程质量。

④单位时间内投入的劳动力、施工机具、材料等资源量成倍增加，不利于资源供应的组织。

⑤施工现场的组织、管理比较复杂。

适用范围：适用于工期要求紧、需要突击完工的工程。

3. 流水施工组织方式

流水施工组织方式是将拟建工程项目中的每一个施工对象分解为若干个施工过程，并按照施工过程成立相应的专业工作队，各专业工作队按照施工顺序依次完成各个施工对象的施工过程，同时保证施工在时间和空间上连续、均衡和有节奏地进行，使相邻两专业队能最大限度地搭接作业。

在例 3.1 中，如果采用流水施工组织方式，其施工进度计划如图 3.1 中“流水施工”栏所示。

由图 3-1 可以看出，流水施工方式具有以下特点：

①尽可能利用工作面进行施工，工期比较短。

②各工作队实现了专业化施工，有利于提高技术水平和生产率，也有利于提高工程质量。

③专业工作队能够连续施工，同时使相邻专业队的开工时间能够最大限度地搭接。

④单位时间内投入的劳动力、施工机具、材料等资源量较为均衡，有利于资源供应的组织。

⑤为施工现场的文明施工和科学管理创造了有利条件。

3.1.3 组织流水施工的条件

1. 划分施工段

根据组织流水施工的需要，将拟建工程尽可能地划分为劳动量大致相等的若干个施工区域，每一个施工区域就是一个施工段。

建筑工程组织流水施工的关键是将建筑单件产品变成多件产品，以便成批生产。由于建筑产品体型庞大，通过划分施工段就可将单件产品变成“批量”的多件产品，从而形成流水作业的前提。没有“批量”就不可能也没必要组织任何流水作业。每一个区段就是一个假定“产品”。

2. 划分施工过程

把拟建工程的整个建造过程按照分项工程的先后关系分解为若干个施工过程，划分施工过程的目的是对施工对象的建造过程进行分解，以便逐一实现局部对象的施工，从而使施工对象整体得以实现。

3. 每一个施工过程组织独立的施工班组

在一个流水分部中，每个施工过程尽可能组织独立的施工班组，其形式可以是专业班组，也可以是混合班组，这样可使每个施工班组按施工顺序，依次、连续、均衡地从一个施工段转移到另一个施工段进行相同的操作。

4. 主要施工过程必须连续、均衡地施工

主要施工过程是指工程量较大、作业时间长的施工过程。主要施工过程必须连续、均衡地施工；次要施工过程，可考虑与相邻的施工过程合并，如不能合并，为缩短工期，可安排间断施工。

5. 不同施工过程之间尽可能组织平行搭接施工

不同施工过程之间的关系，关键是工作时间上有搭接和工作空间上有搭接。在有工作面的条件下，除必要的技术和组织间歇时间外，应尽可能组织平行搭接。

3.1.4 流水施工的技术经济效果

流水施工在工艺划分、时间安排和空间布置上的统筹安排，必然会给相应的项目经理部带来显著经济效果，具体可归纳为以下几点：

①由于流水施工的连续性，减少了专业工作的间隔时间，达到了缩短工期的目的，可

使拟建工程项目尽早竣工并交付使用，发挥投资效益。

②便于改善劳动组织，改进操作方法和施工机具，有利于提高生产率。

③专业化的生产可提高工人的技术水平，使工程质量得到相应提高。

④工人技术水平和生产率的提高，可以减少用工量和施工临时设施建造量，降低工程成本。

⑤可以保证施工机械和劳动力得到充分、合理的利用。

⑥由于工期短、效率高、用人少、资源消耗均衡，可以减少现场管理费和物资消耗，实现合理储存与供应，有利于提高项目经理部的综合经济效益。

3.1.5 建筑施工流水作业的分类

建筑施工流水作业按不同的分类标准可分为不同的类型。

1. 按组织流水作业的范围分类

(1)分项工程流水施工

分项工程流水施工又叫细部流水施工，是指一个工作队利用同一生产工具，依次连续地在各施工区域中完成同一施工过程的施工组织方式。它是一条标有施工段或工作队编号的水平进度指示线段或斜向进度指示线段。如浇筑混凝土1、浇筑混凝土2等，基槽1、基槽2等。

(2)分部工程流水施工

分部工程流水施工又叫专业流水施工，它是指若干个工作队各自利用同一生产工具，依次连续地在各施工区域中完成同一施工过程的施工组织方式。

(3)单位工程流水施工

单位工程流水施工是指所有工作队在同一个施工对象的各施工区域中依次连续地完成各自同样工作的施工组织方式。

(4)建筑群流水施工

建筑群流水施工是指所有工作队在一个建筑群的各施工区域中依次连续地完成各自同样工作的组织方式。

(5)分别流水施工

分别流水施工是将若干个分别组织的分部工程流水，按照施工工艺顺序和要求搭接起来，组织成一个单位工程或建筑群的流水施工。

前两种流水施工是流水作业的基本形式，其中以分部工程流水较普遍，所以本书主要以分部工程流水为基础来阐明建筑施工流水作业的一般原理和组织方法。

2. 按流水节拍的特征分类

(1)节奏性专业流水

节奏性专业流水是指由若干个有节奏性的施工过程组织的流水施工。

(2)非节奏性专业流水

非节奏性专业流水是指由若干个非节奏性的施工过程组织的流水施工。

3.1.6 流水施工的表达方式

流水施工一般用横道图来表达，主要有水平指示图表和垂直指示图表两种。

1. 水平指示图表

水平指示图表是美国人甘特发明的，所以又叫甘特图，在流水施工水平指示图表的表达方式中，横坐标表示流水施工的持续时间，纵坐标表示开展流水施工的施工过程、专业工作队的名称、编号和数目。呈梯形分布的水平线段表示流水施工的开展情况，如图 3-2 所示。

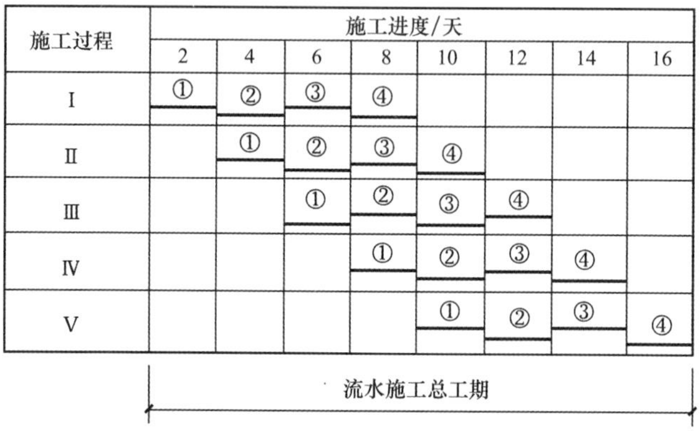

图 3-2 水平指示图表

2. 垂直指示图表

垂直指示图表也叫斜线图，在流水施工垂直指示图表的表达方式中，横坐标表示流水施工的持续时间，纵坐标表示开展流水施工所划分的施工段编号，斜线段表示各专业工作队或施工过程开展流水施工的情况，如图 3-3 所示。

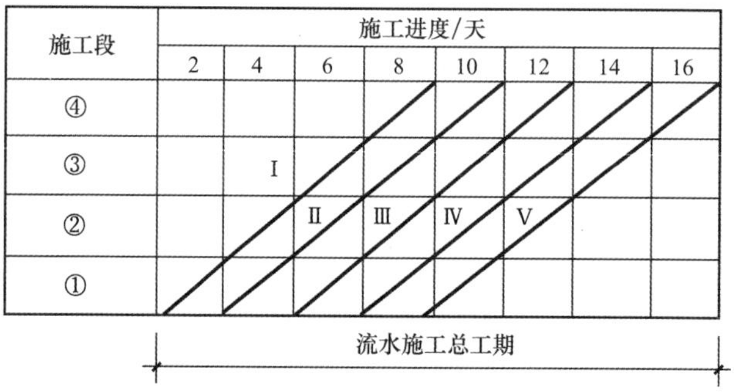

图 3-3 垂直指示图表

3.2 流水施工的主要参数

流水施工的主要参数简称流水参数，是指在组织拟建工程项目流水施工时，用以表达流水施工在工艺流程、空间布置和时间排列等方面开展状态的参数。流水施工就是在研究工程特点和施工条件的基础上，通过一系列流水参数的计算来实现的。按其性质不同，流水参数可分为工艺参数、空间参数和时间参数。

3.2.1 工艺参数

1.施工过程

在建设项目施工中，施工过程所包括的范围可大可小，既可以是分部、分项工程，也可以是单位、单项工程。施工过程是流水施工的基本参数之一，根据工艺性质不同，它可分为制备类施工过程、运输类施工过程和建造类施工过程三种，而施工过程的数目一般用字母 n 表示。

(1)制备类施工过程

它是指为了提高建筑产品的装配化、工厂化、机械化和生产能力而形成的施工过程，如砂浆、混凝土、构件、制品和门窗框扇等制备过程。它一般不占有施工对象的空间，不影响项目总工期，因此在项目施工进度表上不表示。只有当其占有施工对象的空间并影响项目总工期时，在项目施工进度表上才列入。

(2)运输类施工过程

它是指将建筑材料、构配件、半成品、制品和设备等运到项目工地仓库或现场操作地点而形成的施工过程。它一般也不占有施工对象的空间，不影响项目总工期，因此在项目施工进度表上不表示。只有当其占有施工对象的空间并影响项目总工期时，在项目施工进度表上才列入。

(3)建造类施工过程

它是指地下工程、主体工程、结构工程、安装工程、屋面工程、装饰工程等形成的施工过程。它占有施工对象的空间，影响工期的长短，因此必须列入施工进度表，并且是项目进度表的主要内容。

划分施工过程时应考虑如下因素：

①一个施工过程包括的内容可交给一个施工队去完成。

②施工过程需要占用施工对象的工作面。

③施工过程的名称应尽量与建筑施工定额上的分类一致。

划分施工过程时不宜过简或过繁，应根据结构特点与编制进度计划的需要，以确定的施工方案与劳动组织为依据，能指导施工为原则。一幢房屋施工过程数目的确定，与房屋的复杂程度、施工进度计划的作用以及劳动组织和劳动量大小、施工方案等因素有关。

(1)与施工进度计划的作用有关

在建造一幢房屋的过程中，当编制控制性施工进度计划时，组织流水施工的施工过程可以划分粗一些，一般只列出分部工程名称，如基础工程、主体工程、装修工程、屋面工程等。当编制实施性进度计划时，施工过程可划分得细一些，可将分部工程分解为若干个分项工程，如将基础工程分解为挖土、垫层、钢筋混凝土基础、回填土等。

(2)与施工方案有关

不同的施工方案，其施工顺序和方法也不同，如框架结构采用的模板不同，其施工过程划分数目就不相同。

(3)与劳动组织及劳动量大小有关

施工过程的划分与施工习惯有关。如安装玻璃、油漆施工可分也可合,因为有的是混合班组,有的是单一班组。施工过程的划分还与劳动量大小有关。劳动量小的施工过程,当组织流水施工有困难时,可与其他施工过程合并。如当做垫层劳动量较小时可与挖土方合并为一个施工过程,这样可以使各个施工过程的劳动量大致相等,便于组织流水施工。

施工过程数的确定要适当,若太多、太细,会给计算增添麻烦,使施工进度计划主次不分。若太少,又会使施工进度过于笼统,失去指导施工的作用。一般混合结构居住房屋的施工过程数取 20～30 个;工业建筑的施工过程数要多一些。

2. 流水强度

所谓流水强度,是指每一施工过程在单位时间内完成的工程量。流水强度又称流水能力或生产能力,一般用字母 V 表示。

流水强度可用下式计算求得:

$$V=\sum_{i=1}^{n}R_i.S_i \tag{3-1}$$

式中 V——某施工过程(队)的流水强度;

R_i——投入该施工过程中的第 i 种资源量(施工机械台数或人工数);

S_i——投入该施工过程中第 i 种资源的产量定额;

i——投入该施工过程中的资源种类数。

3.2.2 空间参数

1. 工作面

工作面是指某专业工种的工人在从事建筑产品施工生产加工过程中,所必须具备的活动空间。它的大小根据相应工种单位时间内的产量定额、建筑安装工程操作规程和安全规程等要求来确定。工作面确定合理与否,直接影响到专业工种工人的生产率。主要工种工作面参考数据见表 3-1。

表 3-1　主要工种工作面参考数据

工作项目	每个技工的工作面	说明
砖基础	7.6 m/人	以 1.5 砖计,2 砖乘以 0.83,3 砖乘以 0.55
砌砖墙	8.5 m/人	以 1 砖计,1.5 砖乘以 0.71,3 砖乘以 0.55
混凝土柱、墙基础	8 m^3/人	机拌、机捣
混凝土设备基础	7 m^3/人	机拌、机捣
现浇钢筋混凝土柱	2.45 m^3/人	机拌、机捣
现浇钢筋混凝土梁	3.20 m^3/人	机拌、机捣

（续表）

工作项目	每个技工的工作面	说明
现浇钢筋混凝土墙	5 m^3/人	机拌、机捣
现浇钢筋混凝土楼板	5.3 m^3/人	机拌、机捣
预制钢筋混凝土柱	3.6 m^3/人	机拌、机捣
预制钢筋混凝土梁	3.6 m^3/人	机拌、机捣
预制钢筋混凝土屋架	2.7 m^3/人	机拌、机捣
混凝土地坪及面层	40 m^2/人	机拌、机捣
外墙抹灰	16 m^2/人	机拌、机捣
内墙抹灰	18.5 m^2/人	机拌、机捣
卷材屋面	18.5 m^2/人	机拌、机捣
防水水泥砂浆屋面	16 m^2/人	机拌、机捣

2. 施工段

施工段一般用字母 m 表示，即组织流水施工时将施工对象在平面上划分为若干个劳动量大致相等的施工段落，一个施工段在某一段时间内只供一个施工过程的工作队使用。

划分施工段的目的在于使各施工队（组）能在不同的工作面上平行作业，为各施工队（组）依次进入同一工作面进行流水作业创造条件。

划分施工段的原则：

(1)各施工段上所消耗的劳动量应力求大致相等，其相差幅度不宜超过10%～15%。

(2)要有足够的工作面。

(3)要考虑结构的整体性，分界线宜在伸缩缝、沉降缝以及对结构整体性影响较小的位置。

(4)划分的段数要适中：过多必然减少人数而导致工期延长，过少则又往往会引起资源消耗过分集中。

在项目实际施工中，若某些施工过程需要考虑技术间歇等，可用下列公式确定每层的最少施工段数：

$$m \geqslant n(n_1) + \frac{\max\sum Z_1}{K} + \frac{\max Z_2}{K} - \frac{\max\sum C_1}{K} \tag{3-2}$$

式中　m—— 施工段；

n—— 施工过程数；

n_1—— 工作队数；

$\max\sum Z_1$—— 一个施工层内所有间歇时间之和的最大值，其中 $\sum Z_1 = \sum Z + \sum G$；

$\sum Z$—— 一个施工层内所有的技术间歇之和；

$\sum G$—— 一个施工层内所有的组织间歇之和；

$\max Z_2$—— 层间间歇时间的最大值；

$\max\sum C_1$—— 一个施工层内所有搭接时间之和的最大值；

K—— 流水步距。

(5)施工段的划分通常以主导施工过程为依据来进行，例如在混合结构房屋建筑中就是以砌砖、楼板安装为主导施工过程来划分施工段的。

(6)当有层间关系或有施工层时，应使各施工队能连续施工，每层的最小施工段数应大于或等于施工过程数，即 $m \geqslant n$。

就施工段数与施工过程数的关系，以一个例子来说明。

某两层现浇钢筋混凝土工程，其施工过程为安装模板、扎钢筋和浇筑混凝土，若各工作队在各施工段的工作时间均为一天，则施工段与施工过程数之间的关系可能有下列三种情况。

①当 $m<n$ 时，根据题意画出流水施工指示图，如图 3-4 所示。

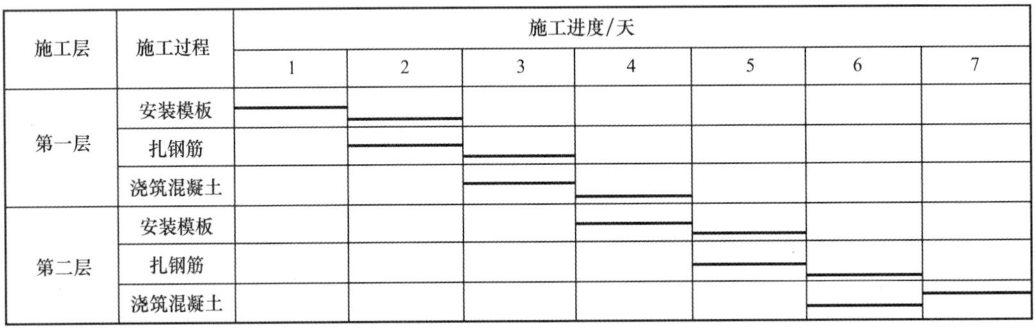

图 3-4 施工指示图($m<n$)

在这种情况下，安装模板工作队完成第一层后，由于第一层第一段的混凝土尚未浇筑，不能及时到第二层去工作，因此就要停工，同样其他工作队也是如此，但各施工段上并没有发生停歇现象，工作面得到了充分利用。

②当 $m>n$ 时，根据题意画出流水施工指示图，如图 3-5 所示。

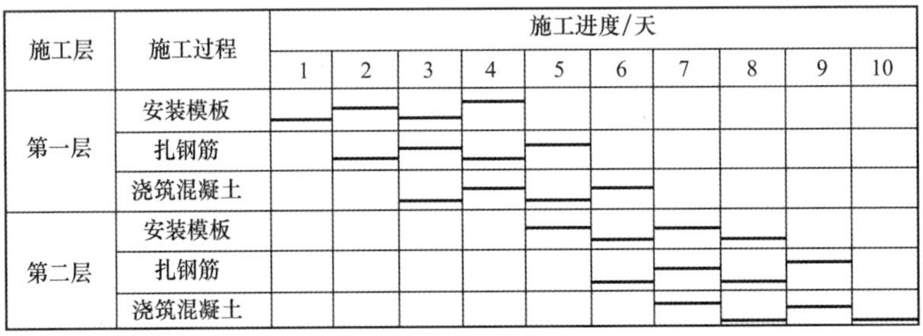

图 3-5 施工指示图($m>n$)

在这种情况下，安装模板工作队需要做完第一层四个施工段工作以后，才能进入第二层第一施工段工作，即工作面空闲一天。同样，其他施工段上也发生同样的停歇，致使工作面出现空闲的情况，但工作队并没有窝工，施工仍是连续的。

③当 $m=n$ 时，根据题意画出流水施工指示图，如图 3-6 所示。

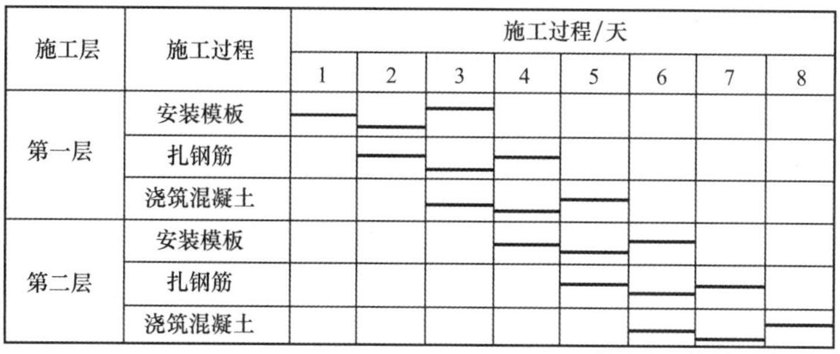

图 3-6　施工指示图($m=n$)

在这种情况下，工作队既能连续施工，施工段也不会出现空闲，是最理想的情况。

3. 施工层

在组织流水施工时，为了满足专业工种对操作高度和施工工艺的要求，将拟建工程项目在竖向上划分为若干个操作层，这些操作层称为施工层，一般用字母 j 表示。

砌筑工程的施工层高度一般为 1.2 m，室内抹灰、木装饰、油漆、玻璃和水电安装等可按楼层进行施工层划分。

3.2.3　时间参数

1. 流水节拍

流水节拍是指从事某一施工过程的工作队(组)在一个施工段上的工作延续时间，一般用字母 t 表示。

(1)流水节拍的计算

流水节拍的长短直接关系到投入劳动力、机械和材料量的多少，决定着施工速度和施工的节奏性。因此，流水节拍的数值确定很重要，通常有以下三种计算方法。

①定额计算法：根据各项施工段的工程量、能够投入的资源量和时间定额来计算：

$$t_i=\frac{Q_i \cdot H_i}{R_i \cdot Z_i}=\frac{P_i}{R_i \cdot Z_i}\text{或}\frac{Q_i}{S_i \cdot R_i \cdot Z_i} \tag{3-3}$$

式中　t_i——第 i 个施工段的流水节拍；

Q_i——某专业工作队在第 i 个施工段要完成的工程量；

S_i——某专业工作队的计划产量定额；

H_i——某专业工作队的计划时间定额；

P_i——某专业工作队在第 i 个施工段需要的劳动量；

R_i——某专业工作队投入的工作人数或机械台数；

Z_i——某专业工作队的工作班次，$Z_i \leqslant 3$。

②经验估算法：根据以往的施工经验进行估算，一般为了提高其准确程度，往往先估算出该流水节拍的最长、最短和正常三种时间，再利用下式确定：

$$t_i=\frac{a_i+4c_i+b_i}{6} \tag{3-4}$$

式中 t_i——某个施工过程在第 i 段上的流水节拍；

a_i——某个施工过程在第 i 段上的最短估算时间；

b_i——某个施工过程在第 i 段上的最长估算时间；

c_i——某个施工过程在第 i 段上的正常估算时间。

这种方法适用于采用新工艺、新方法和新材料等没有定额可循的工程。

③工期计算法：对某些施工任务在规定日期内必须完成的工程项目，往往采用倒排进度法。

a. 根据工期倒排进度，确定某施工过程的工作持续时间。

b. 确定某施工过程在某施工段上的流水节拍，若同一施工过程的流水节拍不等，则用估算法；若流水节拍相等，则利用下式确定：

$$t_i = \frac{T}{m} \tag{3-5}$$

式中 t_i——某施工过程的流水节拍；

T——某施工过程的工作持续时间；

m——某施工过程划分的施工段数。

(2)确定流水节拍应考虑的因素

①施工班组人数要适宜，既要满足最小劳动力组合人数要求，又要满足最小工作面的要求。

最小劳动力组合就是指某一施工过程进行正常施工所必需的最低限度的班组人数及其合理组合。如砖墙的砌筑就要按技工和普工的最少人数及合理比例组成施工班组，人数过少或比例不当都将引起生产率的下降。

最小工作面是指施工班组为保证安全生产和有效操作所必需的工作面。它决定了最高限度可安排多少工人，不能为了缩短工期而无限地增加人数，否则将造成工作面不足而导致窝工。

②工作班制要恰当。工作班制的确定要视工期的要求而定。当工期要求不紧迫，工艺上又无连续施工要求时，一般采用一班制；当组织流水施工时为了给第二天连续施工创造条件，某些施工过程可考虑在夜班进行时，即采用两班制；当工期要求较紧或工艺上要求连续施工，或为了提高施工机械的使用率时，某些项目可采用三班制，如浇筑混凝土等。

③考虑机械的台班效率或机械台班产量的大小。

④节拍值一般取 0.5 的整数倍。

2. 流水步距

流水步距是指相邻两个施工过程先后进入流水施工最小的时间间隔，用符号 K_n，K_{n+1} 表示，即第 $n+1$ 个施工过程必须在第 n 个施工过程开始工作后的 K 天时间再开始与第 n 个施工过程平行搭接。

例如：某基础工程有挖土、垫层、砌基础和回填土四个施工过程，分两段进行施工，每一个施工段的流水节拍均为 2 天，其施工进度计划如图 3-7 所示。

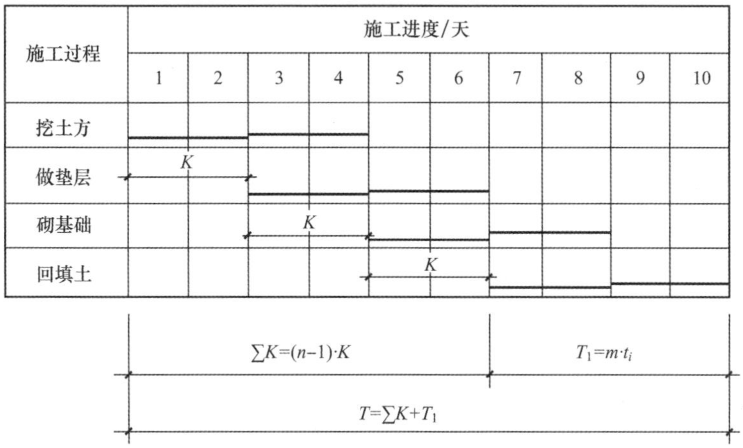

图 3-7　基础工程施工进度计划表

由图 3-7 可知，挖土方与做垫层相继投入第一段开始施工的时间间隔为 2 天，即流水步距 $K=2$ 天，其他相邻两个施工过程的流水步距均为 2 天。

流水步距的大小或平行搭接的多少，对工期影响很大，在施工段不变的情况下，流水步距越小，即平行搭接多，则工期短。反之，则工期长。

流水步距的个数取决于参加流水的施工过程数，一般情况下如果有 n 个施工过程且每一个施工过程只有一个工作队施工，则流水步距的总数为 $n-1$ 个。

(1)确定流水步距时应遵循的原则

①始终保持相邻两个施工过程的工艺顺序。

②尽量保持各施工队能连续作业。

③使前、后两个施工过程的施工时间能最大限度地搭接，并注意工序的技术间歇时间。

④流水步距的确定要保证工程质量，满足安全生产要求。

(2)确定流水步距的方法

流水步距一般要通过计算才能确定。简洁实用的方法主要有图上分析法、分析计算法和潘特考夫斯基法(最大差法)。

3. 间歇时间

(1)技术间歇时间

由于工艺原因引起的等待时间，如混凝土浇筑后的养护时间，砂浆抹面和油漆面的干燥时间等，技术间歇时间通常用字母 $Z_{n,n+1}$ 表示。

(2)组织间歇时间

由于组织技术的因素而引起的等待时间，如墙体砌筑前的墙身位置弹线、施工人员和机械转移、回填土前地下管道检查验收等，组织间歇时间通常用字母 $G_{n,n+1}$ 表示。

4. 平行搭接时间

在组织流水施工时，有时为了缩短工期，在工作面允许的条件下，如果前一个专业工作队完成部分施工任务后，能够提前为后一个专业工作队提供工作面，使后者提前进入该施工段，两者就能在同一个施工段上平行搭接施工，这个搭接时间称为平行搭接时间，通常用字母 $C_{n,n+1}$ 表示。

5. 流水工期

流水工期是指完成一项工程任务或一个流水组施工所需的时间，一般可采用下式计算：

$$T_L = \sum_{1}^{n-1} K_{i,i+1} + T_n + \sum Z_1 - \sum C_1 \tag{3-6}$$

式中 T_L——流水工期；

$\sum_{1}^{n-1} K_{i,i+1}$——流水步距之和；

T_n——最后一个施工过程（或专业工作队）在各施工段流水节拍之和；

$\sum Z_1$——第一个施工层内所有间歇时间之和，其中 $\sum Z_1 = \sum Z + \sum G$；

$\sum C_1$——第一个施工层内所有搭接时间之和。

3.3 节奏性专业流水

3.3.1 节奏性专业流水的含义

所谓节奏性施工过程，是指在各施工段上持续时间相等的施工过程。我们将这些节奏性施工过程所组成的整个流水作业称为“节奏性专业流水”。用垂直图表示时，节奏性专业流水的施工进度线为一斜率不变的斜线。

例如：某工程有三个施工过程，且每一施工过程的时间均为 3 天，可画出其水平指示图表和垂直指示图表，分别如图 3-8 和图 3-9 所示。

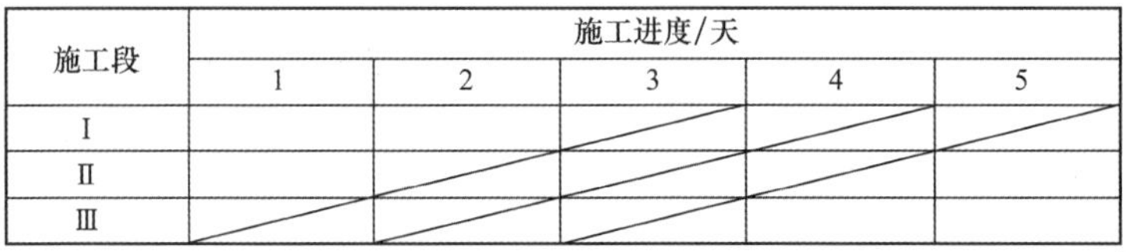

图 3-8　水平指示图表

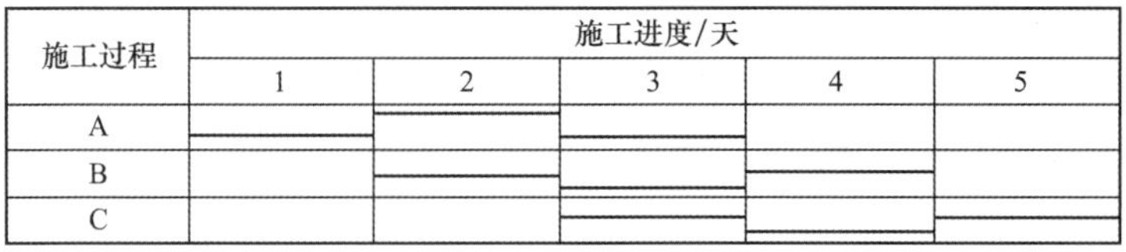

图 3-9　垂直指示图表

3.3.2 节奏性专业流水的分类

节奏性专业流水分三大类，即全等节拍专业流水、成倍节拍专业流水、异节拍专业流水。

1. 全等节拍专业流水

(1)全等节拍专业流水的含义

全等节拍专业流水是指在所组织的流水施工范围内，所有施工过程的流水节拍均为相等的常数的一种流水施工方式，见表 3-2。

表 3-2　全等节拍流水施工

施工过程数(n)	施工段数(m)			
	一	二	三	四
A	6	6	6	6
B	6	6	6	6
C	6	6	6	6
D	6	6	6	6

(2)全等节拍专业流水的特点

①各施工过程的流水节拍相等，如果有 n 个施工过程，则 $t_1=t_2=\cdots=t_n=t$(常数)。

②流水步距均相同且等于一个流水节拍，即 $K_{1,2}=K_{2,3}=\cdots=K_{n,n+1}=t$。

③每个专业工作队都能够连续施工，施工段没有空闲。

④专业工作队队数(n_1)等于施工过程数(n)。

(3)全等节拍专业流水主要参数的确定

①施工段数

a. 无技术间歇时间和搭接时间时：

$$m=n \tag{3-7}$$

b. 有技术间歇时间和搭接时间时：

$$m \geqslant n(n_1)+\frac{\max\sum Z_1}{K}+\frac{\max Z_2}{K}-\frac{\max\sum C_1}{K} \tag{3-8}$$

②总工期

$$T_L=(m\cdot j+n-1)\cdot t+\sum Z_1-\sum C \tag{3-9}$$

式中　T_L——总工期；

m——施工段；

j——施工层；

n——施工过程数；

n_1——施工队数；

t——流水节拍；

$\sum Z_1$—— 第一个施工层内所有间歇时间之和；

$\sum C$—— 第一个施工层内所有搭接时间之和。

在公式(3-9)中，$\sum Z_1$ 为第一个施工层中各施工过程之间的技术间歇和组织间歇时间之和，之所以没有第二层及第二层以上的 $\sum Z_2$ 和 $\sum Z_3$，是因为它们均已包括在式中 $m \cdot j \cdot t$ 项内。

(4)全等节拍专业流水的解题步骤

①确定流水步距及施工段数。

②计算流水总工期。

③绘制流水施工指示图表。

【例 3.2】 某分部工程分为 A、B、C、D 四个施工过程，每个施工过程分三个施工段，各施工段的流水节拍均为 4 天，试组织流水施工。

解：①确定流水步距：$\because t_A = t_B = t_C = t_D = 4$(天)

$\therefore K = 4$(天)

②确定流水工期：

$T_L = (m \cdot j + n - 1) \cdot t + \sum Z_1 - \sum C = (3 \times 1 + 4 - 1) \times 4 = 24$(天)

③绘制水平指示图表，如图 3-10 所示。

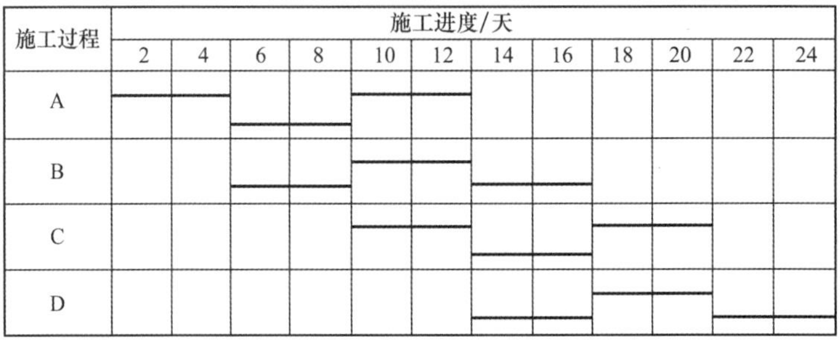

图 3-10　例 3.2 水平指示图表

【例 3.3】 某项目由Ⅰ、Ⅱ、Ⅲ、Ⅳ四个施工过程组成，划分两个施工层组织流水施工。施工过程Ⅱ完成后需养护 1 天，下一个施工过程才能施工，层间技术间歇为 1 天，流水节拍均为 1 天。为了保证工作队连续作业，试确定施工段数，计算工期，绘制水平指示图表。

解：①确定流水步距：

$\because t_{\text{Ⅰ}} = t_{\text{Ⅱ}} = t_{\text{Ⅲ}} = t_{\text{Ⅳ}} = 1$(天)

$\therefore K_{\text{Ⅰ},\text{Ⅱ}} = K_{\text{Ⅲ},\text{Ⅳ}} = t = 1$(天)

②确定施工段：

$$m \geqslant n(n_1) + \frac{\max \sum Z_1}{K} + \frac{\max Z_2}{K} - \frac{\max \sum C_1}{K} = 4 + \frac{1}{1} + \frac{1}{1} - \frac{0}{1} = 6(段)$$

③ 总工期：

$TL = (m \cdot j + n - 1) \cdot t + \sum Z_1 - \sum C = (6 \times 2 + 4 - 1) \times 1 + 1 = 16$(天)

④绘制水平指示图表，如图 3-11 所示。

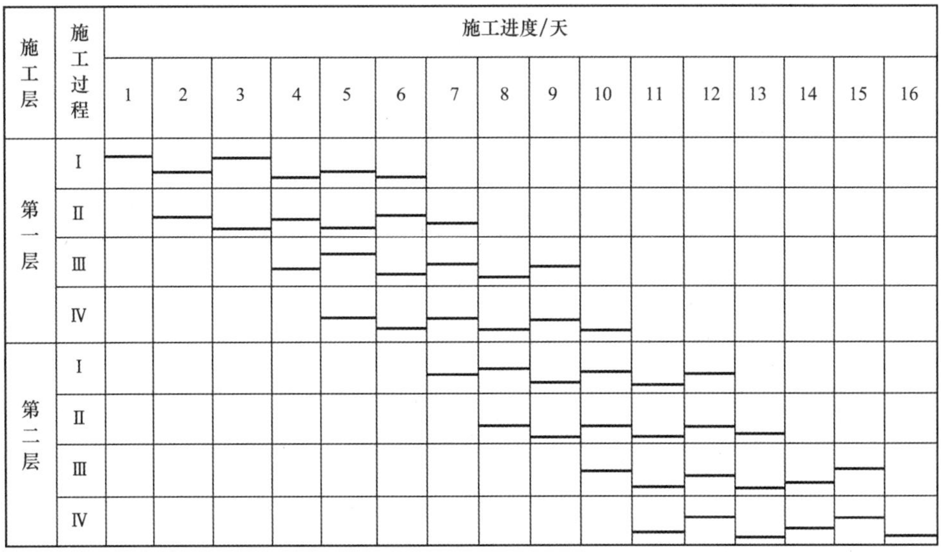

图 3-11　例 3.3 水平指示图表

⑤全等节拍专业流水的适用范围

比较适用于分部工程流水，不适用于单位工程，特别不适用于大型的建筑群。

2. 成倍节拍专业流水

(1)成倍节拍专业流水的含义

成倍节拍专业流水是指同一施工过程在各施工段上的流水节拍彼此相等，不同的施工过程之间流水节拍不完全相等，但各个施工过程的流水节拍均为其中最小流水节拍的整数倍。表 3-3 所示是一个成倍节拍专业流水。

表 3-3　　**成倍节拍流水施工**

施工过程数(n)	施工段数(m)			
	一	二	三	四
A	6	6	6	6
B	12	12	12	12
C	6	6	6	6
D	12	12	12	12

(2)成倍节拍专业流水的特点

①同一施工过程在各施工段上的流水节拍彼此相等，不同的施工过程在同一施工段上的流水节拍彼此不相等，但各个施工过程的流水节拍均为其中最小流水节拍的整数倍。

②流水步距彼此相等，且等于各流水节拍的最大公约数。

③各专业工作队都能够保证连续施工，施工段没有空闲。

④专业工作队数大于施工过程数，即 $n_1 > n$。

(3)成倍节拍专业流水主要参数的确定

①流水步距。流水步距均相等，且等于各流水节拍的最大公约数，即 $K_{i,i+1} = t_{\min}$。

②施工段数。在确定施工段数以前，必须先确定各施工过程所需的工作队数 n_1。

$$b_i=\frac{t_i}{t_{\min}} \tag{3-10}$$

式中　b_i——第 i 个施工过程的工作队数；

t_i——第 i 个施工过程的流水节拍；

$t_{\min}$——最小的流水节拍。

$$n_1=\sum b_i \tag{3-11}$$

式中　n_1——总的工作队数。

$$m \geqslant n_1+\frac{\max\sum Z_1}{K}+\frac{\max Z_2}{K}-\frac{\max\sum C_1}{K}$$

③总工期：

$$T_L=(m \cdot j+n_1-1)\cdot t+\sum Z_1-\sum C \tag{3-12}$$

(4)成倍节拍专业流水的解题步骤

①确定流水步距。

②计算同一种专业工作队数。

③计算施工段数。

④计算流水总工期。

⑤绘制流水施工指示图。

【例 3.4】　某分部工程有三个施工过程，其流水节拍分别为 $t_1=1$ 天，$t_2=1$ 天，$t_3=2$ 天，第二个施工过程后有技术间歇 1 天，试组织流水施工。

解：该工程可组织成倍节拍专业流水

①$t_{\min}=1$(天)

②$b_1=\frac{t_1}{t_{\min}}=\frac{1}{1}=1$(个)，$b_2=\frac{t_2}{t_{\min}}=\frac{1}{1}=1$(个)，$b_3=\frac{t_3}{t_{\min}}=\frac{2}{1}=2$(个)

$n_1=\sum b_i=(1+1+2)=4$(个)

③ $m \geqslant n_1+\frac{\max\sum Z_1}{K}+\frac{\max Z_2}{K}-\frac{\max\sum C_1}{K}=4+\frac{1}{1}+\frac{0}{1}-\frac{0}{1}=5$(段)

④$TL=(m \cdot j+n_1-1)\cdot t+\sum Z_1-\sum C=(5\times 1+4-1)\times 1+1=9$(天)

⑤绘制流水施工指示图，如图 3-12 所示。

施工过程		施工进度/天								
		1	2	3	4	5	6	7	8	9
Ⅰ	a	①	②	③	④	⑤				
Ⅱ	a		①	②	③	④	⑤			
Ⅲ	a				①		③		⑤	
	b					②		④		

图 3-12　例 3.4 水平指示图表

【例 3.5】 某三层现浇钢筋混凝土工程，有支模板、扎钢筋、浇筑混凝土三个过程。其流水节拍分别为 $t_{支}=4$ 天，$t_{扎}=2$ 天，$t_{浇}=2$ 天。扎钢筋与支模板可搭接 1 天，层间技术间歇为 1 天，试组织流水施工。

解：该工程可组织成倍节拍专业流水。

①$t_{min}=2$(天)

②$b_1=\dfrac{t_{支}}{t_{min}}=\dfrac{4}{2}=2$(个)，$b_2=\dfrac{t_{扎}}{t_{min}}=\dfrac{2}{2}=1$(个)，$b_3=\dfrac{t_{浇}}{t_{min}}=\dfrac{2}{2}=1$(个)

$n_1=\sum b_i=(2+1+1)=4$(个)

③$m \geqslant n_1+\dfrac{\max\sum Z_1}{K}+\dfrac{\max Z_2}{K}-\dfrac{\max\sum C_1}{K}=4+\dfrac{0}{1}+\dfrac{1}{1}-\dfrac{1}{1}=4$ 段

④$T_L=(m\cdot j+n_1-1)\cdot t+\sum Z_1-\sum C=(4\times 3+4-1)\times 2-1=29$(天)

⑤绘制流水施工指示图，如图 3-13 所示。

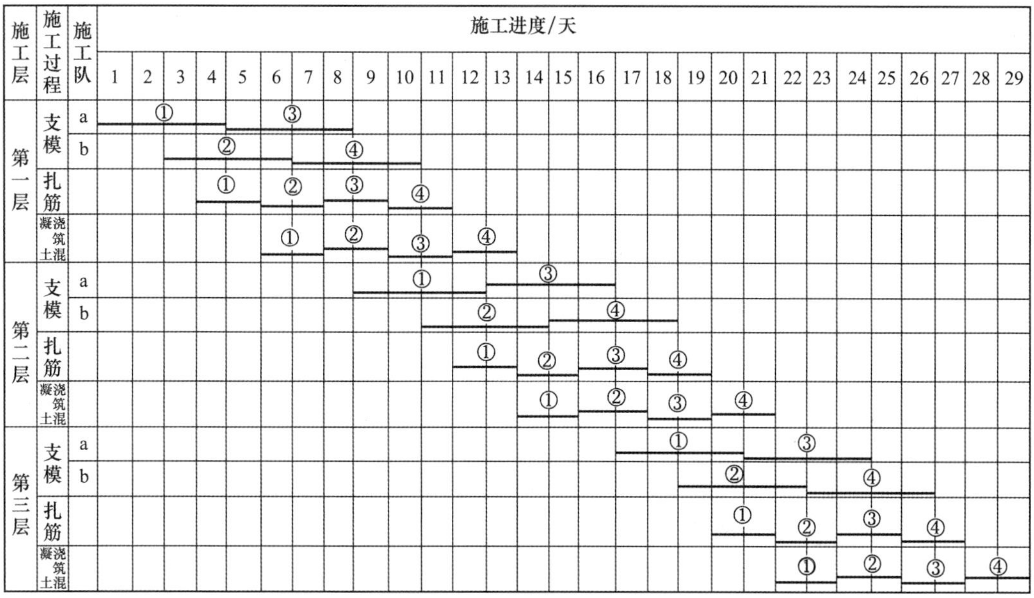

图 3-13　例 3.5 水平指示图表

(5)成倍节拍专业流水的适用范围

比较适用于线型工程(如道路、管道等)的施工，一般房屋建筑工程不采用成倍节拍专业流水。

3. 异节拍专业流水

(1)异节拍专业流水的含义

异节拍专业流水是指同一施工过程在各施工段上的流水节拍相等，不同施工过程之间的流水节拍不一定相等的流水施工方式，见表 3-4。

表 3-4　　　　异节拍流水施工

施工过程数(n)	施工段数(m)			
	一	二	三	四
A	4	4	4	4
B	2	2	2	2
C	3	3	3	3
D	5	5	5	5

(2)异节拍专业流水的特点

①同一施工过程各施工段上的流水节拍相等,不同施工过程同一施工段的流水节拍不一定相等。

②各个施工过程之间的流水步距不一定相等。

③各工作队均能连续施工,工作面可能有空闲。

④工作队数(n_1)等于施工过程数(n)。

(3)异节拍专业流水参数的确定

流水步距:

当 $t_i \leqslant t_{i+1}$ 时,则

$$K_{i,i+1}=t_i \tag{3-13}$$

当 $t_i > t_{i+1}$ 时,则

$$K_{i,i+1}=m \cdot t_i-(m-1)t_{i+1} \tag{3-14}$$

(4)异节拍专业流水的解题步骤

①确定流水步距。

②计算流水总工期。

③绘制流水施工指示图表。

【例 3.6】 某装饰工程有楼地面工程($t_{地}=2$ 天),天棚、墙面抹灰工程($t_{抹}=3$ 天),门窗安装工程($t_{门}=1$ 天),涂料工程($t_{涂}=1$ 天),油漆玻璃($t_{油}=2$ 天)五个施工过程,共有五层,且楼地面完工后需停歇 2 天才能进行抹灰工程,抹灰完了后需养护 1 天才能进行门窗安装,每一个施工过程只有一个工作队,试组织流水施工。

解:该工程只能组织异节拍专业流水。

①$K_{地,抹}=2$(天)　$\because t_{地}<t_{抹}$;

$K_{抹,门}=5\times3-(5-1)\times1=11$(天)　$\because t_{抹}> t_{门}$;

$K_{门,涂}=1$(天)　$\because t_{地}=t_{抹}$;

$K_{涂,油}=1$(天)　$\because t_{涂}=t_{油}$;

② $T_L=T_L=\sum_{1}^{n-1}K_{i,i+1}+T_n+\sum Z_1-\sum c=(2+11+1+1)+5\times2+(2+1)=$ 28(天)

③绘制流水水平指示图表,如图 3-14 所示。

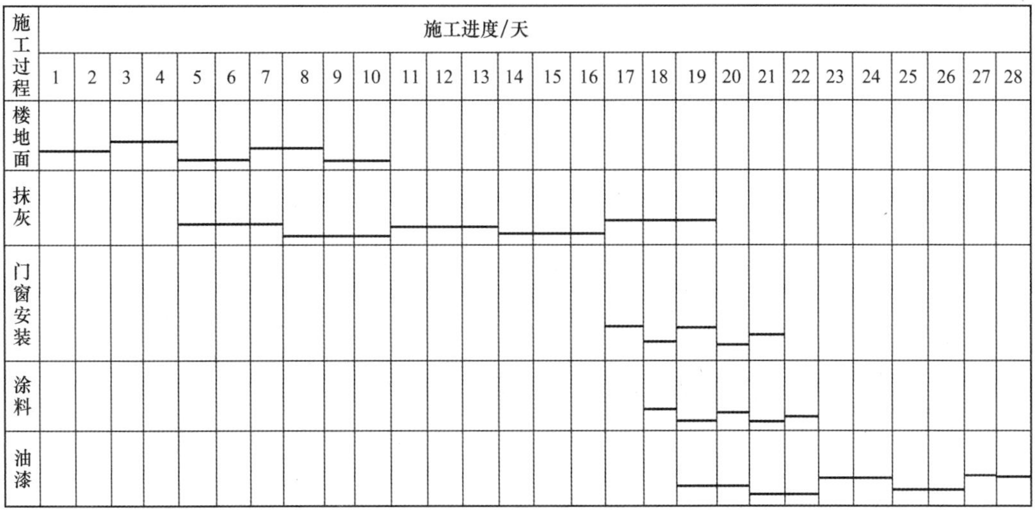

图 3-14　例 3.6 水平指示图表

(5)异节拍专业流水的适用范围

适用于分部工程和单位工程流水施工,它允许不同施工过程采用不同的流水节拍,因此在进度安排上比全等节拍流水灵活,实际应用较广泛。

3.4　非节奏性专业流水

在项目实际施工中,通常每个施工过程在各个施工段上的工程量彼此不等,各专业工作队的生产效率相差较大,导致大多数的流水节拍也彼此不相等,不可能组织等节拍专业流水或异节拍专业流水。在这种情况下,往往利用流水施工的基本概念,在保证施工工艺、满足施工顺序要求的前提下,按照一定的计算方法,确定相邻专业工作队之间的流水步距,使其在开工时间上最大限度地合理搭接起来,形成每个专业工作队都能连续作业的流水施工方式,这种施工方式称为非节奏性专业流水,也叫分别流水,是流水施工的普遍形式。

3.4.1　非节奏性专业流水的含义

同一施工过程在各施工段上的流水节拍不一定相等,即由若干个非节奏性流水施工过程所组成的专业流水,见表 3-5。

表 3-5　　某工程项目的施工过程及其流水节拍

施工过程	施工段			
	一	二	三	四
A	3	2	2	4

（续表）

施工过程	施工段			
	一	二	三	四
B	1	3	5	3
C	2	1	3	5
D	4	2	3	3
E	3	4	2	1

3.4.2 非节奏性专业流水的特点

①同一施工过程各施工段上的流水节拍不尽相同，不同施工过程在同一施工段上的流水节拍也不尽相同。

②大多数情况下，流水步距彼此不相等，而且流水步距与流水节拍二者之间存在着某种函数关系。

③各专业工作队都能连续施工，个别施工段可能有空闲。

④专业工作队数等于施工过程数，即 $n_1=n$。

3.4.3 非节奏性专业流水主要参数的确定

1. 流水步距的计算

流水步距的计算用最大差值法，即潘特考夫斯基法，其步骤如下：

①将各施工过程在各施工段上的流水节拍依次累加，得一数列。

②将相邻两施工过程依次累加的数列错位相减，取差值最大者为该相邻两施工过程的流水步距。

2. 流水工期的计算

$$T_L=\sum_{1}^{n-1}K_{i,i+1}+T_n+\sum Z_1-\sum C_1$$

【例 3.7】 某项目经理部拟承建一工程，该工程有 A、B、C、D、E 五个施工过程。施工时在平面上划分为四个施工段，每个施工过程在各施工段上的流水节拍见表 3-6。规定施工过程 B 完成后，其相应施工段至少要养护 2 天；施工过程 D 完成后，其相应施工段要留有 1 天的准备时间。为了尽早完工，允许施工过程 A 与 B 之间搭接 1 天，试组织流水施工。

表 3-6　　某工程项目的施工过程及其流水节拍

施工过程	施工段			
	一	二	三	四
A	3	2	2	4
B	1	3	5	3
C	2	1	3	5
D	4	2	3	3
E	3	4	2	1

解：根据题意，该工程只能组织非节奏性专业流水。

(1)计算各施工过程对流水节拍的累加数列：

A：3，5，7，11；

B：1，4，9，12；

C：2，3，6，11；

D：4，6，9，12；

E：3，7，9，10。

(2)确定流水步距：

①$K_{A,B}$：

$$\begin{array}{rrrrr} 3 & 5 & 7 & 11 & \\ -(\ 1 & 4 & 9 & 12) \\ \hline 3 & 4 & 3 & 2 & -12 \end{array}$$

$\therefore K_{A,B}=\max\{3,4,3,2,-12\}=4$(天)

②$K_{B,C}$：

$$\begin{array}{rrrrr} 1 & 4 & 9 & 12 & \\ -(\ 2 & 3 & 6 & 11) \\ \hline 1 & 2 & 6 & 6 & -11 \end{array}$$

$\therefore K_{B,C}=\max\{1,2,6,6,-11\}=6$(天)

③$K_{C,D}$：

$$\begin{array}{rrrrr} 2 & 3 & 6 & 11 & \\ -(\ 4 & 6 & 9 & 12) \\ \hline 2 & -1 & 0 & 2 & -12 \end{array}$$

$\therefore K_{C,D}=\max\{2,-1,0,2,-12\}=2$(天)

④$K_{D,E}$：

$$\begin{array}{rrrrr} 4 & 6 & 9 & 12 & \\ -(\ 3 & 7 & 9 & 10) \\ \hline 4 & 3 & 2 & 3 & -10 \end{array}$$

$\therefore K_{D,E}=\max\{4,3,2,3,-10\}=4$(天)

(3)确定工期：

$$TL=\sum_{1}^{n-1}K_{i,i+1}+T_n+\sum Z_1-\sum c=(4+6+2+4)+(3+4+2+1)+2+1-1$$
$$=28(天)$$

(4)绘制施工进度计划表，如图 3-15 所示。

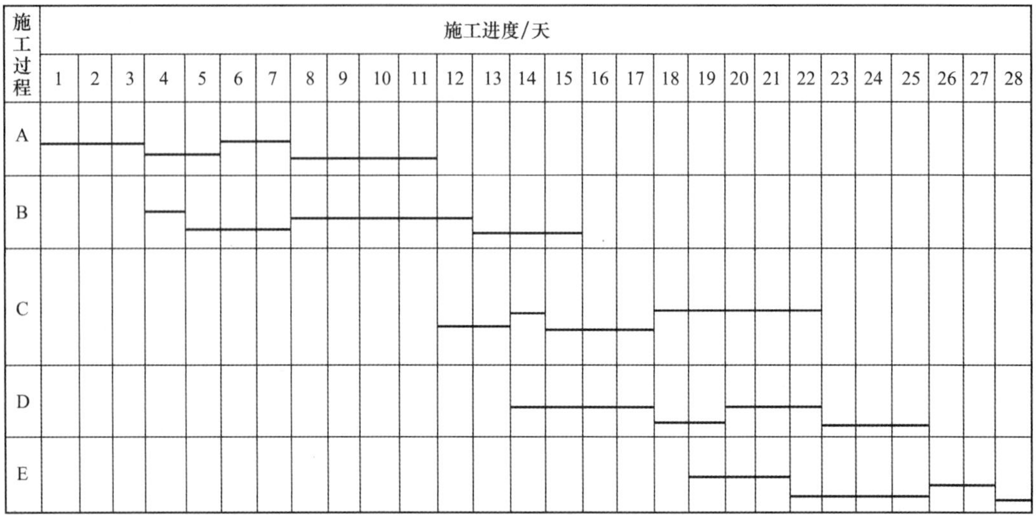

图 3-15　施工进度计划表

3.5　流水施工的应用

3.5.1　框架结构房屋的流水施工

某四层教学楼，建筑面积为 1 650 m²，基础为钢筋混凝土条形基础，主体工程为现浇框架结构。装修工程为铝合金窗、胶合板门，外墙用灰色外墙砖贴面，内墙为中级抹灰，外加 106 涂料。屋面工程为现浇细石钢筋混凝土层面板；防水层贴一毡二油，外加架空隔热层。其劳动量和施工班组的人数见表 3-7。

表 3-7　某四层框架结构教学楼劳动量及施工班组人数表

序号	分项名称	劳动量(工日)	施工班组人数(人)
基础工程			
1	基础挖土	200	27
2	混凝土垫层	16	27
3	基础扎筋	48	6

（续表）

序号	分项名称	劳动量(工日)	施工班组人数(人)
4	基础混凝土	180	10
5	素混凝土墙基础	60	10
6	回填土	64	8
主体工程			
7	脚手架	112	
8	柱扎筋	80	10
9	柱、梁、板、楼梯支模	960	20
10	柱浇混凝土	320	20
11	梁、板、楼梯扎筋	320	20
12	梁、板、楼梯浇混凝土	720	30
13	拆柱、梁、板、楼梯模板	160	10
14	砌砖墙	720	30
屋面工程			
15	屋面防水层	56	8
16	屋面隔热层	36	18
装修工程			
17	楼地面及楼梯抹水泥砂浆	480	30
18	天棚、墙面中级抹灰	640	40
19	天棚、墙面 106 涂料	46	6
20	铝合金窗	80	10
21	胶合板门	48	6
22	油漆、玻璃	45	6
23	外墙面砖	450	30
24	水电		

本工程是由基础工程、主体工程、屋面工程和装修工程组成的，因其各分部的劳动量差异较大，应采用分别流水，即先分别组织各分部的流水施工，然后再考虑各分部之间的相互搭接施工。具体组织方法如下：

1. 基础工程

基础工程包括基槽挖土、混凝土垫层、基础扎筋、基础混凝土、素混凝土墙基础、回填土施工过程。考虑到基础混凝土垫层劳动量小，可与挖土合并为一个施工过程，又考虑到基础混凝土与素混凝土墙基是同一工种，可以合并为同一施工过程。

基础工程经过合并后共有四个施工过程，由于占地面积约为 400 m^2，考虑工作面的因素，将其划分为两个施工段，流水节拍和流水工期计算如下。

(1)流水节拍

①基槽挖土和混凝土垫层的劳动量之和为 216 个施工过程，可组织全等节拍流水。由于占地面积约为 400 m^2，考虑工作面的因素，将其划分为两个施工段，流水节拍工日，施工班组人数分别为 27 人，采用一班制，垫层完成后其相应施工应养护 1 天，其流水节拍为 $t_{挖}=\frac{216}{27\times2\times1}=4$(天)。

②基础扎筋劳动量为 48 工日，施工班组人数为 6 人，采用一班制，其流水节拍为 $t_{扎}=\frac{48}{6\times2\times1}=4$(天)。

③基础混凝土和素混凝土墙基础劳动量共为 240 工日，施工班组人数分别为 10 人，采用三班制，基础混凝土完成后需养护 1 天，其流水节拍为 $t_{混}=\frac{240}{10\times2\times3}=4$(天)。

(2)流水工期

根据流水节拍的特点，本工程基础工程可组织全等节拍专业流水工期。

$$T_L=(m\cdot j+n-1)\cdot t+\sum Z_1-\sum C(=2\times1+4-1)\times4+2=22(天)$$

2. 主体工程

主体工程包括脚手架，柱扎筋，柱、梁、板、楼梯支模，柱浇混凝土，梁、板、楼梯扎筋，梁、板、楼梯浇混凝土，拆柱、梁、板、楼梯模板，砌砖墙等几个施工过程。

主体工程由于有层间关系，$m=2$，$n=8$，$m<n$，工作班组会出现窝工现象。但框架结构主要考虑主导工序模板工程的施工班组连续施工，其余施工过程的施工班组与其他工地统一考虑组织紧凑施工。其流水节拍和流水工期计算如下：

(1)流水节拍

①柱扎筋的劳动量为 80 工日，施工班组人数为 10 人，施工段数为 $m=2\times4=8$ 段，采用一班制，其流水节拍为 $t_{柱扎筋}=\frac{80}{2\times4\times10\times1}=1$(天)。

②柱、梁、板、楼梯支模劳动量为 960 工日，施工班组人数为 20 人，施工段数为 $m=2\times4=8$ 段，采用一班制，其流水节拍为 $t_{支模}=\frac{960}{2\times4\times20\times1}=6$(天)。

③柱浇混凝土的劳动量为 320 工日，施工班组人数为 20 人，施工段数为 $m=2\times4=8$ 段，采用二班制，其流水节拍为 $t_{柱浇混凝土}=\frac{320}{2\times4\times20\times2}=1$(天)。

④梁、板、楼梯扎筋的劳动量为320工日，施工班组人数为20人，施工段数为$m=2\times4=8$段，采用一班制，其流水节拍为$t_{梁、板、楼梯扎筋}=\frac{320}{2\times4\times20\times1}=2$(天)。

⑤梁、板、楼梯浇混凝土的劳动量为720工日，施工班组人数为30人，施工段数为$m=2\times4=8$段，采用三班制，其流水节拍为$t_{梁、板、楼梯浇混凝土}=\frac{720}{2\times4\times30\times3}=1$(天)。

⑥拆柱、梁、板、楼梯模板劳动量为160工日，施工班组人数为10人，施工段数为$m=2\times4=8$段，采用一班制，其流水节拍为$t_{拆模}=\frac{160}{2\times4\times10\times1}=2$(天)。实际施工中柱拆模可比梁拆模提前，但计划安排上可视为一个施工过程，即等梁、板、楼梯浇完混凝土后养护12天才拆除模板。

⑦砌砖墙的劳动量为720工日，施工班组人数为30人，施工段数为$m=2\times4=8$段，采用一班制，其流水节拍为$t_{砖墙}=\frac{720}{2\times4\times30\times1}=3$(天)。

(2)流水工期

$$\begin{aligned}T_L&=8\times t_{支模}+t_{柱扎筋}+t_{柱浇混凝土}+t_{梁、板、楼梯扎筋}+t_{梁、板、楼梯浇混凝土}+t_{拆模}+2\times t_{砖墙}\\&=8\times6+1+1+2+1+12+2+2\times3=73(天)。\end{aligned}$$

3.屋面工程

屋面工程包括屋面防水层和屋面隔热层。考虑屋面防水要求高，所以不分段施工，即采用依次施工的方式。屋面防水层的劳动量为56工日，施工班组人数为8人，采用一班制，其流水节拍为$t_{防水}=\frac{56}{8\times1}=7$(天)。

屋面隔热层的劳动量为36工日，施工班组人数为18人，采用一班制，其流水节拍为$t_{隔热}=\frac{36}{18\times1}=2$(天)。

4.装修工程

装修工程包括室内装饰和室外装饰两部分，室内装饰主要分为楼地面及楼梯抹水泥砂浆，天棚、墙面中级抹灰，天棚、墙面106涂料，铝合金窗安装，胶合板门安装，油漆、玻璃等施工过程；室外装饰主要有外墙贴面砖这一个施工过程。

由于室内装修阶段施工过程多，组织固定节拍较困难，若以楼层来划分施工段，则每一个施工过程都有四个施工段，再加之每一施工过程在各施工段上的流水节拍均相等，故可组织异节拍流水施工，其流水节拍、流水步距、流水工期计算如下：

(1)流水节拍

①楼地面及楼梯抹水泥砂浆的劳动量为480工日，施工班组人数为30人，施工段数为4段，采用一班制，施工完成后其相应施工段应养护3天，其流水节拍为$t_{地面}=\frac{480}{4\times30\times1}=4$(天)。

②天棚、墙面中级抹灰的劳动量为640工日，施工班组人数为40人，施工段数为4段，采用一班制，施工完成后其相应施工段需养护1天，其流水节拍为$t_{抹灰}=\frac{640}{4\times 40\times 1}=4$(天)。

③铝合金窗安装的劳动量为80工日，施工班组人数为10人，施工段数为4段，采用一班制，其流水节拍为$t_{窗安}=\frac{80}{4\times 10\times 1}=2$(天)。

④胶合板门安装的劳动量为48工日，施工班组人数为6人，施工段数为4段，采用一班制，其流水节拍为$t_{门安}=\frac{48}{4\times 6\times 1}=4$(天)。

⑤天棚、墙面106涂料的劳动量为46工日，施工班组人数为6人，施工段数为4段，采用一班制，其流水节拍为$t_{涂料}=\frac{46}{4\times 6\times 1}\approx 2$(天)。

⑥油漆、玻璃劳动量为45工日，施工班组人数为6人，施工段数为4段，采用一班制，其流水节拍为$t_{油漆、玻璃}=\frac{45}{4\times 6\times 1}\approx 2$(天)。

⑦外墙贴面砖自上而下不分层不分段施工，劳动量为450工日，施工班组人数为30人，采用一班制，其流水节拍为$t_{外墙面砖}=\frac{450}{30\times 1}=15$(天)。

(2)流水步距

①$\because t_{地面}=t_{抹灰}$

$\therefore t_{地面,抹灰}=t_{地面}=4$(天)

②$\because t_{抹灰}>t_{窗安}$

$\therefore t_{抹灰,窗安}=4\times 4-(4-1)\times 2=10$(天)

③$\because t_{窗安}=t_{门安}$

$\therefore t_{窗安,门安}=t_{窗安}=2$(天)

④$\because t_{门安}=t_{涂料}$

$\therefore t_{门安,涂料}=t_{门安}=2$(天)

⑤$\because t_{涂料}=t_{油漆、玻璃}$

$\therefore t_{涂料,油漆、玻璃}=t_{涂料}=2$(天)

(3)流水工期

$$T_L=\sum_{1}^{n-1}K_{i,i+1}+T_n+\sum Z_1-\sum C_1$$

$$=(4+10+2+2+2)+2\times 2+(2+1)=32\text{(天)}$$

根据上述计算的流水节拍、流水步距和流水工期绘制的横道计划如图3-16所示。

序号	分项名称	劳动量(工日)	人数	班制	天数
	基础工程				
1	基础挖土(含垫层)	216	27	1	8
2	基础扎筋	48	6	1	8
3	基础混凝土(含墙基)	240	20	3	8
4	回填土	64	8	1	8
	主体工程				
5	脚手架	112			
6	柱筋	80	10	1	8
7	柱梁板模板(含梯)	960	20	1	48
8	柱混凝土	320	20	2	8
9	梁板筋（含梯）	320	20	1	16
10	梁板混凝土(含梯)	720	30	3	8
11	拆模	160	10	1	16
12	砌墙(含门窗框)	720	30	1	24
	屋面工程				
13	屋面防水层	56	8	1	7
14	屋面隔热层	36	18	1	2
	装修工程				
15	楼地面及楼梯水泥砂浆	480	30	1	16
16	天棚、墙面中级抹灰	640	40	1	6
17	铝合金窗扇	80	10	1	8
18	胶合板门	48	6	1	8
19	天棚、墙面106涂料	46	6	1	8
20	油漆、玻璃	45	6	1	8
21	外墙面砖	450	30	1	15
22	水电				
23	室外工程				

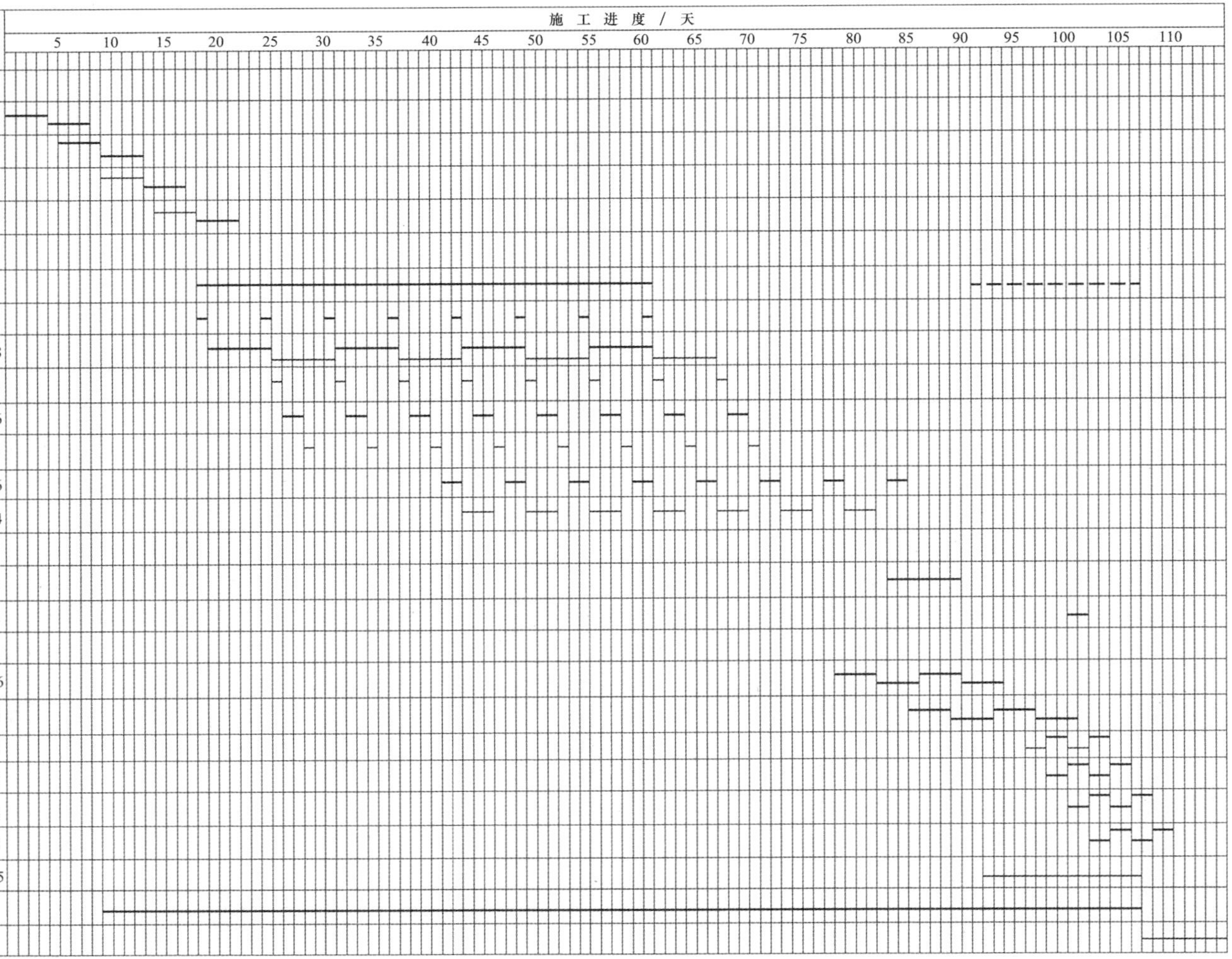

图3-16　某四层框架结构教学楼流水施工进度表

3.5.2 砖混结构房屋的流水施工

某四层四单元砖混结构房屋，建筑面积为 1 452 m^2，基础为钢筋混凝土条形基础，主体工程为砖混结构，楼板为现浇钢筋混凝土，装修工程为铝合金窗、胶合板门，外墙用砖贴面，内墙为中级抹灰，外加 106 涂料。屋面工程为现浇细石钢筋混凝土层面板；防水层贴一毡二油，外加架空隔热层。其劳动量和施工队的人数见表 3-8。

中级抹灰，外加 106 涂料。屋面工程为现浇细石钢筋混凝土层面板；防水层贴一毡二油，外加架空隔热层。其劳动量和施工队的人数见表 3-8。

表 3-8　某四层四单元砖混结构房屋劳动量及施工队人数表

序号	分项名称	劳动量(工日)	施工队人数(人)
	基础工程		
1	基础挖土	180	20
2	混凝土垫层	20	20
3	基础扎筋	40	20
4	基础混凝土(含墙基)	135	20
5	回填土	50	20
	主体工程		
6	脚手架	102	
7	构造柱扎筋	68	9
8	砌砖墙	1120	20
9	构造柱支模	280	10
10	构造柱浇混凝土	80	20
11	梁板楼梯支模	528	23
12	梁板楼梯扎筋	120	25
13	梁板楼梯浇混凝土	200	25
14	拆柱梁板楼梯模板	600	15
	屋面工程		
15	屋面防水层	54	10
16	屋面隔热层	32	16
	装修工程		
17	楼地面及楼梯抹灰	190	20
18	天棚中级抹灰	220	20
19	墙中级抹灰	156	20
20	铝合金窗	24	4
21	胶合板门	20	3
22	油漆、玻璃	19	3
23	外墙面砖	240	20
24	水电		

根据上述已知条件，计算流水节拍、流水步距和流水工期，最后绘制流水进度计划表，如图 3-17 所示。

序号	分项名称	劳动量（工日）	人数	班制	天数
	基础工程				
1	基础挖土	180	20	1	10
2	混凝土垫层	20	20	1	1
3	基础扎筋	40	20	1	2
4	基础混凝土（含墙基）	135	20	3	2
5	回填土	50	20	1	3
	主体工程				
6	脚手架	102			
7	构造柱扎筋	68	9	1	8
8	砌砖墙	1120	20	1	56
9	构造柱支模	280	10	1	8
10	构造柱浇混凝土	80	20	3	4
11	梁板楼梯支模	528	23	1	22
12	梁板楼梯扎筋	120	25	1	8
13	梁板楼梯浇混凝土	200	25	3	8
14	拆柱梁板楼梯模板	600	15	1	8
	屋面工程				
15	屋面防水层	54	10	1	5
16	屋面隔热层	32	5	1	2
	装修工程				
17	楼地面及楼梯抹灰	190	20	1	11
18	天棚中级抹灰	220	20	1	
19	墙中级抹灰	156	20	1	8
20	铝合金窗	24	4	1	6
21	胶合板门	20	3	1	6
22	油漆、玻璃	19	3	1	6
23	外墙面砖	240	20	1	12
24	水电				

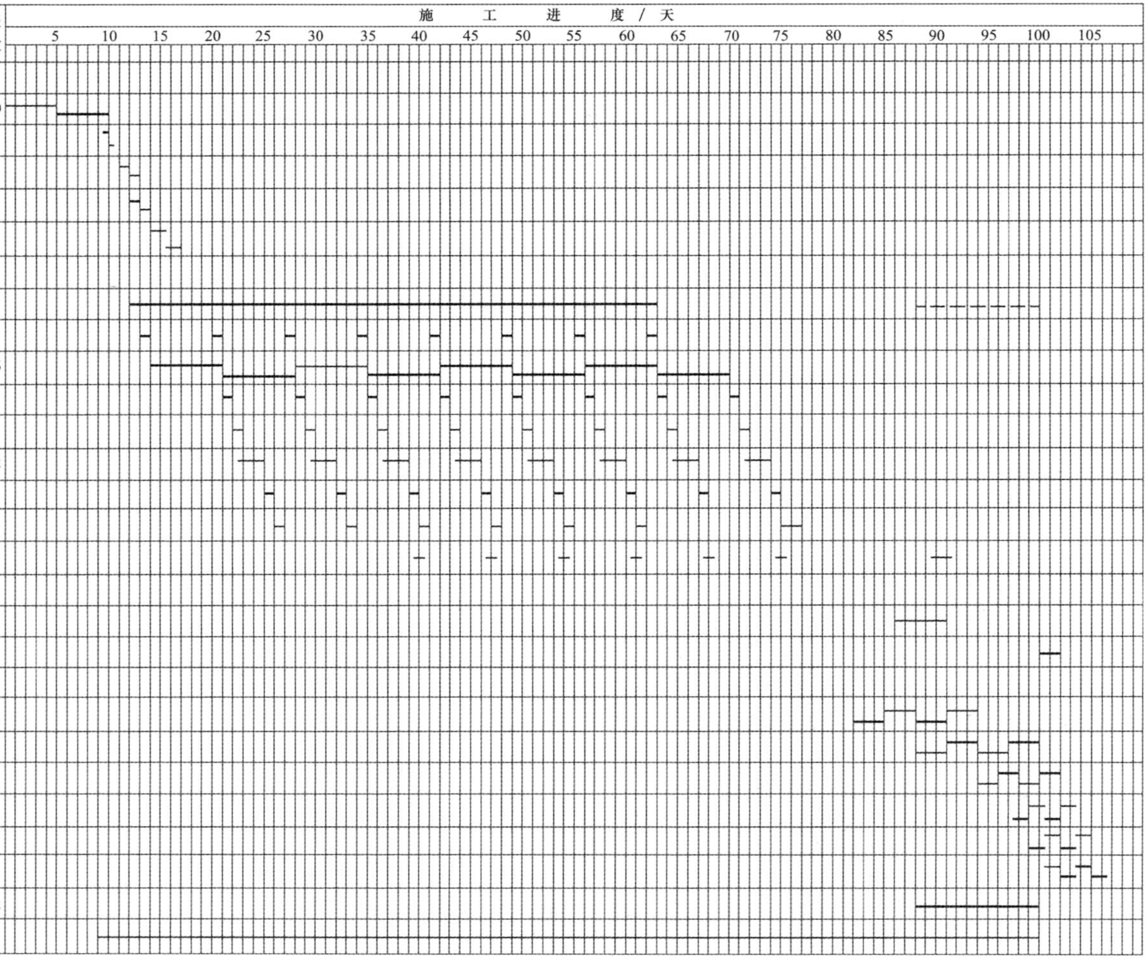

图3-17 某四层砖混结构住宅楼流水施工进度表

思考与练习题

1. 组织施工有哪几种方式？各自有哪些特点？

2. 组织流水施工的条件有哪些？

3. 划分施工段的目的和基本要求是什么？

4. 流水节拍确定的方法和注意事项有哪些？

5. 流水施工按节奏特征不同可分为哪几种？各自有什么特点？

6. 二层分部工程划分为 A、B、C、D 四个施工过程，流水节拍均为 3 天，在第二个施工过程结束后有 2 天的技术间歇时间，层间间歇为 4 天，试组织流水施工。

7. 某两层现浇钢筋混凝土楼盖工程，框架平面尺寸为 17.4 m×144 m，沿长度方向每隔 48 m 留一道伸缩缝，且知 $t_{模}=4$ 天，$t_{筋}=2$ 天，$t_{混}=2$ 天，层间间歇时间为 4 天，试组织流水施工。

8. 某分部工程包括 A、B、C、D 四个施工过程，流水节拍分别为：$t_A=2$ 天，$t_B=6$ 天，$t_C=4$ 天，$t_D=2$ 天，分四个施工段，且 A、C 完成后各有 1 天的技术间歇时间，试组织流水施工。

9. 某分部工程包括 A、B、C、D 四个施工过程，平面上划分四个施工段，已知流水节拍如下：$t_A=3$ 天，$t_B=5$ 天，$t_C=3$ 天，$t_D=4$ 天，试组织流水施工。

10. 某施工项目有关资料见表 3-9，已知Ⅲ做好后须有 2 天的技术间歇时间，试组织流水施工。

表 3-9　　项目资料

施工过程数(n)	施工段数(m)			
	Ⅰ	Ⅱ	Ⅲ	Ⅳ
1	3	1	3	2
2	2	3	4	3
3	4	4	3	3
4	3	3	5	5
5	5	2	4	2

第4章 网络计划技术

学习内容

本章通过对横道计划和网络计划的比较分析，引出网络计划的必要性，详细介绍双代号网络图与单代号网络图的绘制方法和时间参数的计算，举例说明时标网络计划的绘制方法和具体应用，并对网络计划的优化也做了较详细的阐述。

学习目标

了解网络图、双代号和单代号网络图的基本概念，单代号网络图的绘制方法及时间参数的计算；掌握双代号网络图的绘制方法和时间参数的计算，时标网络计划的绘制方法和具体应用，领会网络图优化的基本原理和步骤。

4.1 网络计划技术的相关概念

网络计划是一种科学的计划管理方法，它的价值已经得到了世界各国的承认。19 世纪中叶，美国的 Frankford 兵工厂顾问 H. L. Gant 发表了反映施工与时间关系的甘特(Gant)进度表，即我们现在仍广泛应用的“横道图”。这是最早对施工进度计划进行安排的科学表达方式。随着生产的发展和科学技术的进步，20 世纪 50 年代以来，国外陆续出现了数十种计划管理的新方法，其中最基本的是关键线路法(CPM)和计划评审技术(PERT)。由于这些方法建立在网络图的基础上，因此统称为网络计划方法。20 世纪 60 年代中叶，著名数学家华罗庚教授将它引入我国，并结合我国当时的“统筹兼顾，适当安排”的具体情况，把它概括为统筹法。经过多年的实践与应用，该法得到了不断推广和发展。

4.1.1 网络图

什么是网络图

1. 横道计划与网络计划的特点分析

建筑工程施工进度计划是通过施工进度图表来表达建筑产品的施工过程、工艺顺序和相互搭接的逻辑关系的。我国长期以来一直应用流水施工基本原理，采用横道图表的形式来编制工程项目施工进度计划。这种表达方式简单明了、直观易懂、容易掌握，便于检查和计算资源需求情况，但它在表现内容上有许多不足。例如，不能全面而准确地反映出各项工作之间相互制约、相互依赖、相互影响的关系；不能反映出整个计划中的主次部分，即其中的关键工作；难以在有限的资源下合理组织施工、挖掘计划的潜力；不能准确评价计划经济指标；更重要的是不能应用计算机技术。这些不足从根本上限制了横道图进度计划的适用范围。

网络计划方法的基本原理：首先应用网络图形来表达一项计划(或工程)中各项工作的开展顺序及其相互间的关系；其次通过计算找出计划中的关键工作及关键线路，继而通过不断改进网络计划，寻求最优方案，并付诸实施；最后在执行过程中进行有效的控制和监督。它与横道图比较具有如下优点：它把施工过程中的各项工作组成了一个有机的整体，能全面而明确地表达出各工作开展的先后顺序并反映出各工作之间的相互制约和相互依赖关系；便于计算时间参数，找出关键线路和关键工作，以便在施工中集中力量抓住主要矛盾，确保竣工工期，避免施工的盲目性；便于利用计算机对复杂的网络计划进行调整与优化，实现计划管理的科学化。

在建筑施工中，网络计划方法主要是用来编制工程项目施工的进度计划和建筑施工企业的生产计划，并通过对计划的不断优化、调整和控制，达到缩短工期、提高效率、节约劳动力、降低消耗的项目施工管理目标。

2. 网络计划的表达形式

网络计划的表达形式是网络图。所谓网络图，是指由箭线、节点和线路组成的，用来表示工作流程的有向、有序的网状图形。其表达方式有两种，即双代号网络图和单代号网络图，如图 4-1 和图 4-2 所示。

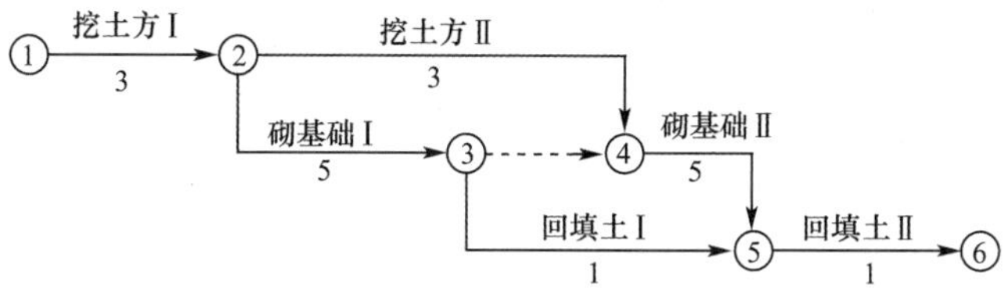

图 4-1 双代号网络图

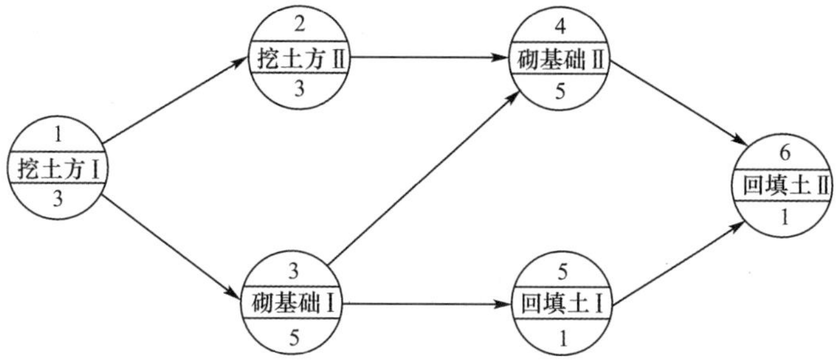

图 4-2 单代号网络图

3. 网络计划的分类

用网络图表达任务构成、工作顺序并加注工作时间参数的进度计划称为网络计划。网络计划的种类很多，可以从不同的角度进行分类，具体分类方法如下。

(1)按表达方式的不同分类

①双代号网络计划。双代号网络计划是以双代号网络表示的计划，以箭线及其两端节点的编号表示工作的网络图形称为双代号网络图。即用两个节点与一根箭线代表一项工作，工作名称写在箭线上面，持续时间写在箭线下面，在箭线前后的衔接处画上节点编上号码，并以节点编码 i 和 j 代表工作名称，如图 4-3 所示。

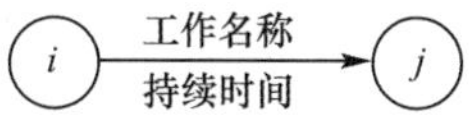

图 4-3 双代号网络图工作的表示方法

②单代号网络计划。以节点及其编号表示工作，以箭线表示工作之间的逻辑关系的网络图形称为单代号网络图。即每一个节点表示一项工作，节点所表示的工作名称、持续时间和工作代号等标注在节点内，如图 4-4 所示。

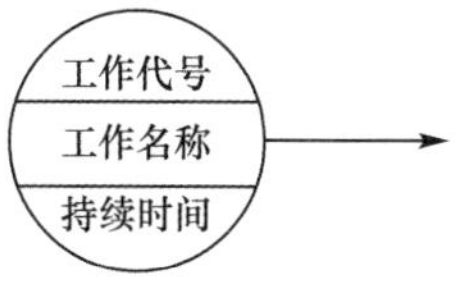

图 4-4 单代号网络图工作的表示方法

(2)按时间参数肯定与否分类

①肯定型网络计划。肯定型网络计划是指各工作数量、各工作之间的逻辑关系及各工作的持续时间都肯定的网络计划。

②非肯定型网络计划。非肯定型网络计划是指在各工作数量、各工作之间的逻辑关系及各工作持续时间三者之中,有一项或一项以上不肯定的网络计划。

(3)按终点节点个数的多少分类

①单目标网络计划。单目标网络计划是指只有一个结束节点(一个目标)的网络计划。

②多目标网络计划。多目标网络计划是指有多个终点节点的网络计划。

(4)按网络计划所含范围不同分类

①局部网络计划。局部网络计划是指以一个单位工程或构筑物中的一部分,或以一个分部工程为对象编制的网络计划。

②单位工程网络计划。单位工程网络计划是指以一个单位工程或单项工程为对象编制的网络计划。

③综合网络计划。综合网络计划是指以一个单项工程或一个建设项目为对象编制的网络计划。

(5)网络计划的其他分类

①时标网络计划。时标网络计划是指以时间坐标为尺度编制的网络计划,它的最主要特征是时间直观,可以直接显示时差。

②搭接网络计划。搭接网络计划是指前后工作之间有多种逻辑关系的肯定型网络计划,其主要特点是可以表示各种搭接关系。

4.1.2 网络图的基本要素

网络图有三个基本要素,即箭线、节点和线路。

1. 箭线

网络图中一端带箭头的实线或虚线即箭线。在双代号网络图中,它与其两端的节点表示一项工作,并且有实箭线和虚箭线两种。

(1)实箭线

在双代号网络图中,实箭线表达的内容有以下几个方面:

①一根箭线表示一项工作或一个施工过程。根据网络计划的性质和作用的不同,工作既可以是一个简单的施工过程,如挖土方、做垫层等分项工程或者基础工程、主体工程、装饰工程等分部工程;也可以是一项复杂的工程任务,如教学楼装饰工程等单位工程或者教学楼土建工程等单项工程。如何确定一项工作的范围取决于所绘制的网络计划。

②一根箭线表示一项工作所消耗的时间和资源,分别用数字和文字标注在箭线的下方和上方。一般而言,每项工作的完成都要消耗一定的时间和资源,如铝合金门窗安装、砖墙隔断等;也存在只消耗时间而不消耗资源的工作,如油漆养护、砂浆找平等技术间歇;当单独考虑时,也应作为一项工作对待。

③在无时间坐标的网络图中，箭线的长度不代表时间的长短，画图时原则上是任意的，但必须满足网络图的绘制规则。在有时间坐标的网络图中，其箭线的长度必须根据完成该项工作所需时间的长短按比例绘制。

④箭线的方向表示工作进行的方向和前进的路线，箭尾表示工作的开始，箭头表示工作的结束。

在单代号网络图中，箭线表示紧邻工作之间的逻辑关系。

箭线可以画成直线、折线或斜线，必要时也可以画成曲线，但应以水平直线为主，一般不宜画成铅垂线。

(2)虚箭线

虚箭线只表示工作之间的逻辑关系，它既不消耗时间也不消耗资源，只有在双代号网络图中才会出现，一般不标注工作名称，持续时间为 0。其表示方法如图 4-5 所示。

(a)　　(b)

图 4-5　双代号网络图虚箭线的两种表示方法

(3)内向箭线和外向箭线

内向箭线是指向某个节点的箭线，称为该节点的内向箭线，如图 4-6(a)所示。外向箭线是指从某个节点引出的箭线，称为该节点的外向箭线，如图 4-6(b)所示。

(a)内向箭线　　(b)外向箭线

图 4-6　内向箭线和外向箭线

2. 节点

网络图中箭线端部的圆圈就是节点，用以标志该圆圈前面一项或若干项工作的结束和允许后面一项或若干项工作的开始实行。

(1)在双代号网络图中节点表达的含义如下：

①节点表示前面工作结束和后面工作开始的瞬间，所以节点不需要消耗时间和资源。

②箭线的箭尾节点表示该工作的开始，箭线的箭头节点表示该工作的结束。

③根据节点在网络图中的位置不同可以分为起点节点、终点节点和中间节点。起点节点是网络图的第一个节点，表示一项任务的开始。终点节点是网络图的最后一个节点，表示一项任务的完成。除起点节点和终点节点以外的节点称为中间节点，中间节点都有双重的含义，既是前面工作的箭头节点，也是后面工作的箭尾节点，如图 4-7 所示，图中①节点是起点节点；②和③节点是中间节点；④节点是终点节点。

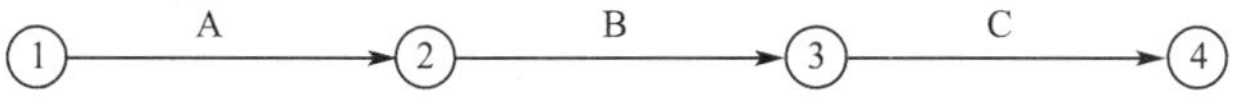

图 4-7　双代号网络图节点的表示方法

(2)单代号网络图中，每一个节点表示一项工作，宜用圆圈或矩形表示。节点所表示的工作名称、持续时间和工作代号等应标注在节点内，如图 4-8 所示。

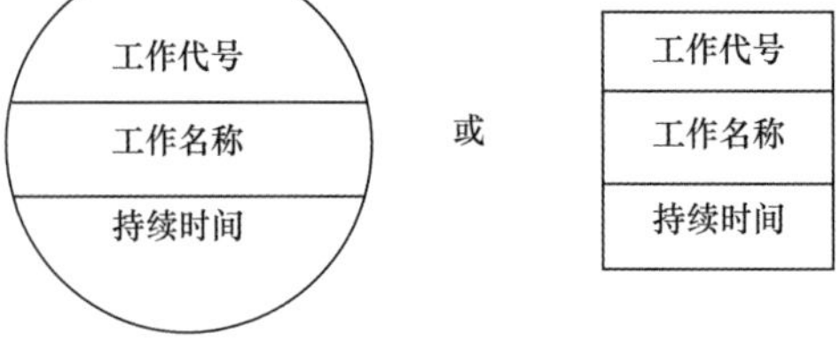

图 4-8　单代号网络图节点的表示方法

(3)节点编号。网络图中的每个节点都有自己的编号，以便赋予每项工作代号，便于计算网络图的时间参数和检查网络图是否正确。

①节点编号必须满足两条基本原则：其一，箭头节点编号大于箭尾节点编号，因此节点编号顺序是：箭尾节点编号在前，箭头节点编号在后，凡是箭尾没有编号，箭头节点不能编号；其二，在一个网络图中，所有节点不能出现重复编号，编号的号码可以按自然数顺序进行，也可以非连续编号，以便适应网络计划调整中增加工作需要，编号留有余地。

②节点编号的方法有两种：一种是水平编号法，即从起点开始由上到下逐行编号，每行自左到右顺序编号，如图 4-9 所示；另一种是垂直编号法，即从起点开始自左到右逐列编号，每列则根据编号规则的要求进行编号，如图 4-10 所示。

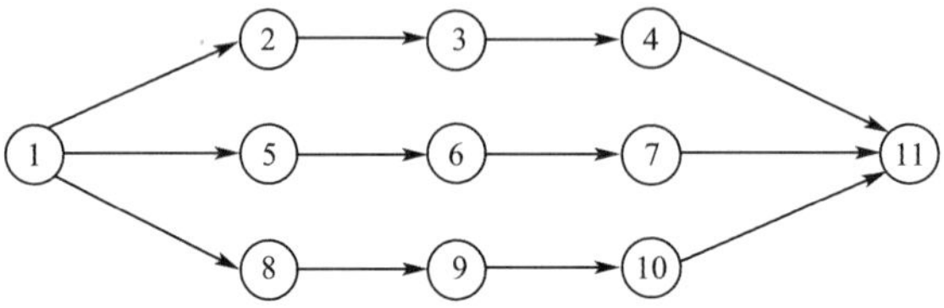

图 4-9　水平编号法

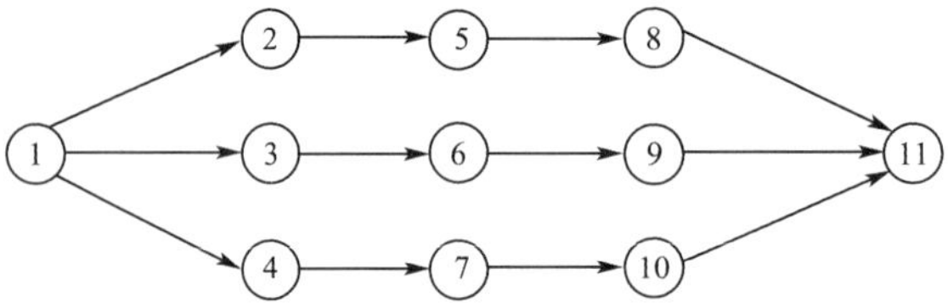

图 4-10　垂直编号法

3. 线路

网络图中从起点节点开始，沿箭头方向顺次通过一系列箭线与节点，最后到达终点节点的通路称为线路。一个网络图中，从起点节点到终点节点，一般都存在着许多条线路，每条线路都包含若干项工作，这些工作的持续时间之和就是该线路的时间长度，即线路上总的工作持续时间。

线路上总的工作持续时间最长的线路称为关键线路，一般用双箭线或加粗的黑线表示，如图 4-11 所示。

线路 ①$\xrightarrow[2]{A}$②$\xrightarrow[2]{C}$③$\xrightarrow[1]{E}$⑤$\xrightarrow[4]{G}$⑥ 总的工作持续时间最长，即关键线路，其余线路称为非关键线路，位于关键线路上的工作称为关键工作。关键工作完成速度直接影响整个计划工期的实现。

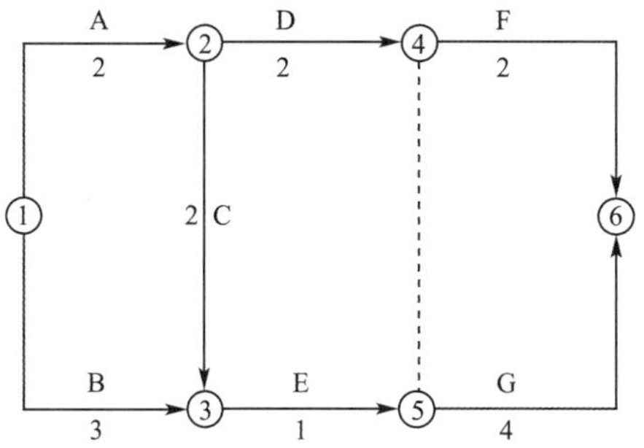

图 4-11　双代号网络图关键线路

一般来说，一个网络图中至少有一条关键线路。关键线路也不是一成不变的，在一定的条件下，关键线路和非关键线路会相互转化。例如，当采取技术组织措施，缩短关键工作的持续时间，或者非关键工作持续时间延长时，就有可能使关键线路发生转移。网络计划中，关键工作的比重往往不宜过大，网络计划越复杂，工作节点越多，则关键工作的比重应该越小，这样有利于抓住主要矛盾。

非关键线路上都有若干天的机动时间(时差)，它意味着工作完成日期容许适当变动而不影响工期。时差的意义就在于可以使非关键工作在时差允许范围内放慢施工进度，将部分人、财、物转移到关键工作上去，以加快关键工作的进程；或者在时差允许范围内改变工作开始时间和结束时间，以达到均衡施工的目的。

4.1.3　网络图的逻辑关系

网络图的逻辑关系是指网络计划中所表示的各项工作之间客观上存在或主观上安排的先后顺序关系。逻辑关系一般有两类：一类是施工工艺关系，称为工艺逻辑关系；另一类是施工组织关系，称为组织逻辑关系。

1. 工艺逻辑关系

工艺逻辑关系是指生产工艺客观存在的先后顺序关系，或者是非生产性工作之间由工作程序决定的先后顺序关系。例如，建筑工程施工时，先做基础后做主体，或先做结构后做装修。工艺关系是不能随意改变的。

2. 组织逻辑关系

组织逻辑关系是指在不违反工艺关系的前提下，人为安排工作的先后顺序关系。例如，建筑群中各个建筑物的开工先后顺序，施工对象的分段流水作业等。组织顺序可以根据具体情况，按安全、经济、高效的原则统筹安排。

在网络图中各工作之间的逻辑关系一般有三种情况，如图 4-12 所示。

(1)紧前工作。紧排在本工作之前的工作称为本工作的紧前工作。双代号网络图中，本工作和紧前工作之间可能有虚工作。

(2)紧后工作。紧排在本工作之后的工作称为本工作的紧后工作。双代号网络图中，本工作和紧后工作之间可能有虚工作。

(3)平行工作。可与本工作同时进行的工作称为本工作的平行工作。

由图 4-12(b)可知,A、B 两工作是平行工作,工作 B 是工作 C、D 的紧前工作,E、F 两工作是工作 A 和 D 的紧后工作。

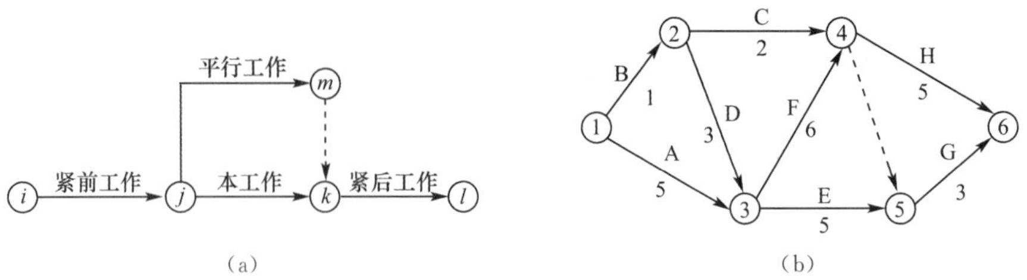

图 4-12 网络图中的逻辑关系

4.2 双代号网络图的绘制

4.2.1 双代号网络图的绘制原则

双代号网络图必须正确表达各项工作之间的相互制约和相互依赖关系。例如,已知网络图的逻辑关系表表 4-1,若绘出网络图图 4-13(a)就是错误的,因为 D 的紧前工作没有 A。此时可引入虚工作,用横向断路法或竖向断路法将 D 与 A 的关系断开,如图 4-13(b)~图 4-13(d)所示。表 4-2 列出了常见的表示方法。

表 4-1 逻辑关系表

工作	A	B	C	D
紧前工作	—	—	A、B	B

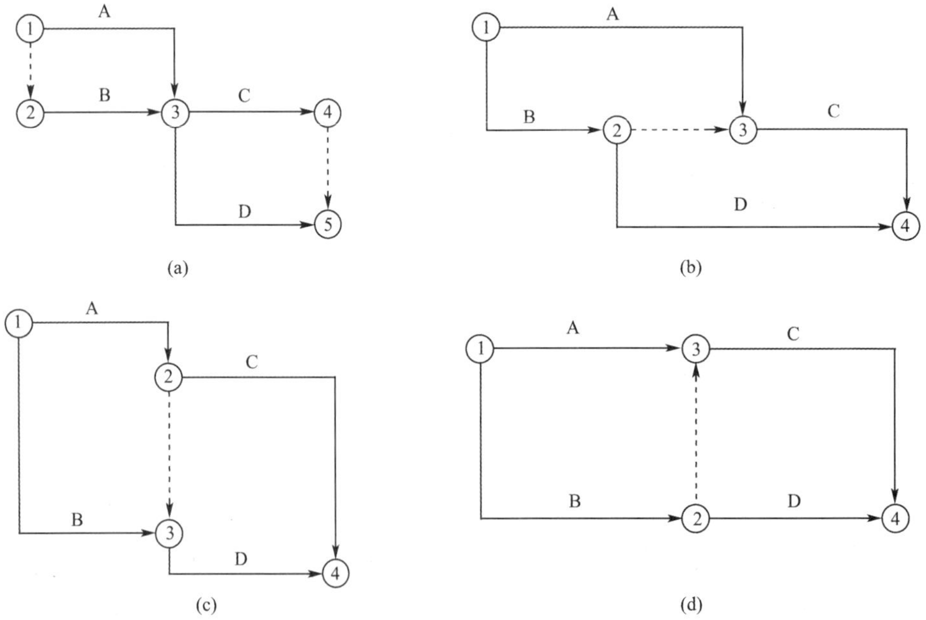

图 4-13 双代号网络图

表 4-2　　　　　　　　网络图各工作逻辑关系表示方法

序号	工作之间的逻辑关系	网络图中表示方法	说明
1	有 A、B 两工作按照依次施工方式进行	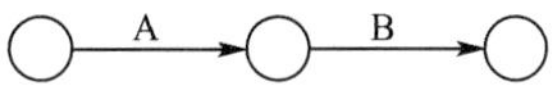	B 工作依赖 A 工作，A 工作约束着 B 工作的开始
2	有 A、B、C 三项工作同时开始	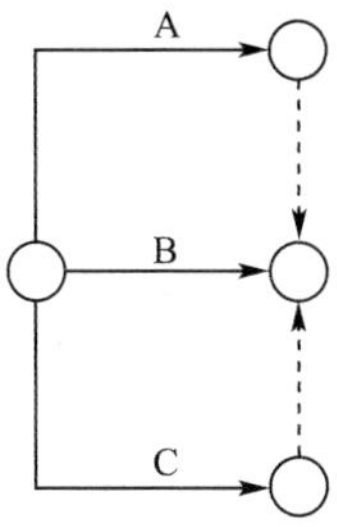	A、B、C 三项工作为平行工作
3	有 A、B、C 三项工作同时结束	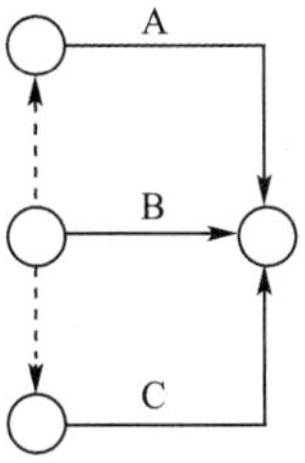	A、B、C 三项工作为平行工作
4	有 A、B、C 三项工作，在 A 完成后，B、C 才能开始	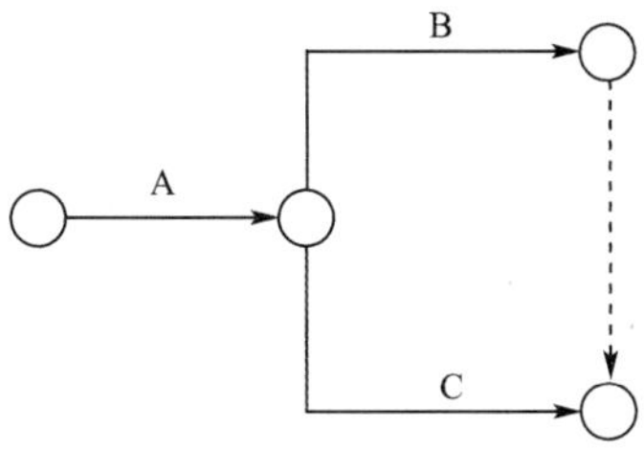	A 工作约束着 B、C 工作的开始，B、C 工作是平行工作
5	有 A、B、C 三项工作，C 工作只有在 A、B 完成后，才能开始	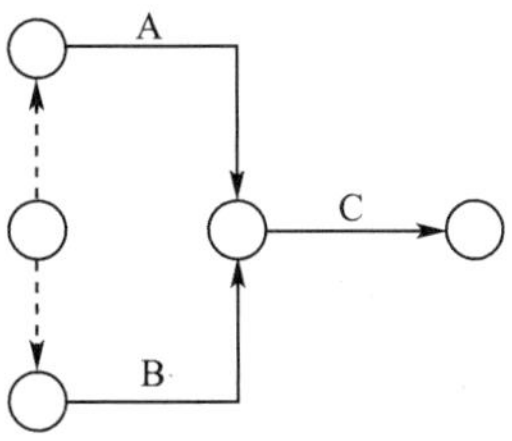	C 工作依赖 A、B 工作，A、B 工作是平行工作
6	有 A、B、C、D 四项工作，只有当 A、B 完成后，C、D 才能开始	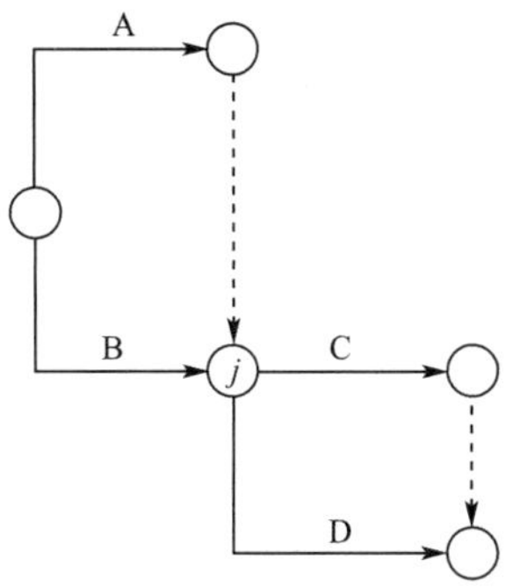	通过中间事件 j 正确地表达了 A、B、C、D 之间的关系

（续表）

序号	工作之间的逻辑关系	网络图中表示方法	说明
7	有 A、B、C、D 四项工作，A 完成后 C 才开始，A、B 完成后 D 才开始	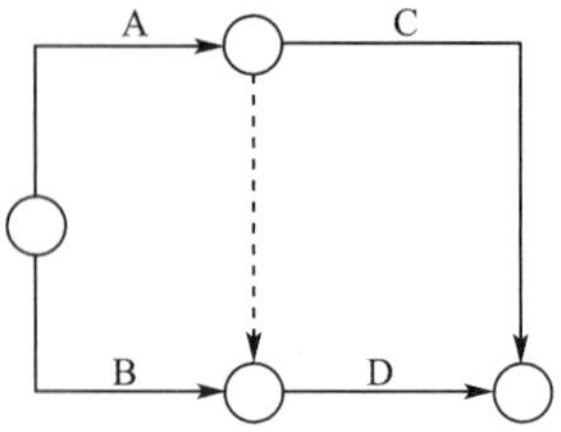	D 与 A 之间引入了逻辑连接（虚工作），只有这样才能正确表达它们之间的约束关系
8	有 A、B、C、D、E 五项工作，A、B 完成后 C 开始，B、D 完成后 E 开始	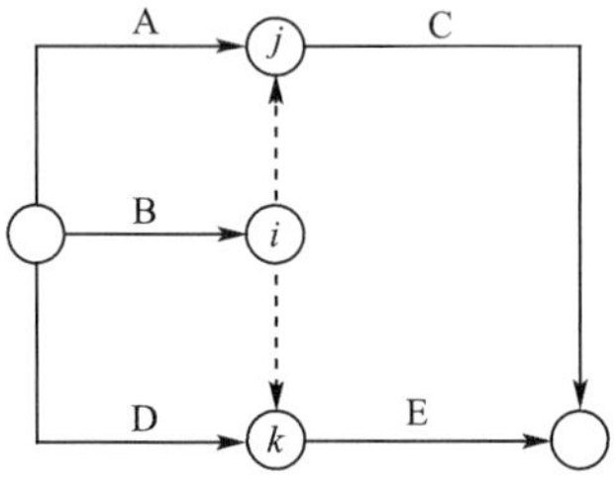	虚工作 $i-j$ 反映出 C 工作受到 B 工作的约束；虚工作 $i-k$ 反映出 E 工作受到 B 工作的约束
9	有 A、B、C、D、E 五项工作，A、B、C 完成后 D 开始，B、C 完成后 E 开始	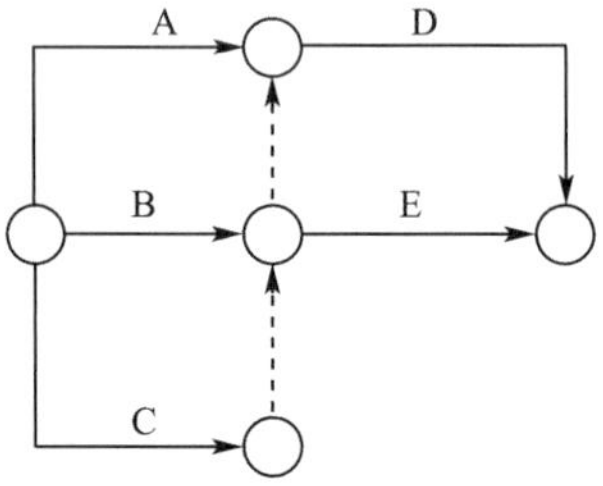	各工作之间的关系通过虚工作联系起来，虚工作表示 D 工作受到 B、C 工作约束
10	A、B 两项工作分三个施工段平行施工	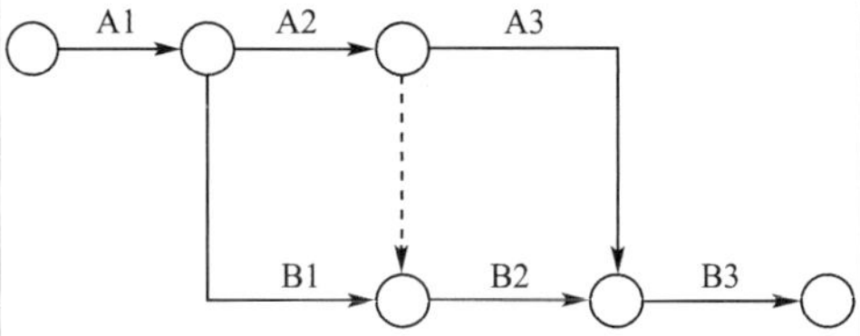	每个工种工程建立专业工作队，在每个施工段上进行流水作业，不同工种之间用逻辑搭接关系表示

在双代号网络图中，对于单目标网络计划只能有一个起点节点和一个终点节点。图 4-14(a)中出现了两个起点节点和两个终点节点，这是不允许的，改正后的网络图如图 4-14(b)所示。

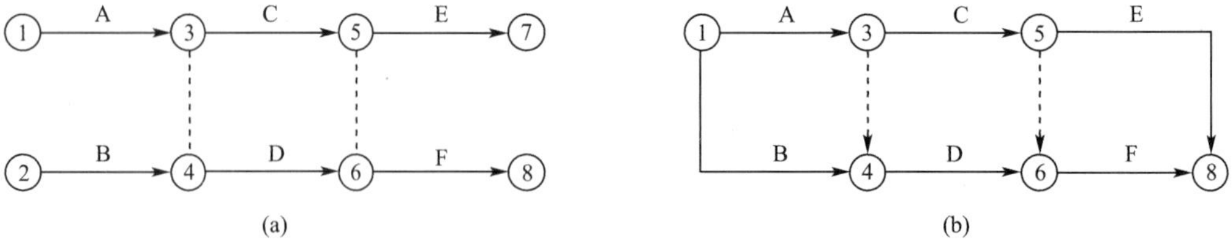

图 4-14　双代号网络图的起点节点和终点节点的表示方法

在一个网络图中，不允许出现一个代号表示一个工作，或两个相同的代号表示两项工作，如图 4-15(a)、图 4-15(b)所示是错误的，改正后的网络图如图 4-15(c)所示。

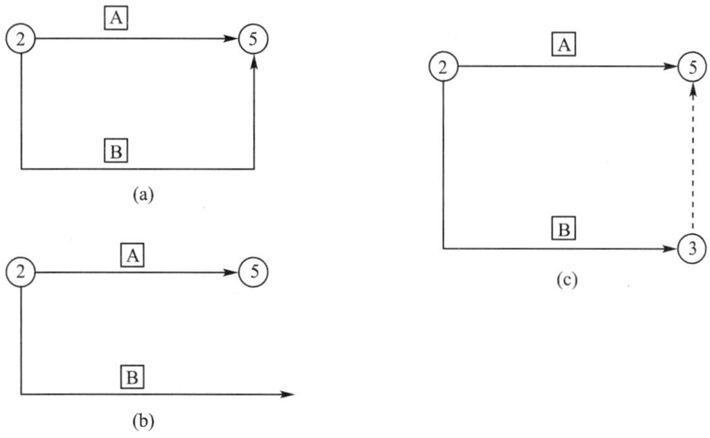

图 4-15　双代号网络图中工作的表示方法

在网络图中不允许出现有双向箭头或无箭头的工作。

在一个网络图中，同一项工作不能出现两次或两次以上，如图 4-16(a)所示，D 工作在网络中出现了两次，在同一个网络图中是不允许的，改正后的网络图如图 4-16(b)所示。

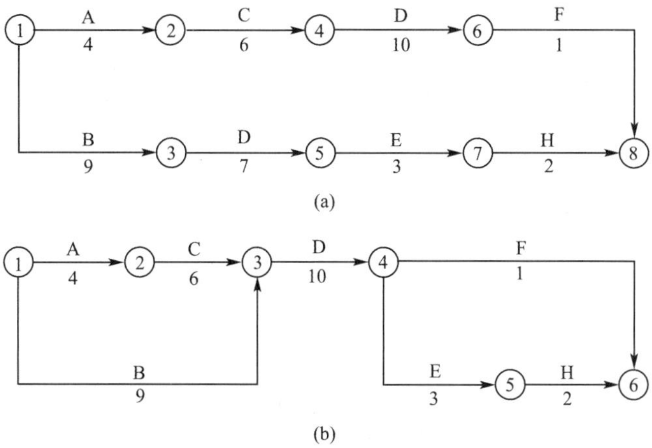

图 4-16　网络图中同一项工作不能重复出现

绘制网络图时宜避免箭线交叉，当交叉不可避免时，可采用过桥法或断路法表示，如图 4-17 所示。

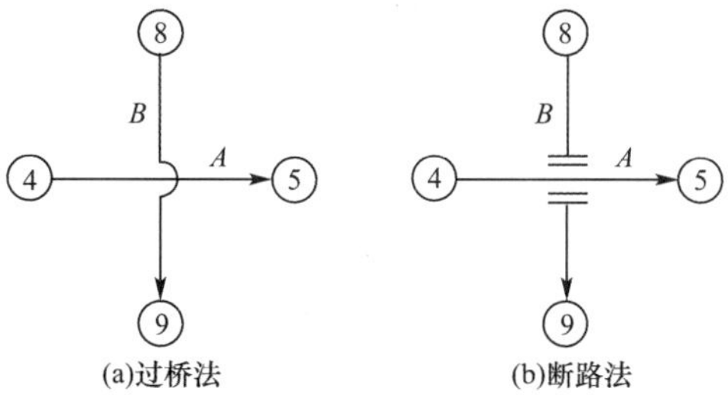

图 4-17　箭线交叉的处理方法

不能有多余的虚工作，在图 4-18(a)中有一个多余的虚工作，改正后的网络图如图 4-18(b)所示。

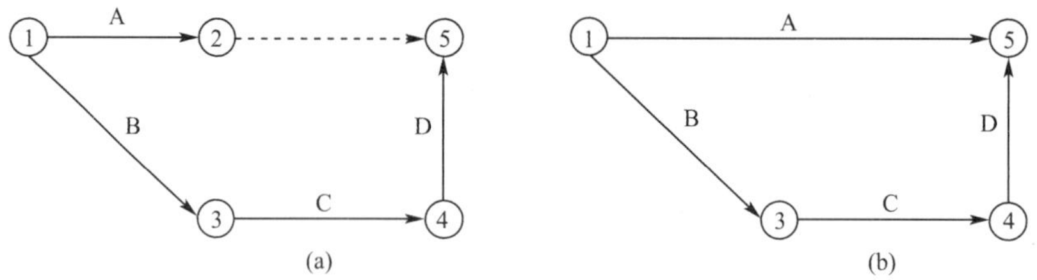

图 4-18　多余虚工作

在网络图中不能出现循环线路，图 4-19 有一个循环线路，在网络图中是不允许的。

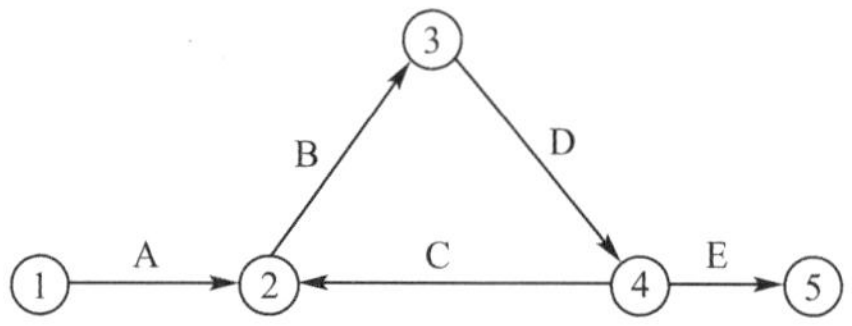

图 4-19　循环线路

4.2.2　双代号网络图的绘制步骤

双代号网络图的绘制方法，视各人的经验而异，但从根本上说，都要在既定施工方案的基础上，根据具体的施工客观条件，以统筹安排为原则。一般的绘图步骤如下：

①绘制没有紧前工作的工作。

②按照逻辑关系，依次绘制其他各项工作。

③根据绘制规则和施工顺序绘制网络图。

④检查网络图的逻辑关系有无错误，是否有多余的虚工作。

⑤在网络上标注工序名称与延续时间并对节点进行编号。

4.2.3　双代号网络图的排列方法

为了使网络计划更形象而清楚地反映出建筑工程施工特点，绘图时可根据不同的工程情况、施工组织方法和使用要求，灵活排列，以简化层次，使各工作在工艺上及组织上的逻辑关系准确而清楚，以便于技术人员掌握，便于对计划进行计算和调整。

1. 按施工段排列

如果为了突出表示工作面的连续或者工作队的连续，可以把同一施工段上的不同工种排列在同一水平线上，这种排列方法称为按施工段排列法。如图 4-20 所示。

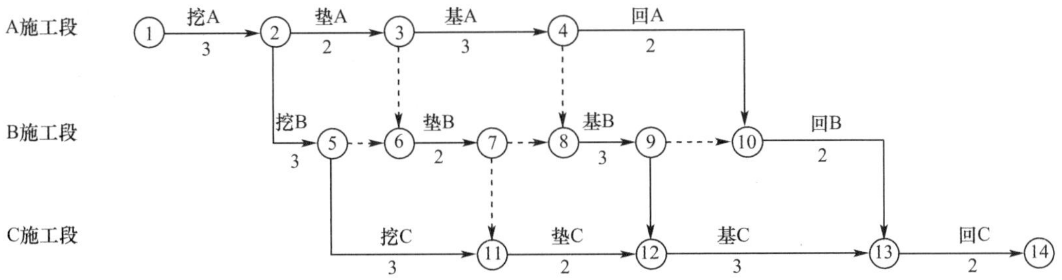

图 4-20 按施工段排列的网络图

2. 按施工过程排列

如果为了突出表示工种的连续作业，可以把同一工种工程排列在同一水平线上，这一排列方法称为按施工过程排列法。图 4-21 为按施工过程排列的双代号网络图。

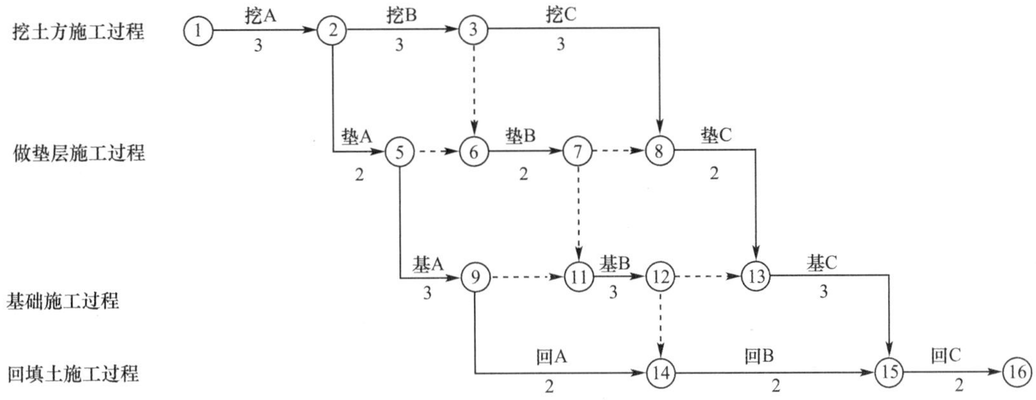

图 4-21 按施工过程排列的网络图

3. 按楼层排列

如果在流水作业中，若干个不定期同工种工作沿着建筑物的楼层展开，可以把同一楼层的各项工作排在同一水平线上，这一排列方法称为按楼层排列法，如图 4-22 所示。

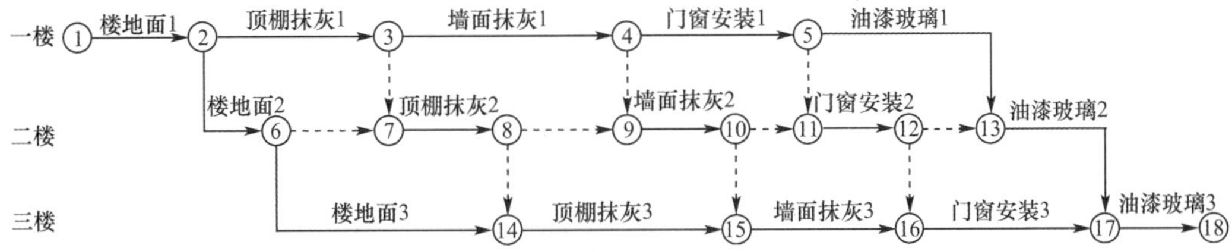

图 4-22 按楼层排列的网络图

4.2.4 举例

【例 4.1】 某三跨车间地面水磨石工程，按镶玻璃条、铺抹水泥石子浆面层、浆面磨光三个施工过程，每个施工过程划分为 A、B、C 三个施工段进行搭接施工，其施工持续时间见表 4-3，试绘制双代号网络图。

表 4-3　　施工持续时间

施工过程名称	持续时间/天		
	A 跨	B 跨	C 跨
镶玻璃条	4	3	4
铺水泥石子	3	2	3
浆面磨光	2	1	2

解：①根据施工工艺可以得出各工作逻辑关系表，见表 4-4。

表 4-4　　各工作逻辑关系表

工作名称	镶 A	镶 B	镶 C	铺 A	铺 B	铺 C	浆 A	浆 B	浆 C
紧前工作	—	镶 A	镶 B	镶 A	镶 B、铺 A	镶 C、铺 B	铺 A	铺 B、浆 A	铺 C、浆 B
持续时间	4	3	4	3	2	3	2	1	2

②根据逻辑关系绘制双代号网络图草图，如图 4-23 所示。

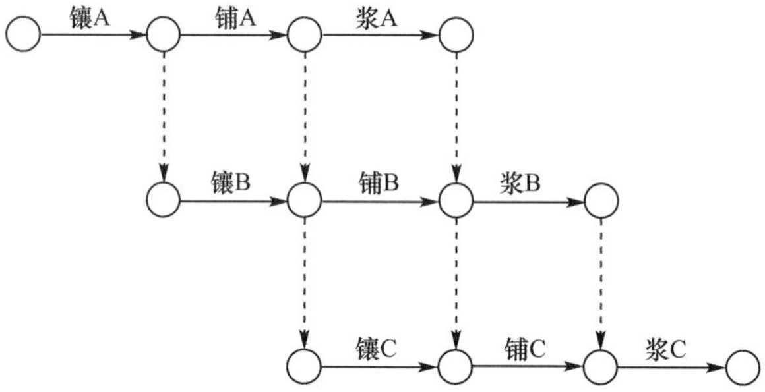

图 4-23　地面水磨石工程双代号网络图草图

③检查逻辑关系，并检查是否有多余的虚工作，绘制最终双代号网络图，如图 4-24 所示。

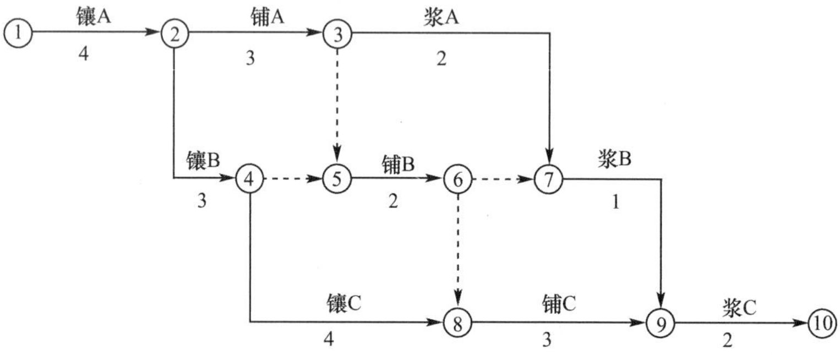

图 4-24　地面水磨石工程修改后的双代号网络图

【例 4.2】　根据给出的工作及逻辑关系(表 4-5)绘制双代号网络图。

表 4-5　　各工作逻辑关系表

工作名称	A	B	C	D	E	G	H	I	J	K
紧前工作	—	A	A	B	B	D	G	E、G	C、E、G	H、I
持续时间	3	4	2	4	2	2	1	3	4	2

解：根据逻辑关系表，绘制的双代号网络图如图 4-25 所示。

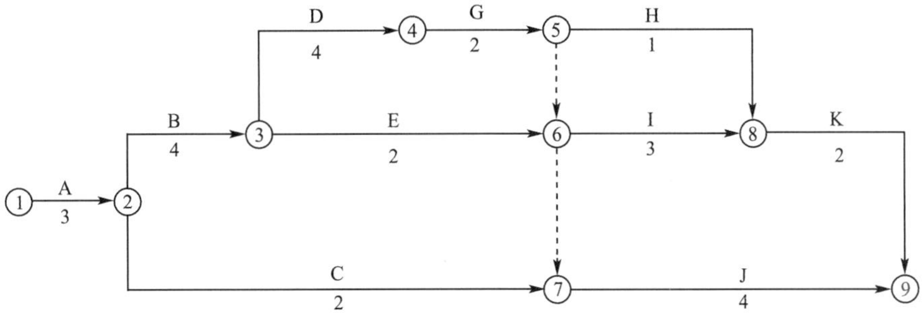

图 4-25　双代号网络图

双代号网络图时间参数快速计算

4.3 双代号网络图的时间参数计算

4.3.1 计算时间参数的目的

①寻找关键线路，找到关键工作，抓住主要矛盾。

②计算非关键工作线路的富余时间，明确其存在多少机动时间，向非关键线路要劳动力、要资源。

③确定总工期。

4.3.2 双代号网络图中常见的时间参数

1. 节点最早时间

表示该节点前面工作全部完成，后面工作最早可能开始的时间。用 ET_i 表示，且规定网络图开始节点的最早时间等于零，即 $ET_1=0$，顺着箭线方向相加，如果有多根箭线流进该节点，则取最大值，如图 4-26 所示。

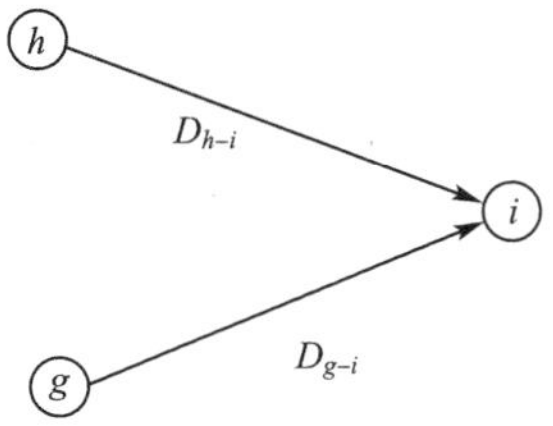

图 4-26　节点最早时间计算示意图

$$ET_i=\max\begin{cases}ET_h+D_{h-i}\\ET_g+D_{g-i}\end{cases} \tag{4-1}$$

2. 节点最迟时间

在不影响终点节点的最迟时间的前提下，结束于该节点的各工序最迟必须完成的时间。用 LT_n 表示，一般终点节点的最迟时间应以工程总工期为准。

(1)若未规定工期 T_p，则终点节点的最迟时间等于网络图的计算工期 T_r，即 $LT_n=T_r ET_n$。

(2)若规定工期 T_p，则终点节点的最迟时间等于规定工期 T_p，即 $LT_n=T_p$。逆着箭线方向相减，如果有多根箭线流出该节点，则取小值，如图 4-27 所示。

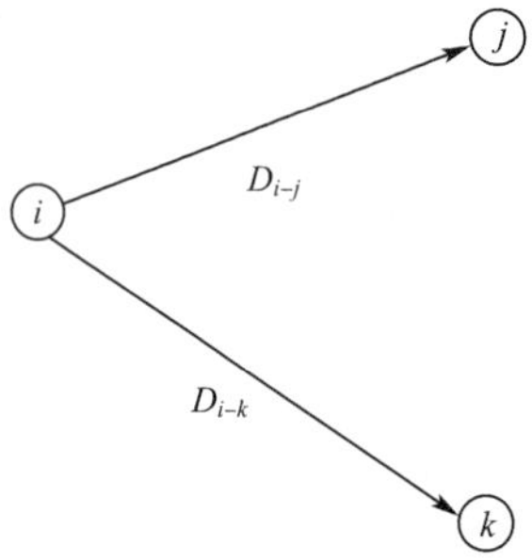

图 4-27　节点最迟时间计算示意

$$LT_i=\min\begin{cases}LT_j-D_{i-j}\\LT_k-D_{i-k}\end{cases}\tag{4-2}$$

【例 4.3】 已知某网络图如图 4-28 所示，试计算各节点的 ET_i 和 LT_i。

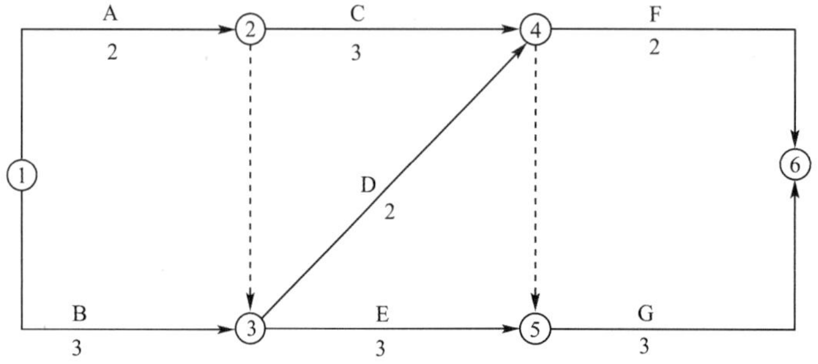

图 4-28　网络图

解：由公式 4-1 和公式 4-2 可得各节点的 ET_i 和 LT_i。

$ET_1=0$

$ET_2=ET_1+D_{1-2}=0+2=2$

$$ET_3=\max\begin{cases}ET_1+D_{1-2}=0+2=2\\ET_2+D_{1-2}=0+3=3\end{cases}=3$$

$$ET_4=\max\begin{cases}ET_2+D_{2-4}=2+3=5\\ET_3+D_{3-4}=3+2=5\end{cases}=5$$

$$ET_5=\max\begin{cases}ET_4+D_{4-5}=5+0=5\\ET_3+D_{3-5}=3+3=6\end{cases}=6$$

$$ET_6=\max\begin{cases}ET_4+D_{4-6}=5+2=7\\ET_5+D_{5-6}=6+3=9\end{cases}=9$$

$LT_6=ET_6=9$

$LT_5=ET_6-D_{5-6}=9-3=6$

$$LT_4=\min\begin{cases}LT_5-D_{4-5}=6-0=6\\LT_6-D_{5-6}=9-3=6\end{cases}=6$$

$$LT_3=\min\begin{cases}LT_4-D_{3-4}=6-2=4\\LT_5-D_{3-5}=6-3=3\end{cases}=3$$

$$LT_2=\min\begin{cases}LT_4-D_{2-4}=6-3=3\\LT_3-D_{2-3}=3-0=3\end{cases}=3$$

$$LT_1=\min\begin{cases}LT_2-D_{1-2}=3-2=1\\LT_3-D_{1-3}=3-3=0\end{cases}=0$$

3. 工作最早开始时间 ES_{i-j}

在其所有紧前工作全部完成后，本工作有可能开始的最早时刻，即

$$ES_{i-j}=ET_i\tag{4-3}$$

4. 工作最早完成时间 EF_{i-j}

在其所有紧前工作全部完成后，本工作有可能完成的最早时刻。工作的最早完成时间等于工作最早开始时间与其持续时间之和，即

$$EF_{i-j}=ES_{i-j}+D_{i-j} \tag{4-4}$$

5. 工作最迟完成时间 LF_{i-j}

在不影响整个任务按期完成的前提下，本工作必须完成的最迟时刻，即

$$LF_{i-j}=LT_j \tag{4-5}$$

6. 工作最迟开始时间 LS_{i-j}

在不影响整个任务按期完成的前提下，本工作必须开始的最迟时刻。工作的最迟开始时间等于工作最迟完成时间与其持续时间之差，即

$$LS_{i-j}=LF_{i-j}-D_{i-j} \tag{4-6}$$

7. 总时差 TF_{i-j}

在不影响总工期的前提下，本工作可以利用的机动时间。

$$TF_{i-j}=LT_j-ET_i-D_{i-j} \tag{4-7}$$

$$=LS_{i-j}-ES_{i-j} \tag{4-8}$$

$$=LF_{i-j}-EF_{i-j} \tag{4-9}$$

8. 自由时差 FF_{i-j}

在不影响其紧后工作最早开始时间的前提下，本工作可以利用的机动时间。

$$FF_{i-j}=ET_j-ET_i-D_{i-j}=ET_j-EF_{i-j} \tag{4-10}$$

【例 4.4】 承上例，计算各工作的时间参数，可用表格形式计算，见表 4-6。

表 4-6　各工作时间参数计算表

时间参数 工作名称	ET_i ①	D_{i-j} ②	ET_j ③	LT_j ④	ES_{i-j} ⑤=①	EF_{i-j} ⑥=①+②	LF_{i-j} ⑦=④	LS_{i-j} ⑧=⑦−②	TF_{i-j} ⑨=⑧−⑤ 或=⑦−⑥	FF_{i-j} ⑩=③−①−②
A	0	2	2	3	0	2	3	1	1	0
B	0	3	3	3	0	3	3	0	0	0
C	2	3	5	6	2	5	6	3	1	0
D	3	2	5	6	3	5	6	4	1	0
E	3	3	6	6	3	6	6	3	0	0
F	5	2	9	9	5	7	9	7	2	2
G	6	3	9	9	6	9	9	6	0	0

4.3.3 双代号网络图时间参数的计算方法

1. 分析计算法

分析计算法是利用理论计算公式来计算的一种方法，详见例 4.3。

2. 表格计算法

表格计算法是将各工作的时间参数列成表格来计算的一种方法，详见例 4.4。

3. 图上计算法

图上计算法是根据分析计算法的计算公式，直接在网络图上计算的一种方法。

(1)图上计算法的表示方法(图 4-29)

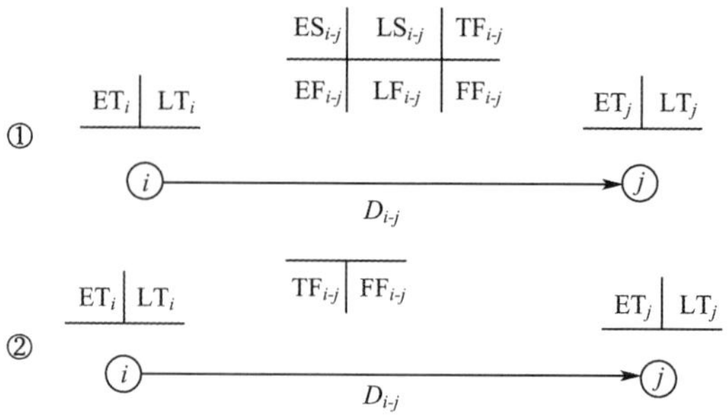

图 4-29　图上计算法的表示方法

(2)图上计算法的基本步骤

①在图上分别计算各节点的最早时间 ET_i 和最迟时间 LT_i。

②在图上分别计算各工作的最早开始时间 ES_{i-j} 和最早完成时间 EF_{i-j}。

③在图上分别计算各工作的最迟开始时间 LS_{i-j} 和最迟完成时间 LF_{i-j}。

④在图上分别计算各工作的自由时差 FF_{i-j} 和总时差 TF_{i-j}。

⑤找出关键线路并求出总工期。

(3)举例

【例 4.5】 已知某双代号网络图如图 4-30 所示,试用图上计算法计算各时间参数。

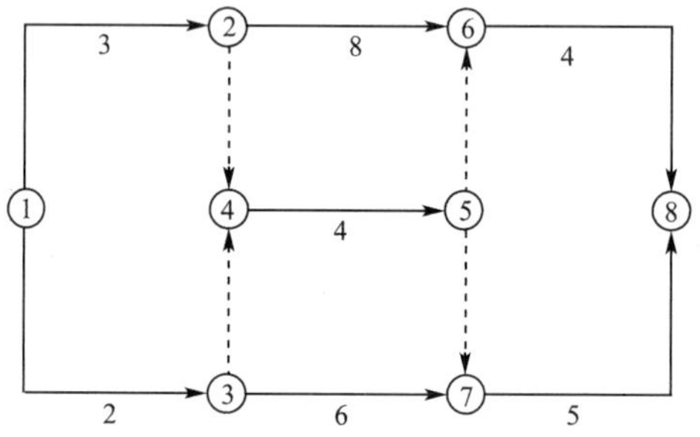

图 4-30　双代号网络图

解:根据图上计算法的基本步骤,得出各工作的时间参数如图 4-31 所示。

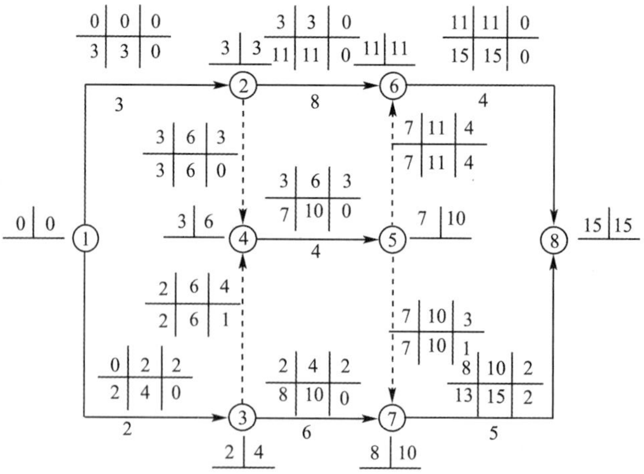

图 4-31　图上计算法计算各工作的时间参数

【例 4.6】 已知某双代号网络图如图 4-32 所示，试用图上计算法计算各时间参数。

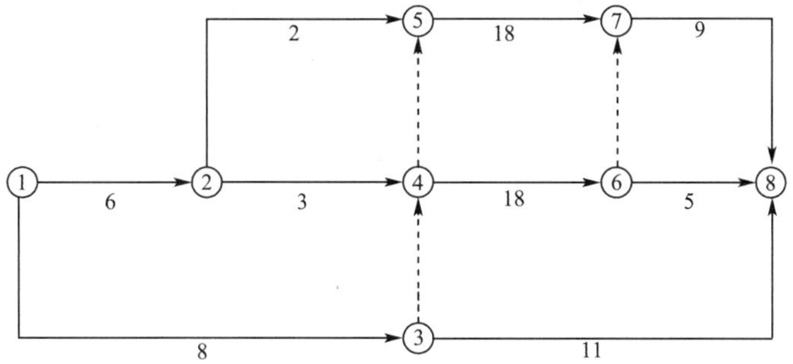

图 4-32　某双代号网络图

解：根据图上计算法的基本步骤，得出各工作的时间参数如图 4-33 所示。

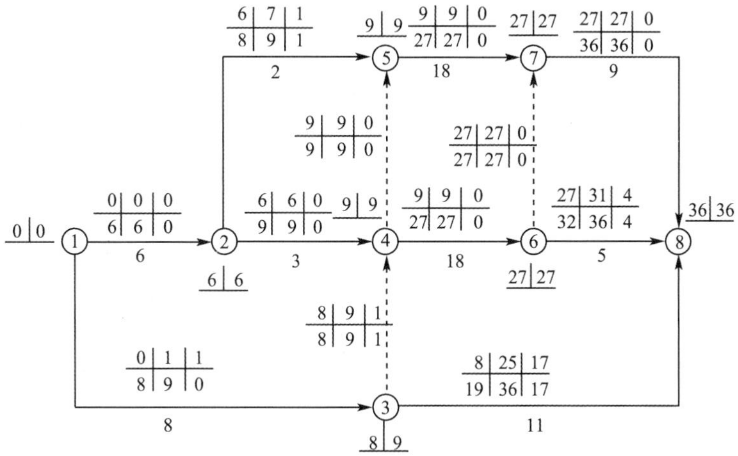

图 4-33　图上计算法计算各工作的时间参数

4.4　单代号网络图

在双代号网络图中，为了正确地表达网络计划中各项工作之间的逻辑关系，引入了虚工作这一概念，通过绘制和计算可以看到增加了虚工作也是很麻烦的事，不仅增加了工作量，也使图形增大，使得计算更费时间。因此，人们在使用双代号图来表示计划的同时，也设想了第二种计划网络图——单代号网络图，从而解决了双代号网络图存在的问题。

4.4.1　单代号网络图的三要素和表示方法

单代号网络计划是用一个代号表示一项工作并加注工作持续时间而形成的网络计划。单代号网络图是以节点及其编号表示工作，以箭线表示紧邻工作之间的逻辑关系的网络图，它由节点、箭线和线路组成，如图 4-34 所示。单代号网络图的表示方法如图 4-35 所示。

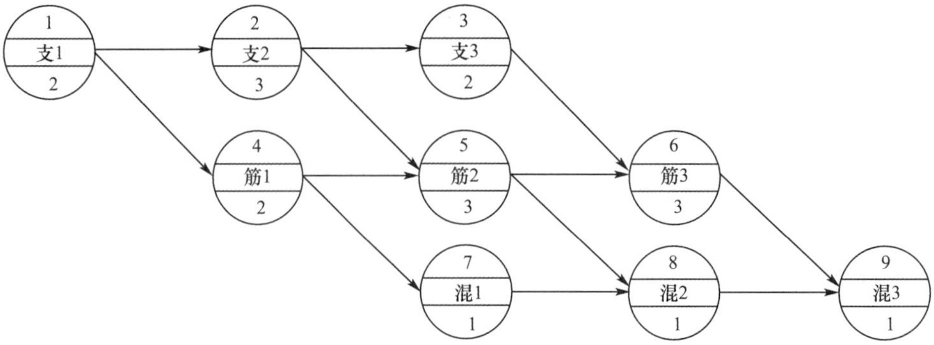

图 4-34　单代号网络图

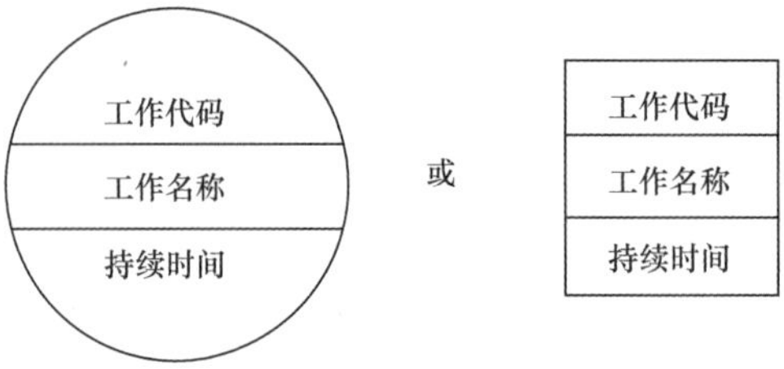

图 4-35　单代号网络图的表示方法

4.4.2　单代号网络图的优点

单代号网络图绘制方便，不必增加虚工作，弥补了双代号网络图的不足。近年来，在国外特别是欧洲新发展起来的几种形式的网络计划，如决策网络计划(DCPM)、图示评审技术(GERT)等都采用单代号表示法。

根据使用者反映，单代号网络图具有便于说明、容易被非专业人员所理解和易于修改的优点。这对于推广应用统筹法编制工程进度计划及进行全面科学管理是有益的。

在应用电子计算机进行网络计算和优化的过程中，人们认为双代号网络图更为简便，这主要是由于双代号网络图中用两个节点代表一项工作，这样可以自然地直接反映出其紧前工作或紧后工作的关系，而单代号网络图就必须按工作逐个列出其直接紧前或紧后工作，即采用所谓自然排序的方法来检查其紧前、紧后工作关系，这就在计算机中需占用更多的存储单元。但是，通过已有的计算程序计算，两者的运算时间和费用的差额是很小的。

既然单代号网络图具有上述优点，为什么人们还要继续使用双代号网络图呢？这主要是一个“习惯问题”。我们首先接受和采用的是双代号网络图，其推广时间较长，这是其原因之一。还有一个重要原因是用双代号网络图表示工程进度比用单代号网络图更为形象，特别是在带时间坐标的网络图中应用，该优势更明显。

4.4.3　单代号网络图的绘制原则

同双代号网络图的绘制一样，绘制单代号网络图也必须遵循一定的逻辑规则。当违背了这些规则时，就可能出现逻辑关系混乱、无法判别各工作之间的直接紧前或直接紧后关系，无法进行网络图的时间参数计算。

（1）当有多项工作同时开始或有多项工作同时结束时，可以虚拟一个起点节点和终点节点。这是为了保证单代号网络计划有一个起点和一个终点，这也是单代号网络图所特有的。

（2）网络图中不允许出现循环回路。

（3）网络图中不允许出现有重复编号的工作，一个编号只能代表一项工作。

（4）在网络图中除起点节点和终点节点外，不允许出现其他没有内向箭线的工作节点和没有外向箭线的工作节点。

（5）为了计算方便，网络图的编号应是箭头编号大于箭尾编号。

4.4.4 单代号网络图的绘制步骤

（1）要从左向右逐个处理已经确定的逻辑关系。

（2）当出现多个起点节点或多个终点节点时，应在网络图的两端设置一个虚拟的起点节点或终点节点。

（3）绘制完成后，要认真检查逻辑关系是否正确。

（4）检查无误，进行节点编号。

4.4.5 单代号网络图时间参数及其计算

单代号网络图时间参数的快速计算

1. 单代号网络图时间参数

（1）工作最早开始时间：同双代号网络图，一般用 ES_i 表示，且规定 $ES_1=0$。

（2）工作最早完成时间：同双代号网络图，一般用 EF_i 表示，$EF_i=ES_i+D_i$。

（3）工作最迟开始时间：同双代号网络图，一般用 LS_i 表示。

（4）工作最迟完成时间：同双代号网络图，一般用 LF_i 表示，且规定：

①若没有要求工期 T_r，则终点节点的最迟时间等于计算工期 T_c，即 $LF_n=T_c$。

②若有要求工期 T_r，则终点节点的最迟时间等于要求工期 T_r，即 $LF_n=T_r$。

（5）工作的总时差：同双代号网络图，一般用 TF_i 表示，$TF_i=LF_i-EF_i$ 或 $TF_i=LS_i-ES_i$。

（6）工作的自由时差：同双代号网络图，一般用 FF_i 表示，$FF_i=\min\{ES_j-EF_i\}$ 或 $FF_i=\min\{ES_j-ES_i-D_i\}$。

（7）工作的时间间隔：是指单代号网络计划中，一项工作的最早完成时间与其紧后工作最早开始时间可能存在的差值，即 $LAG_{i,j}=ES_j-EF_i$。

2. 单代号网络图时间参数的计算方法

（1）分析计算法：利用各时间参数的理论计算公式来计算。

（2）图上计算法：将工作的各时间参数直接在图上计算出来，其表示方法如图 4-36 所示。

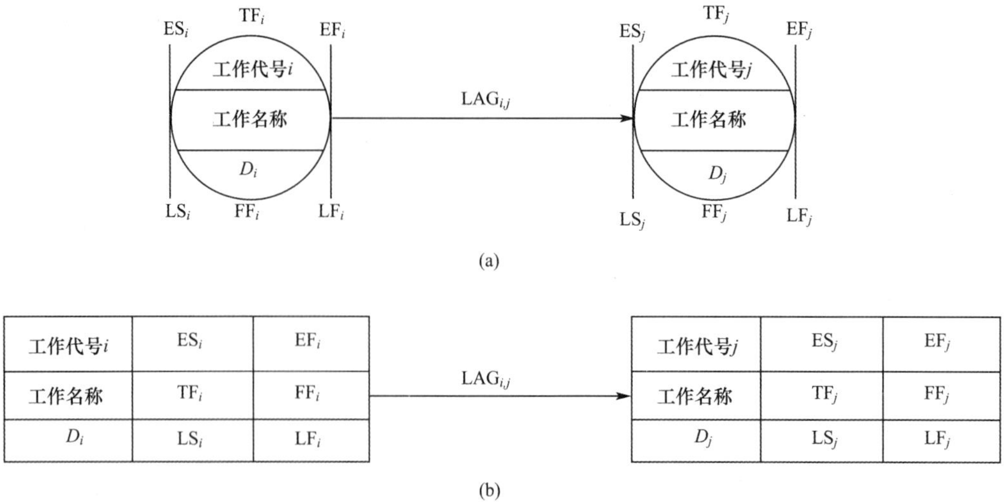

图 4-36　单代号网络图时间参数的表示方法

4.4.6 举例

【例 4.7】 已知其网络图的逻辑关系见表 4-7，试绘制单代号网络图，并计算各工作的时间参数。

表 4-7　某网络图的逻辑关系表

工作	A	B	C	D
紧前工作	—	—	A	A、B
持续时间	3	2	5	4

解：①由上表可知，A、B 两工作同时开始，C、D 两工作同时结束，故要虚拟一个开始工作和一个完成工作。根据表中各工作的逻辑关系绘制的单代号网络图如图 4-37 所示。

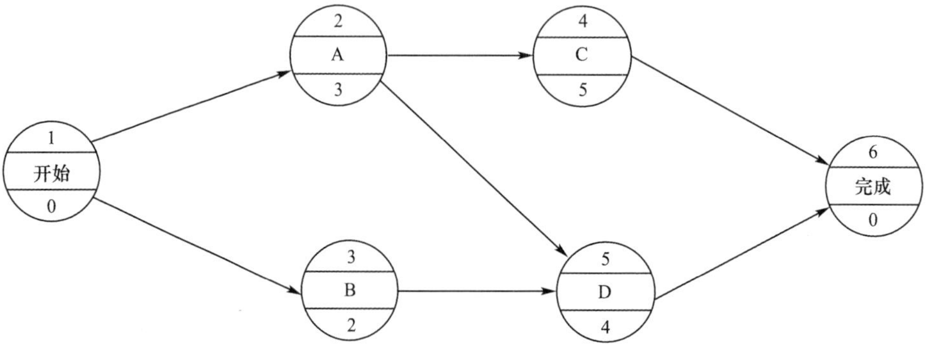

图 4-37　例 4.7 单代号网络图

②利用各工作时间参数的计算公式计算各工作的时间参数，如图 4-38 所示。

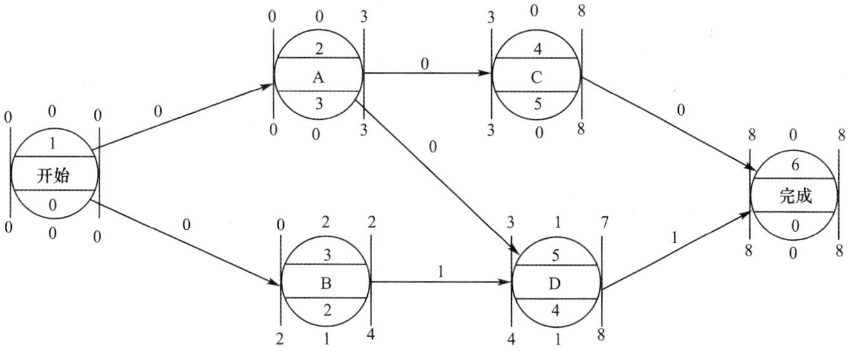

图 4-38 例 4.7 单代号网络图时间参数的计算

【例 4.8】 已知网络图的逻辑关系见表 4-8，试绘制单代号网络图，并计算各工作的时间参数。

表 4-8 某网络图的逻辑关系表

工作	A	B	C	D	E	G
紧前工作	—	A	A	B	B、C	D、E
持续时间	3	5	2	1	4	6

解：①由上表可知，只有 A 工作一项开始工作和只有 G 工作一项结束工作，故不需要虚拟一个开始工作和一个完成工作。根据表中各工作的逻辑关系绘制的单代号网络图如图 4-39 所示。

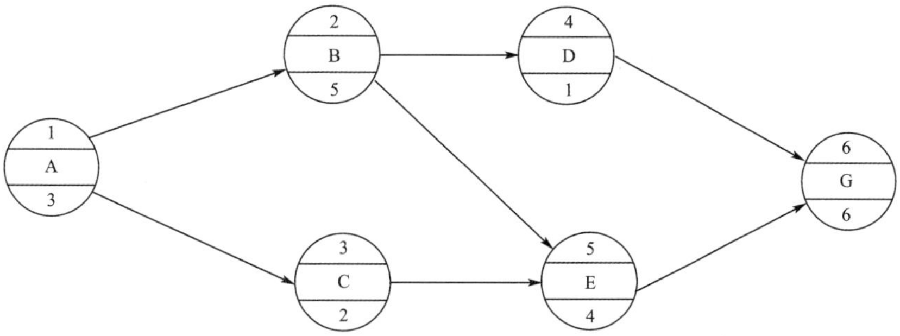

图 4-39 例 4.8 单代号网络图

②利用各工作时间参数的计算公式计算各工作的时间参数，如图 4-40 所示。

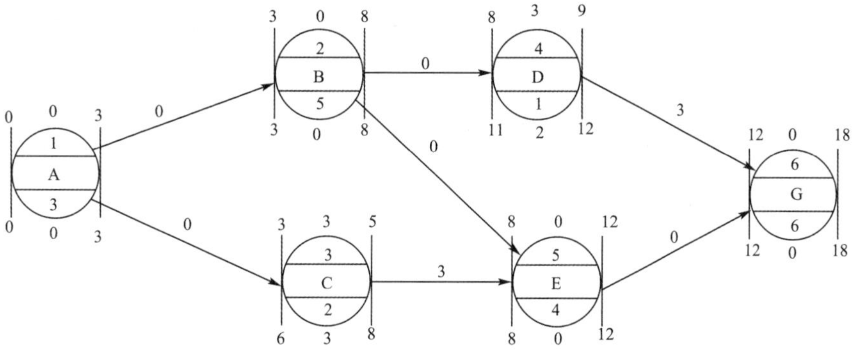

图 4-40 例 4.8 单代号网络图时间参数的计算

4.5 时标网络计划

4.5.1 时标网络计划的含义及特点

双代号时标网络计划是综合应用横道图的时间坐标和网络计划的原理，在横道图基础上引入网络计划中各工作之间逻辑关系的表达方法。如图 4-41 所示的双代号网络计划，若改画为时标网络计划，如图 4-42 所示。采用时标网络计划，既解决了横道计划中各项工作不明确、时间参数无法计算的缺点，又解决了双代号网络计划时间不直观、不能明确看出各工作开始时间和完成时间等问题。

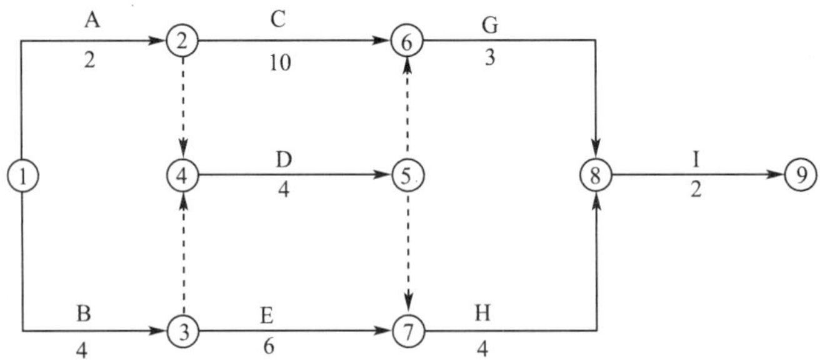

图 4-41　双代号网络图

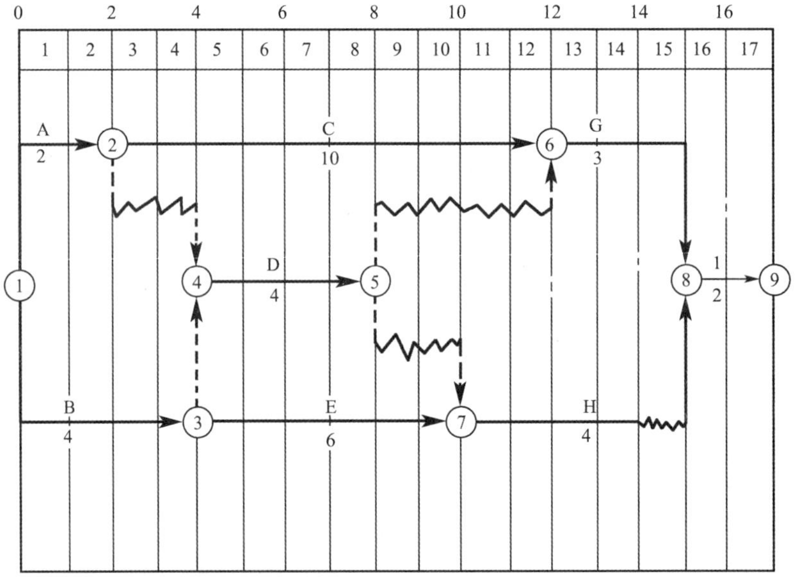

图 4-42　双代号时标网络计划

由图 4-42 可知，时标网络计划有以下特点：

①时标网络计划中，箭线的长短与时间有关。

②可直接显示各工作的时间参数和关键线路，不必计算。

③由于受到时间坐标的限制，所以时标网络计划不会产生闭合回路。

④可以直接在时标网络图的下方绘出资源动态曲线，便于分析与平衡调度。

⑤由于箭线的长度和位置受时间坐标的限制，因而调整和修改不太方便。

4.5.2 时标网络计划的基本规定

①双代号时标网络计划必须以水平时间坐标为尺度表示工作时间。时标的时间单位应根据需要在编制网络计划之前确定，可为时、天、周、月或季。

②时标网络计划应以实箭线表示工作，每项工作直线段的水平投影长度代表工作的持续时间，以虚箭线表示虚工作，以波形线表示工作的自由时差。

③时标网络计划中所有符号在时间坐标上的水平投影位置，都必须与其时间参数相对应。节点中心必须对准相应的时标位置。虚工作必须以垂直方向的虚箭线表示，自由时差以波形线表示。

④时标网络计划中的箭线宜用水平箭线或由水平段和垂直段组成的箭线，不宜用斜箭线。虚工作亦如此，但虚工作的水平段应绘成波形线。

4.5.3 时标网络计划的绘制方法

时标网络计划宜按各项工作的最早开始时间编制。为此，在编制时标网络计划时应使每一个节点和每一项工作（包括虚工作）尽量向左靠，直至不出现从右向左的逆向箭线为止。

在编制时标网络计划之前，应先按已经确定的时间单位绘制时标网络计划表。时间坐标可以标注在时标网络计划表的顶部或底部。当网络计划的规模比较大且比较复杂时，可以在时标网络计划表的顶部和底部同时标注时间坐标。必要时，还可以在顶部时间坐标之上或底部时间坐标之下同时加注日历时间。其绘制法主要有直接绘制法和间接绘制法两种。

1. 直接绘制法

直接绘制法是不计算网络计划时间参数，直接在时间坐标上进行绘制的方法。其绘制步骤和方法可归纳为如下绘图口诀，“时间长短坐标线，曲直斜平利相连；箭线到齐画节点，画完节点补波线；零线尽量拉垂直，否则安排有缺陷”。

①时间长短坐标线：箭线的长度代表着具体的施工时间，受到时间坐标的制约。

②曲直斜平利相连：箭线的表达方式可以是直线、折线、斜线等，但布图应合理，直观清晰。

③箭线到齐画节点：工作的开始节点必须在该工作的全部紧前工作都画出后，定位在这些紧前工作最晚完成的时间刻度上。

④画完节点补波线：某些工作的箭线长度不足以达到其完成节点时，用波形线补足。

⑤零线尽量拉垂直：虚工作持续时间为零，应尽可能让其为垂直线。

⑥否则安排有缺陷：若出现虚工作占据时间的情况，其原因是工作面空闲或施工作业队组工作不连续。

2. 间接绘制法

间接绘制法是先计算网络计划的时间参数，再根据时间参数在时间坐标上进行绘制的方法。其绘制步骤和方法如下：

①先绘制双代号网络图，计算时间参数，确定关键工作及关键线路。

②根据需要确定时间单位并绘制时间坐标横轴。

③根据工作最早开始时间或节点的最早时间确定各节点的位置。

④依次在各节点间绘出箭线及时差。绘制时宜先画关键工作、关键线路，再画非关键工作。如箭线长度不足以达到工作的完成节点时，用波形线补足，箭头画在波形线与节点连接处。

⑤用虚箭线连接各有关节点，将有关的工作连接起来。

4.5.4 时标网络计划中时间参数的判定

1. 关键线路的判定

时标网络计划中的关键线路可从网络计划的终点节点开始，逆着箭线方向进行判定。凡自始至终不出现波形线的线路即为关键线路。因为不出现波形线，说明在这条线路上相邻两项工作之间的时间间隔全部为零，也就是在计算工期等于计划工期的前提下，这些工作的总时差和自由时差全部为零。

2. 计算工期的判定

网络计划的计算工期应等于终点节点所对应的时标值与起点节点所对应的时标值之差。

3. 相邻两项工作之间时间间隔的判定

除以终点节点为完成节点的工作外，工作箭线中波形线的水平投影长度表示工作与其紧后工作之间的时间间隔。

4. 工作最早开始时间和最早完成时间的判定

工作箭线左端节点中心所对应的时标值为该工作的最早开始时间。当工作箭线中不存在波形线时，其右端节点中心所对应的时标值为该工作的最早完成时间；当工作箭线中存在波形线时，工作箭线实线部分右端点所对应的时标值为该工作的最早完成时间。

5. 工作总时差的判定

工作总时差的判定应从网络计划的终点节点开始，逆着箭线方向依次进行。

①以终点节点为完成节点的工作，其总时差应等于计划工期与本工作最早完成时间之差。

②其他工作的总时差等于其紧后工作的总时差加本工作与其紧后工作之间的时间间隔所得之和的最小值。

6. 工作自由时差的判定

①以终点节点为完成节点的工作，其自由时差应等于计划工期与本工作最早完成时间之差。事实上，以终点节点为完成节点的工作，其自由时差与总时差必然相等。

②其他工作的自由时差就是该工作箭线中波形线的水平投影长度。但当工作之后只

紧接虚工作时，则该工作箭线上一定不存在波形线，而其紧接的虚箭线中波形线水平投影长度的最短者为该工作的自由时差。

7. 工作最迟开始时间和最迟完成时间的判定

①工作的最迟开始时间等于本工作的最早开始时间与其总时差之和。

②工作的最迟完成时间等于本工作的最早完成时间与其总时差之和。

时标网络计划中时间参数的判定结果应与网络计划时间参数的计算结果完全一致。

4.5.5 举例

【例 4.9】 某两个同型基础组织施工，可分为挖土方、做垫层、砖基础三个施工过程，持续时间分别为 4 天、2 天、6 天。试用直接绘制法绘制该工程的时标网络计划。

解：①列出各工作之间的逻辑关系，见表 4-9。

表 4-9　各工作之间的逻辑关系

工作名称	挖 A	挖 B	垫 A	垫 B	基 A	基 B
紧前工作	—	挖 A	挖 A	挖 B、垫 A	垫 A	基 A、垫 B
持续时间/天	4	4	2	2	6	6

②绘制时间坐标，并将各工作画在时间坐标内，如图 4-43 所示。

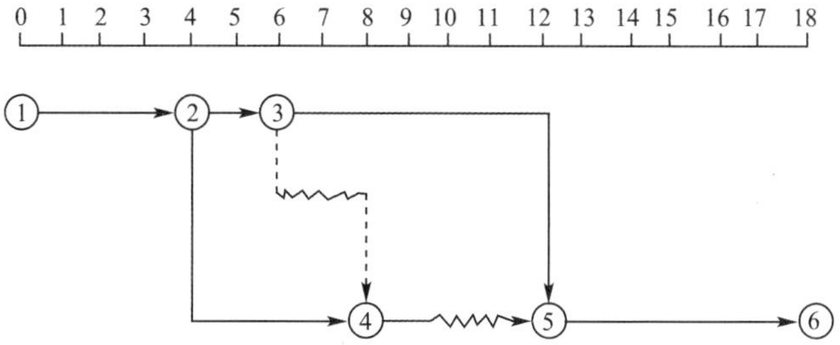

图 4-43　基础工程时标网络计划

【例 4.10】 已知某工程的双代号网络图如图 4-44 所示，试用间接绘制法绘制时标网络图。

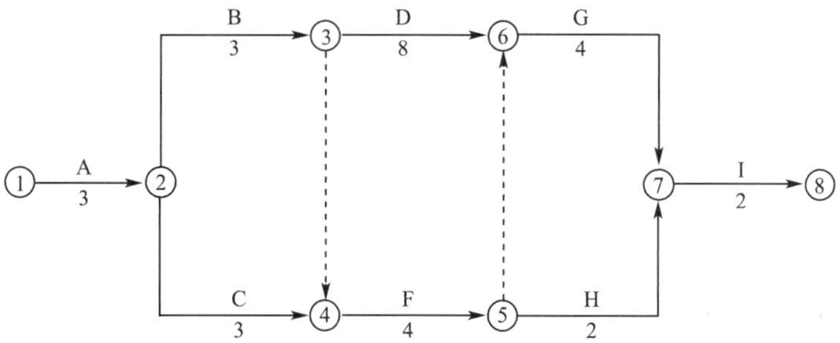

图 4-44　某工程双代号网络图

解:①计算网络图节点最早时间和最迟时间,如图 4-45 所示。

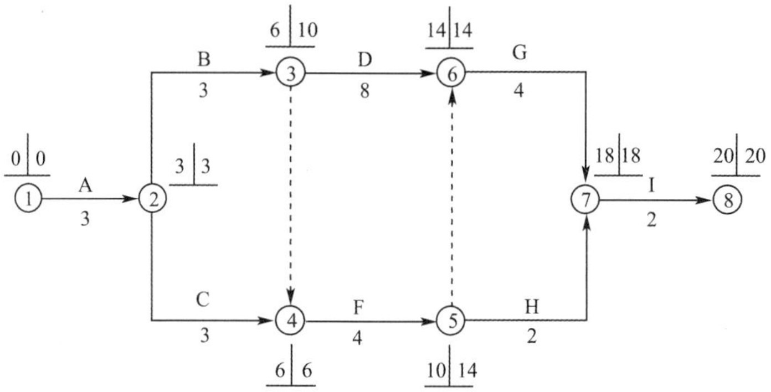

图 4-45 计算各节点的时间参数

②绘制时间坐标网,如图 4-46 所示。

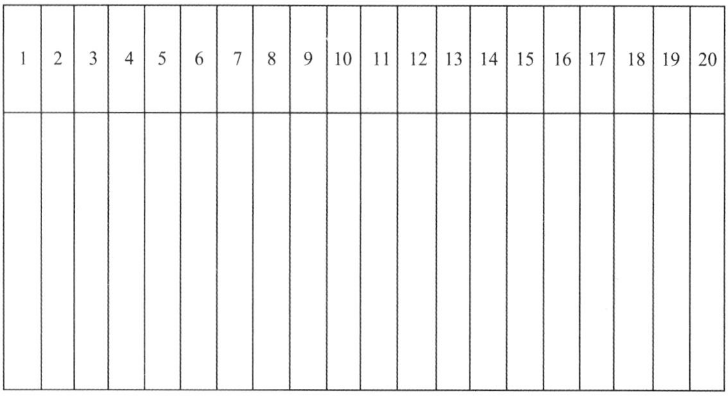

图 4-46 时间坐标网

③在时间坐标网中确定节点位置,如图 4-47 所示。

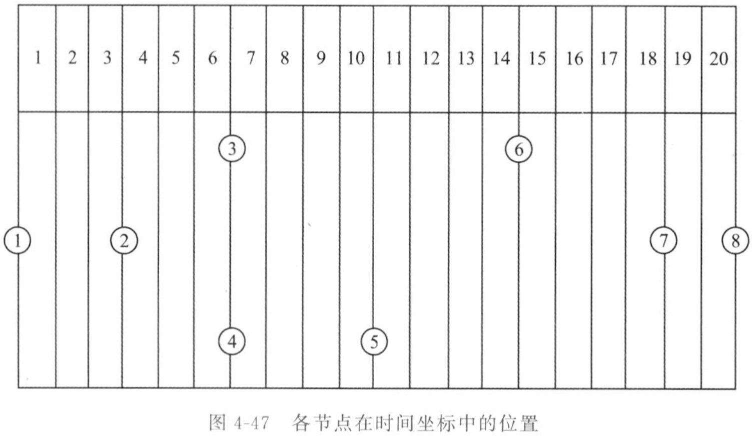

图 4-47 各节点在时间坐标中的位置

④从节点依次向外引出箭线，将各工作画在时间坐标内，如图 4-48 所示。

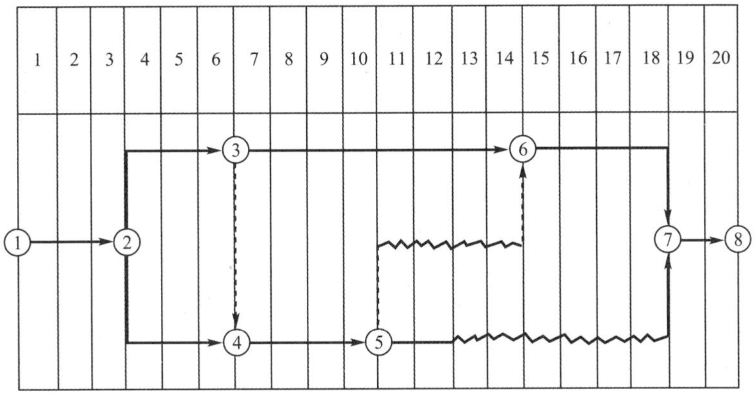

图 4-48　画箭线

⑤标明关键线路：自始至终不出现波形线的线路，用彩色线、粗实线或双箭线标明，如图 4-49 所示。

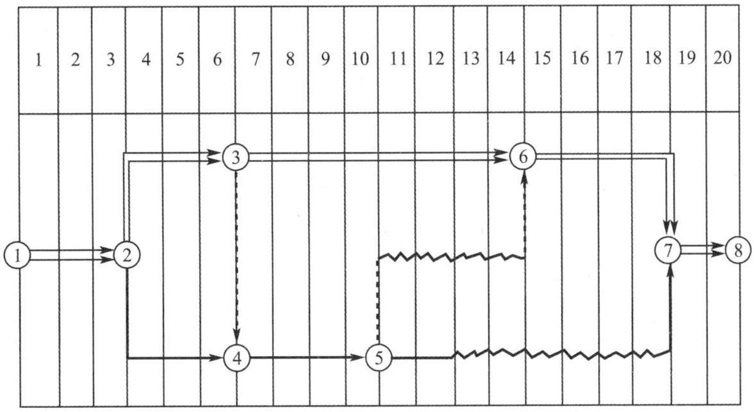

图 4-49　标明关键线路

4.5.6　编制网络计划的方法与步骤

1. 熟悉图纸，调查研究，分析情况

编制施工进度前必须全面熟悉和认真审查施工图纸，了解技术要求，摸清施工条件。

2. 确定施工顺序

应用统筹法组织施工，是为了加快进度，缩短工期。所以在编制施工进度计划前必须根据工程结构、构造特点和施工条件，确定合理的施工顺序、施工方法。

3. 确定工作名称

网络图的繁简，直接取决于工作划分的精细程度。

一般来说，供上级决策参考的网络图，其工作划分可以粗一些，以使图面简洁、清晰、一目了然，有利于抓住关键。

供具体指导施工的技术人员和生产调度人员使用的网络图，其工作划分应适当细一些，便于及早发现问题，解决矛盾。

对于比较复杂的网络图或者工期较长的工程，网络图也可以分阶段绘制，由粗到细，逐步完善。先编制一个粗略的网络图作为控制性的单位施工进度计划，随着工程的进展，再按分部工程、施工阶段或工种编制较详细的网络图。

4. 计算工程量

工程量计算应根据施工图和工程量计算规则进行。当编制施工进度计划前已有工程预算文件，并且它采用的定额和项目的划分与施工进度计划一致时，可直接利用预算的工程量，不必重新计算。若某些项目有出入，当出入不大时，要结合工程项目实际划分的需要做某些必要的变更、调整和补充。计算工程量应注意以下几个问题：

①各分部分项工程的计量单位应与现行的相应定额手册中所规定的单位一致，以便计算劳动量、材料用量、机械台班数量时直接套用定额，以免进行换算。

②要结合各分部分项工程的施工方法和安全技术的要求计算工程量。例如土方开挖，应考虑基础挖土的施工方法和保证边坡稳定的放坡要求。

③结合施工组织的要求，分区、分段、分层计算工程量。

5. 计算劳动力和机械需求量

根据各分部分项工程的工程量、施工方法和各地方有关主管部门颁发的定额，并参照施工单位的实际情况，计算各分项工程所需要的劳动量和机械台班数量，一般可按下式计算：

$$P=\frac{Q}{S} \tag{4-11}$$

或

$$P=Q\cdot H \tag{4-12}$$

$$P_1=\frac{Q_1}{S_1} \tag{4-13}$$

或

$$P_1=Q\cdot H_1 \tag{4-14}$$

式中 P——需要的劳动量(工日)；

P_1——需要的机械台班量(台班)；

Q——工程量；

S——采用的产量定额；

S_1——采用的机械产量定额；

H——采用的时间定额；

H_1——采用的机械时间定额。

①在使用定额过程中，有时会遇到定额中所列项目的工作内容与编制进度计划所确定的项目的工作内容不一致的情形，主要表现在：

由于定额中的项目较细，若按此编制施工进度计划，则会使编制工作复杂化；有时，施工进度中某些分项工程的工作内容，甚至分项工程的定额未列入定额手册中，在此种情况下，可将定额做适当的扩大和综合，使其能够适应编制施工进度计划的要求。例如：若干个具有同一性质不同类型的分项工程合并时，如前述的各类构件的油漆工程，将基础防潮层合并在砖砌工程中，合并的门窗及过梁安装等项目，应根据各个不同类型的分项工程的产量定额和工程量计算：

$$S=\frac{\sum_{1}^{n}Q_i}{\frac{Q_1}{S_1}+\frac{Q_2}{S_2}+\cdots+\frac{Q_n}{S_n}}=\frac{\sum_{1}^{n}Q_i}{\sum_{1}^{n}\frac{Q_i}{S_i}} \tag{4-15}$$

式中　$Q_1,Q_2,\cdots,Q_n$——同一施工过程各分项工程的工程量；

$S_1,S_2,\cdots,S_n$——同一施工过程各分项工程的产量定额；

S——该施工过程的平均产量定额。

②有些新技术或特殊的施工方法，其定额未列入定额手册中，其定额可参考类似项目的定额与实验资料确定。

对于“其他工程”项目所需的劳动量，可根据其内容和数量，结合工地具体情况，以总劳动量的百分比计算。一般约占总劳动量的 10%～20%。

因为水暖电卫、设备安装等工程项目由专业部门施工，所以在编制施工进度计划时，不计算其劳动量和机械台班需要量，仅安排与一般土建工程配合的进度。

6. 确定各工作的持续时间

在流水施工参数中已做介绍。

7. 绘制网络草图

根据施工方案，工序的划分，工序逻辑关系（包括工艺关系和组织关系）的分析以及工序的持续时间，就可以绘制网络计划的初始方案。编制单位工程网络计划初始方案，可以先按分部工程分别编制，然后将各分部工程的网络计划连接起来；对于多层或高层房屋，也可以先编出标准层的网络计划，然后再把它们连接起来。编制网络计划，要求编制人员对工程对象非常熟悉，掌握网络图的画法。将整个工程用网络图正确地表达出来，填上各工序的持续时间，则完整的网络计划初始方案就形成了。编制单位工程初始网络计划方案的目的在于，构造一个网络计划模型，供计算和调整使用，以便最终编制出正式的网络计划。

8. 确定总工期

计算时间参数，找出关键线路并确定总工期。

9. 检查与调整

对网络计划的初始方案进行审查，确定是否符合工期要求与资源限制条件。

①分析网络计划的总工期是否超过规定的要求。如果超过，就要调整关键工序的持续时间，使总工期符合要求。

②对资源需要量进行审查，检查劳动力和物资的供应是否能够满足计划的要求。如果在某一段时间内供应不能满足资源消费高峰的需要，那就要对这段时间的工序加以调整，使它们错开时间，减少集中的资源需要，把它们降到可能供应的水平之下，以使计划切实可行。

③网络计划初始方案经过调整后，成为一个可行的计划，就可以把它绘制成正式的网络计划。正式的网络计划必须有必要的说明。

4.6 网络计划的优化

4.6.1 网络计划优化的含义

网络计划绘制和计算后可得出最初方案，但这一方案只是一种可行方案，并不是最后方案，也不一定是最好方案，所以要想得到一个最好且最优的方案，还必须对网络计划进行优化。

网络计划优化是指在一定约束条件下，按既定目标对网络计划进行不断检查、评价、调整和完善的过程。

网络计划优化的目的是通过依次改善网络计划，使工程能如期完工，并在现有资源限制条件下，均衡地使用各种资源，以最小的消耗取得最大的经济效果。

4.6.2 网络计划优化的类型

(1)工期优化

工期优化是指考虑工期暂不考虑资源的一种优化。

(2)资源优化

资源优化又称工期-资源优化，是指资源有限、工期最短或规定工期、资源最少的优化。

(3)费用优化

费用优化又称工期-费用优化，是指工期较短、费用最少或规定工期、费用最少的优化。

4.6.3 工期优化

网络计划初始方案编制后，最常遇到的问题是计算工期大于建设单位规定的要求工期，因此需要采取技术、组织措施缩短工作的持续时间，如增加劳动力或机械设备、增加班次、调整施工组织方案和采用先进的施工方法等。

工期优化是指在满足既定约束条件下，延长或缩短计算工期以达到要求工期的目标，使工期合理。其目的是通过优化使网络计划的计算工期小于或等于要求工期，即

计算工期 T_c≤计划工期 T_p≤要求工期 T_r 或计算工期 T_c≤要求工期 T_r。

1. 工期优化的步骤

①计算并找出初始网络计划的关键线路、关键工作。

②求出应压缩的时间：$\Delta T = T_c - T_r$。

③确定各关键工作能压缩的时间。

④选择关键工作，压缩其作业时间，并重新计算工期 T_c。

⑤当 $T_c > T_r$，重复以上步骤，直至 $T_c \leqslant T_r$。

⑥当所有关键工作的持续时间都已达到能缩短的极限，工期仍不能满足要求时，应对网络计划的技术、组织方案进行调整或对要求工期重新进行审定。

2. 选择压缩时间的关键工作应考虑的因素

①压缩时间对质量和安全影响较小。

②有充足的备用资源。

③压缩时间所需增加的费用较少。

考虑所有工作的上述三方面，确定优选系数。优选系数小的工作最优先压缩。在压缩过程中，一定要注意不能把关键工作压缩成非关键工作。因此在压缩过程中如果出现了多条关键线路，则每次每条关键线路都要同时压缩同一值。

3. 举例

【例 4.11】 某工程双代号时标网络计划如图 4-50 所示，图中箭线下方括号外为正常持续时间，括号内为最短持续时间，箭线上方为优选系数。要求工期为 110 天，对其进行工期优化。

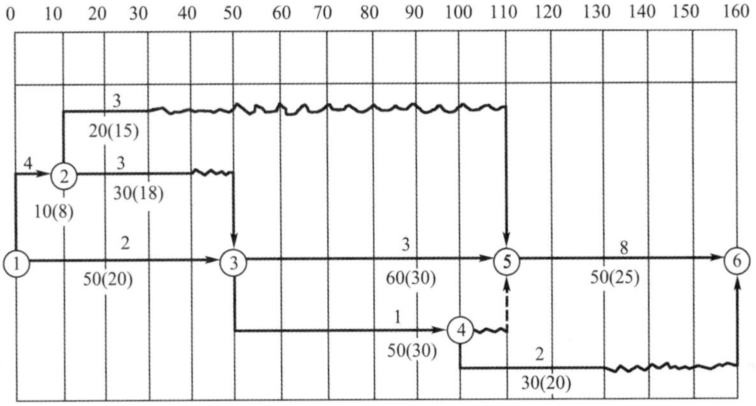

图 4-50　某工程双代号的时标网络计划

解：①计算并找出初始网络计划的关键线路与关键工作，如图 4-51 中双箭线所示。

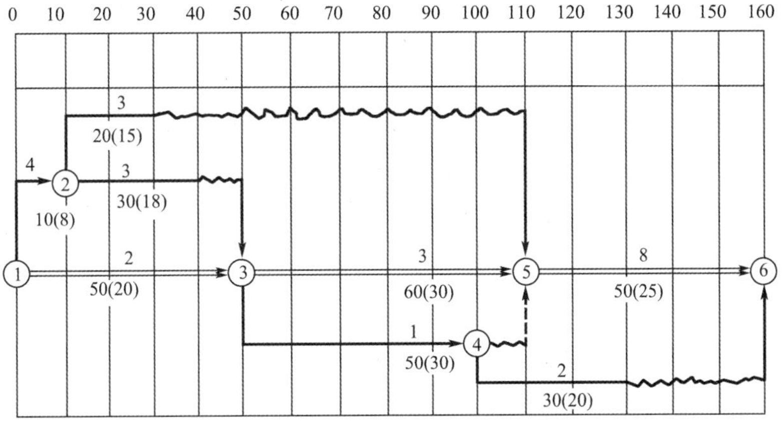

图 4-51　某网络计划的关键线路表示

②求出应压缩的时间：$\Delta T = T_c - T_r = 160 - 110 = 40$(天)。

③选择关键工作压缩时间，并重新计算工期 T_c。

因为关键工作①－③的优选系数最小，故选择压缩工作①－③10 天，成为 40 天；工期变为 150 天，①－②和②－③也变为关键工作。如图 4-52 所示。

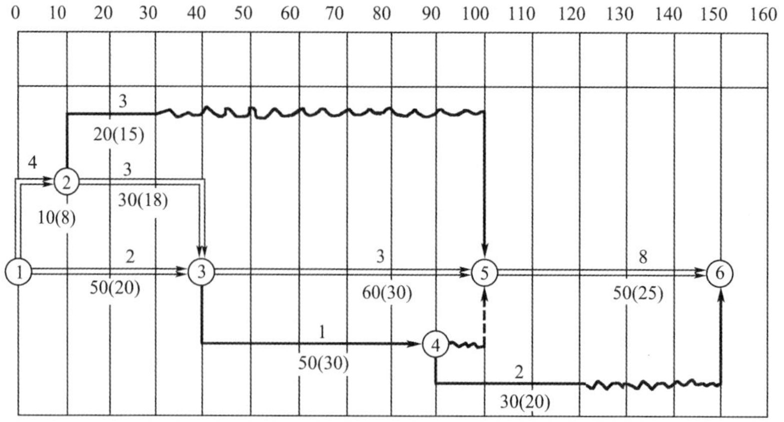

图 4-52　第一次压缩后的双代号时标网络图

④由于出现了多条关键线路，故应进行方案组合：

方案①：压①－②和①－③工作，组合优选系数为 4＋2＝6；

方案②：压②－③和①－③工作，组合优选系数为 3＋2＝5；

方案③：压③－⑤工作，优选系数为 3；

方案④：压⑤－⑥工作，优选系数为 8。

故应选方案③，即压缩工作③－⑤10 天，成为 50 天，工期变为 140 天，③－④和④－⑤也变为关键工作，如图 4-53 所示。

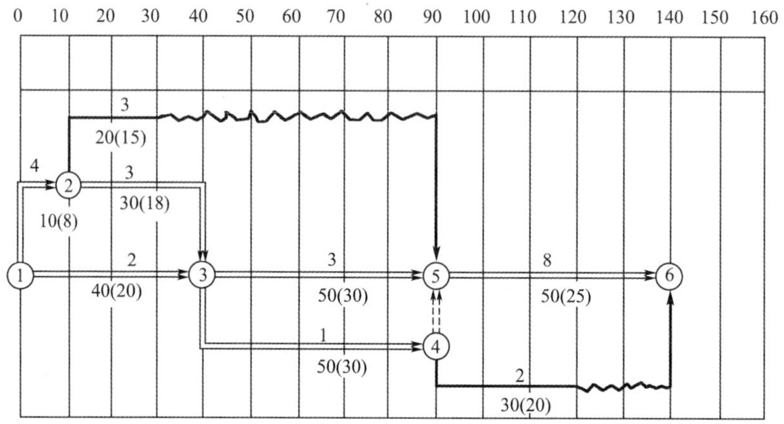

图 4-53　第二次压缩后的双代号时标网络图

⑤进行第二次压缩后增加了一条关键线路，故应重新进行方案组合：

方案①：压①－②和①－③工作，组合优选系数为 4＋2＝6；

方案②：压②－③和①－③工作，组合优选系数为 3＋2＝5；

方案③：压③－⑤和③－④工作，组合优选系数为 3＋1＝4；

方案④:压⑤－⑥工作,优选系数为 8。

故应选方案③,即压缩③－⑤和③－④工作各 20 天,成为 30 天,工期变为 120 天,关键工作没变化,如图 4-54 所示。

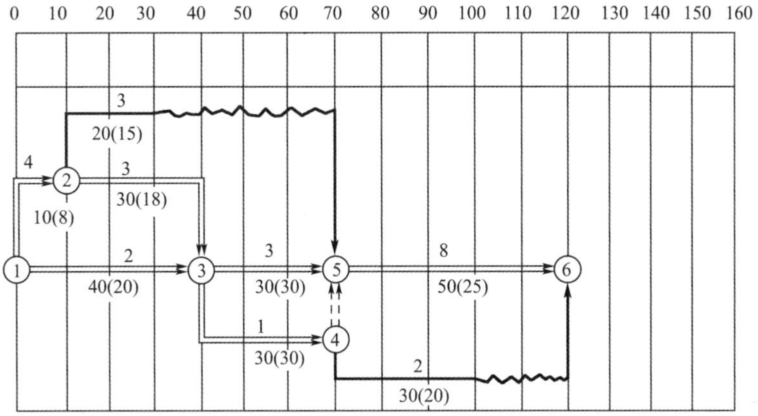

图 4-54　第三次压缩后的双代号时标网络图

⑥由于③－⑤和③－④工作均已达到最短持续时间,故不能再压缩,在上一步的方案①、②、④中选方案②,即压缩②－③和①－③工作各 10 天,①－③成为 30 天,②－③成为 20 天,工期变为 110 天,达到了规定工期,优化完毕。优化后的最终网络图如图 4-55 所示。

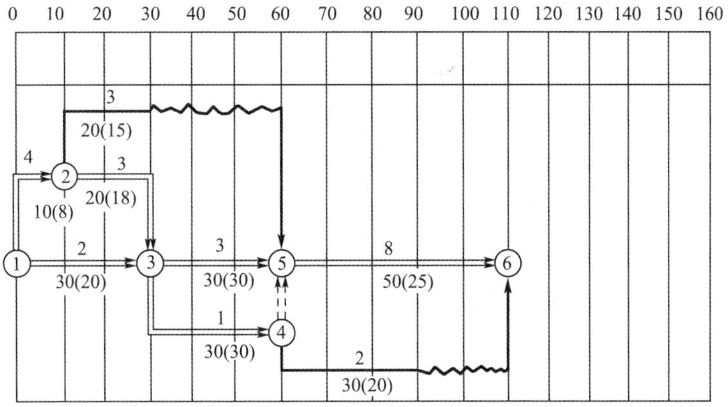

图 4-55　压缩后最终的双代号时标网络图

4.6.4　资源优化

资源优化就是在工期固定的条件下如何使资源均衡,或在资源限制的条件下如何使工期最短。资源优化的方法是通过改变工作的开始时间,使资源按时间的分布符合优化目标。

1. 工期固定、资源均衡的优化

工期固定、资源均衡的优化就是在工期不变的情况下,使资源需要量大致均衡。

衡量资源需要量的均衡程度有两个指标,即方差(σ^2)与标准差(σ)。方差(或标准差)越大,说明计划的均衡性越差。

方差和标准差可按下式计算：

$$\sigma^2=\frac{1}{T}\sum_{1}^{n}(R_{i}-\overline{R})^2$$

$$=\frac{1}{T}[(R_1-\overline{R})^2+(R_2-\overline{R})^2+\cdots+(R_T-\overline{R})^2]$$

$$=\frac{1}{T}[(R_1^2+R_2^2+\cdots+R_T^2)+T\overline{R}^2-2\overline{R}(R_1+R_2+\cdots+R_T)]$$

$$=\frac{1}{T}[\sum_{1}^{n}R_i^2+T\overline{R}^2-2\overline{R}\sum_{1}^{n}R_i] \tag{4-16}$$

$$\because \overline{R}=\frac{R_1+R_2+\cdots+R_T}{T}=\frac{\sum_{1}^{n}R_i}{T}$$

$$\therefore \sum_{1}^{n}R_i=T\overline{R}$$

$$\therefore \sigma^2=\frac{1}{T}[\sum_{1}^{n}R_i^2+T\overline{R}^2-2\overline{R}\cdot T\overline{R}]=\frac{1}{T}\sum_{1}^{n}R_i^2-\overline{R}^2 \tag{4-17}$$

或

$$\sigma=\sqrt{\frac{1}{T}\sum_{1}^{n}R_i^2-\overline{R}^2} \tag{4-18}$$

式中 σ^2——资源消耗的方差；

σ——资源消耗的标准差；

T——计划工期；

R_i——资源在第 i 天的消耗量；

$\overline{R}$——资源每日平均消耗量。

因为 T、$\overline{R}$ 为常数，因此要使方差最小，必须使资源消耗量的平方和 $W=\sum_{1}^{n}R_i^2=R_1^2+R_2^2+\cdots+R_T^2$ 为最小。

由于计划工期墩是固定的，所以求解 σ^2 或 σ 为最小值问题，只能在各工序总时差范围内调整其开始与结束时间，从中找出一个 σ^2 或 σ 最小的计划方案，即为最优方案。其优化方法和步骤如下：

①确定关键线路及非关键工作总时差。根据工期固定条件，按最早时间绘制时间坐标网络计划及资源需要动态曲线，从中明确关键线路和非关键工作的总时差。为了满足工期固定的条件，在优化过程中不考虑关键工作开始或结束时间的调整。

②按节点最早时间的先后顺序，自右向左进行优化。自终止节点开始，逆箭头方向逐个调整非关键工作的开始和结束时间。假设节点 j 为最后的一个节点，应首先对以节点 j 为结束的工作进行调整，若以节点 j 为结束点的非关键工作不止一个，应首先考虑开始时间为最晚的那项工作。

假定开始时间最晚的一项工作为 $i-j$，若 $i-j$ 工作在第 K 天开始，则到第 L 天结束，若工作 $i-j$ 向右移 1 天，第 K 天需要资源量就将减少 r_{i-j}，而 $L+1$ 天需要的资源数将增加 r_{i-j}，即

$$R'_K = R_K - r_{i-j} \tag{4-19}$$

$$R'_L = R_{L+1} + r_{i-j} \tag{4-20}$$

工作 $i-j$ 向右移 1 天后，$R_1^2 + R_2^2 + \cdots + R_T^2$ 的变化值等于

$$\Delta W = 2r_{i-j}[(R_{i-j} + r_{i-j})^2 - R^2{}_{L+1}] - [R_K{}^2 - (R_K - r_{i-j})^2 \tag{4-21}$$

上式可化简后得：

$$\Delta W = 2r_{i-j}[R_{L+1} - (R_K - r_{i-j})] \tag{4-22}$$

显然，$\Delta W < 0$ 时，表示资源消耗的方差值 σ^2 减小，工作 $i-j$ 可向右移动 1 天。在新的动态曲线上，按上述同样的方法继续考虑 $i-j$ 是否还能再右移 1 天，那么就再右移，直至不能移动为止。

若 $\Delta W > 0$ 时，表示资源消耗的方差值 σ^2 增加，不能向右移动 1 天，那么就考虑工作 $i-j$ 能否向右移 2 天(在总时差允许的范围内)。此时，如果 $R_{L+1} - (R_K - r_{i-j})$ 为负值，那么就计算 $[R_{L+1} - (R_K - r_{i-j})] + [R_{L+2} - (R_{K+1} - r_{i-j})]$

如果结果为负值，即表示工作 $i-j$ 可向右移动 2 天，那么就考虑工作 $i-j$ 能否右移 3 天的问题(在总时差许可的范围内)。

当工作 $i-j$ 的右移确定以后，按上述顺序继续考虑其他工作的右移。

③按节点最早时间的先后顺序，自右向左继续优化。在所有工作都按节点最早时间的先后顺序，自右向左进行了一次调整之后，再按节点最早时间的先后顺序，自右向左进行第二次调整。反复循环，直至所有工作的位置都不能再移动为止。

【例 4.12】 某资源的供应计划如图 4-56 所示，箭线上方△内的数据表示该工作每天的资源需要量，箭线下方的数据为该工作的持续时间。资源供应量没有限制，最高峰日期每天资源需要量为 $R_{max}=21$ 个单位，请进行工期-资源优化，即在工期不变的条件下改善网络计划的进度安排，选择资源消耗最为均衡的计划方案。

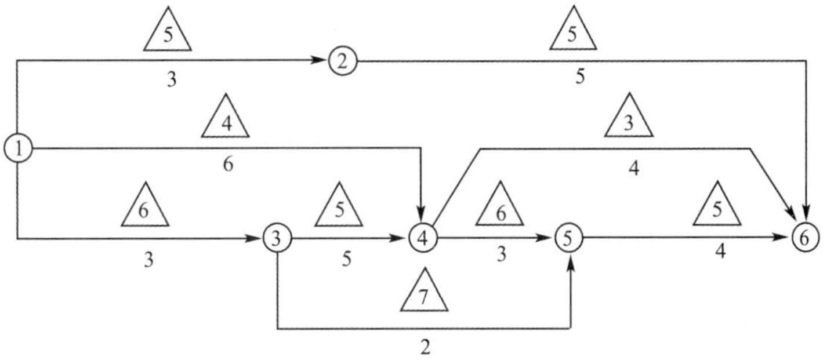

图 4-56　初始网络图

解：①画出初始时标网络计划图，如图 4-57 所示，确定关键工作和关键线路(图中双箭线表示)。

②求每天平均资源需要量 $\overline{R}$。

$$\overline{R} = \frac{15\times3+21\times2+14\times1+10\times2+9\times3+8\times1+5\times3}{15} = 11.4$$

资源需要量不均衡系数为：$K = \dfrac{21}{11.4} \approx 1.84$

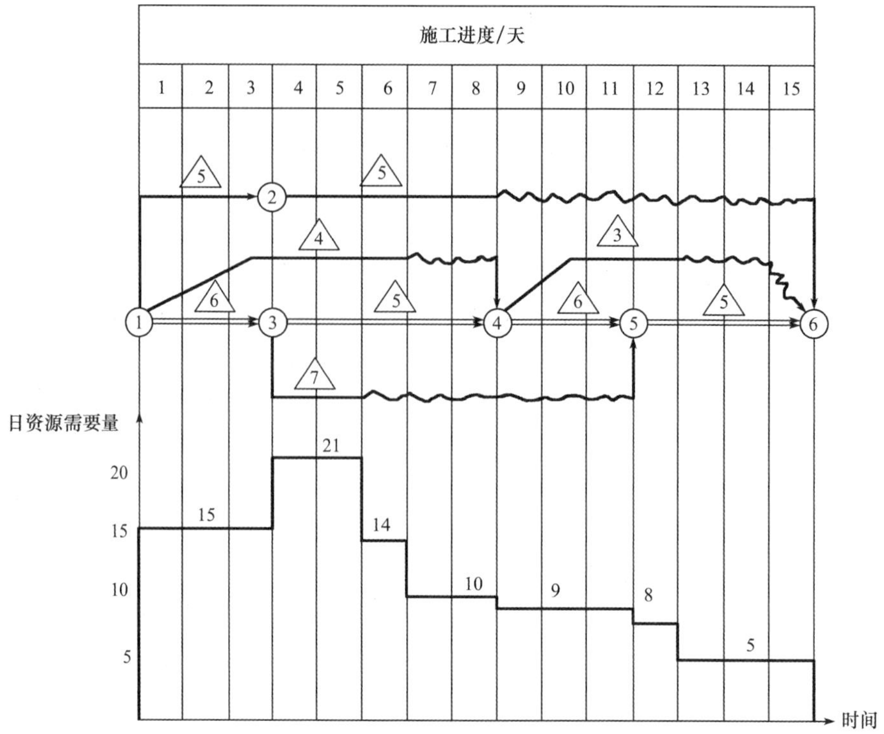

图 4-57　初始时标网络图

③第一次调整。

a. 对以节点⑥为结束点的两项工作②～⑥和④～⑥进行调整(⑤～⑥为关键工作,不考虑它的调整。

从图 4-57 可知,工作④～⑥的开始时间(第 9 天)较工作②～⑥的开始时间(第 4 天)迟,因此先考虑调整工作④—⑥。

由于 $R_{13}-(R_9-r_{4-6})=5-(9-3)=-1<0$,故可右移 1 天,即 $T_{4-6}^{ES}=9$。

又因 $R_{14}-(R_{10}-r_{4-6})=5-(9-3)=-1<0$,故可再右移 1 天,即 $T_{4-6}^{ES}=10$。

$R_{15}-(R_{11}-r_{4-6})=5-(9-4)=-1<0$,故可再右移 1 天,即 $T_{4-6}^{ES}=11$。

可见工作④—⑥可逐步移到时段[12,15]内进行,均能使动态曲线的方差减少,如图 4-58 所示。

根据工作④—⑥调整后的动态曲线图,再对②—⑥进行调整。

由于 $R_9-(R_4-r_{2-6})=6-(21-5)=-10<0$,故可右移一天,即 $T_{2-6}^{ES}=4$。

$R_{10}-(R_5-r_{2-6})=6-(21-5)=-10<0$,再右移一天,即 $T_{2-6}^{ES}=5$。

$R_{11}-(R_6-r_{2-6})=6-(14-5)=-3<0$,再右移一天,即 $T_{2-6}^{ES}=6$。

$R_{12}-(R_7-r_{2-6})=8-(10-5)=3>0$,不能右移。

$R_{13}-(R_8-r_{2-6})=8-(10-5)=3>0$,不能右移。

$R_{14}-(R_9-r_{2-6})=8-(6-5)=7>0$,不能右移。

$R_{15}-(R_{10}-r_{2-6})=8-(6-5)=7>0$,不能右移。

因此,工作②—⑥只能右移 3 天,其移动后的时标网络计划如图 4-59 所示。

b. 对以节点⑤为结束点的工作③—⑤进行调整。根据②—⑥调整后的时标网络图(图 4-59)进行计算。

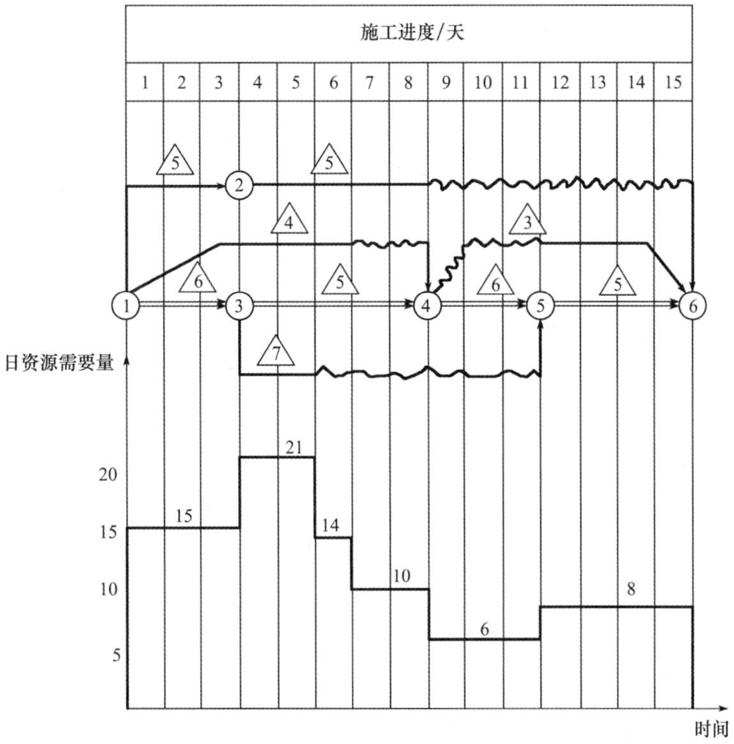

图 4-58　④—⑥工作调整后的时标网络图

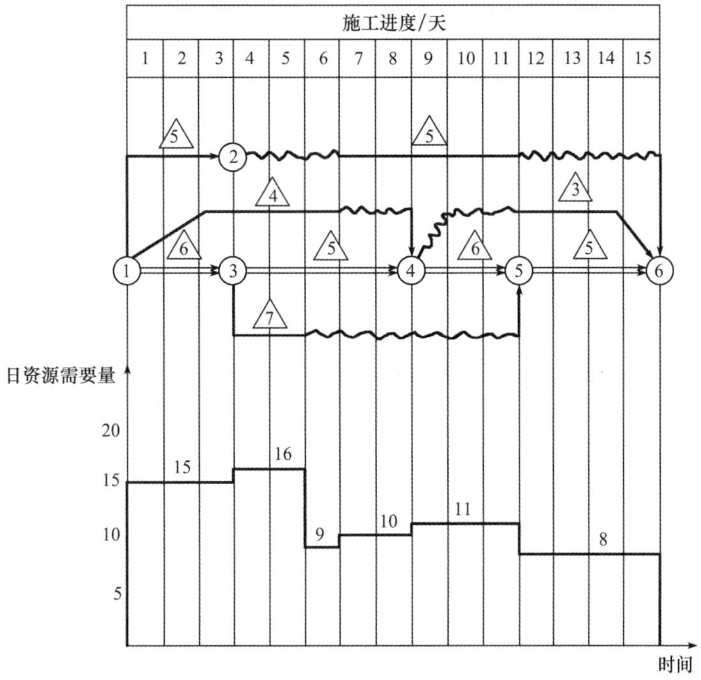

图 4-59　②—⑥工作调整后的时标网络图

$R_6-(R_4-r_{3-5})=9-(16-7)=0$,故可右移 1 天,即 $T_{3-5}^{ES}=4$,如图 4-60 所示。

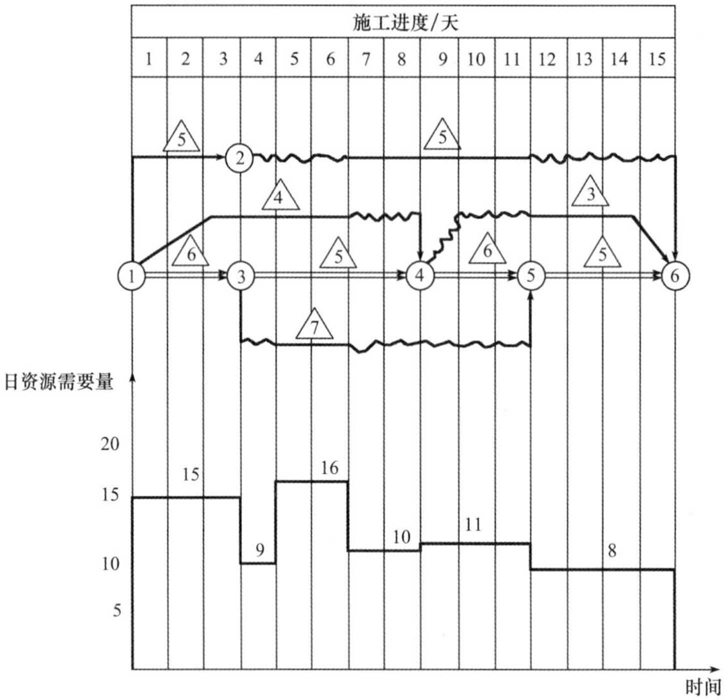

图 4-60 ③—⑤工作右移一天后的时标网络图

在图 4-60 的时标网络图的基础上考虑③—⑤工作是否再右移 1 天,因为 $R_7-(R_5-r_{3-5})=10-(16-7)=1>0$,不能右移 1 天。

再考虑③—⑤工作是否再右移 2 天,因为 $R_8-(R_6-r_{3-5})=10-(16-7)=1>0$,不能右移 2 天。

再考虑③—⑤工作是否再右移 3 天,因为 $R_9-(R_7-r_{3-5})=11-(10-7)=8>0$,不能右移 3 天。

同理考虑③—⑤工作是否再右移 4 天,因为 $R_{10}-(R_8-r_{3-5})=11-(10-7)=8>0$,不能右移 4 天,故③—⑤工作只能右移 1 天。

c. 对以节点④为结束点的非关键工作①—④进行调整。

$R_7-(R_1-r_{1-4})=10-(15-4)=-1<0$,故可右移一天,即 $T_{1-4}^{ES}=1$。

$R_8-(R_2-r_{1-4})=10-(15-4)=-1<0$,故可右移一天,即 $T_{1-4}^{ES}=2$。

可见工作①—④移到时段[3,8]内,均能使动态曲线的方差值减少,如图 4-61 所示。

④第二次调整。

a. 在图 4-61 的基础上,对以节点⑥为结束节点的工作②—⑥继续调整(④—⑥时差已用完)。

$R_{12}-(R_7-r_{2-6})=8-(14-5)=-1<0$,故可右移一天,即 $T_{2-6}^{ES}=7$。

$R_{13}-(R_8-r_{2-6})=8-(14-5)=-1<0$,故可右移一天,即 $T_{2-6}^{ES}=8$。

$R_{14}-(R_9-r_{2-6})=8-(11-5)=2>0$,不能右移。

可见工作②－⑥右移到时段[9,13]内均能使动态曲线的方差值减少,如图 4-62 所示。

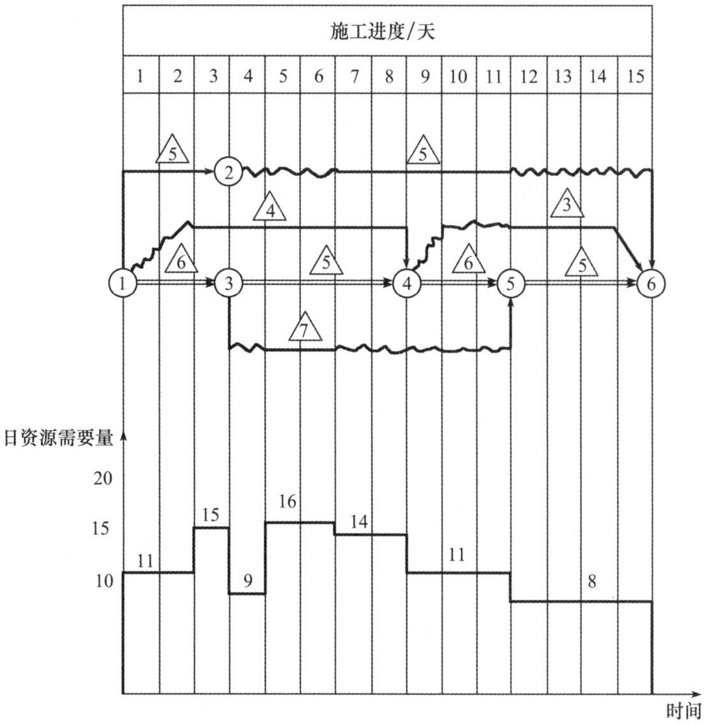

图 4-61　第一次调整后的时标网络图

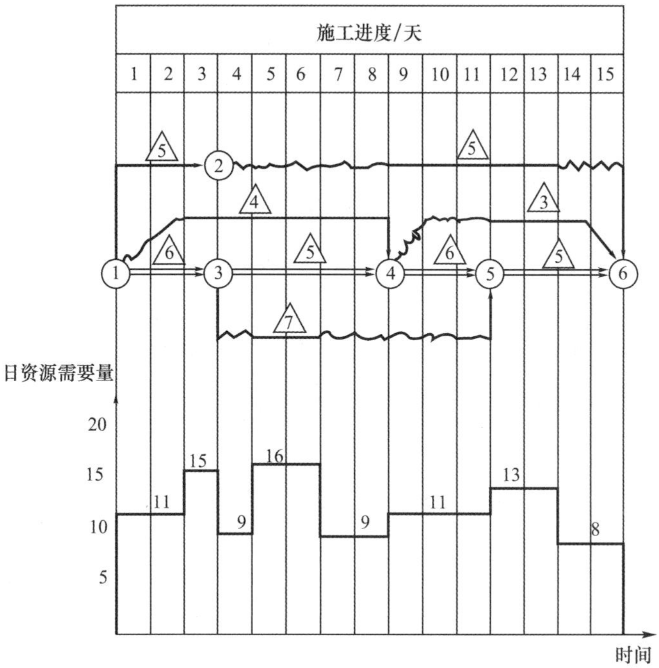

图 4-62　第二次调整后的时标网络图

b.分别考虑以节点⑤、④为结束点的各非关键工作的调整，计算结果表明都不能右移。从第二次调整后图4-62可以看出，优化后的资源动态曲线，最高峰日期每天资源需要量$R_{max}=16$，不均衡系数为：$K=\frac{16}{11.4}=1.4<1.84$。

2.资源有限、工期最短的优化

资源有限、工期最短的优化是指在满足资源限制条件下，寻求工期最短的施工计划。

(1)优化的前提条件

①优化过程中原网络计划的逻辑关系不改变。

②优化过程中网络计划的各工作持续时间不改变。

③除规定可中断的工作外，一般不允许中断工作，应保持其连续性。

④各工作每天的资源需要量是均衡、合理的，在优化过程中不予变更。

(2)优化是资源分配的原则

资源优化分配是指按各工作在网络计划中的重要程度，将有限的资源进行科学的分配，其原则如下：

①关键工作应优先满足，按每日资源需要量大小，以从大到小顺序供应资源。

②在满足关键工作资源供应后，对非关键工作应先考虑利用独立时差，然后考虑利用总时差，根据时差从大到小的顺序供应资源。

(3)优化步骤

①按最早开始时间绘制带时间坐标的网络计划图，找出关键线路和非关键工作的自由时差及总时差。

②计算并画出资源需要量曲线图，这条曲线是资源优化的初始状态。每日资源需要量曲线的每一变化都说明有工作在该时间点开始或结束。每日资源需要量不变且连续的一段时间称为时段。每一时段每日资源需要量的数值均要注明。

③在每日资源需要量曲线图中，从第一天开始，找到最先出现超过资源供应限额的时段进行调整。调整优化会使后面的发生变化，但在本时段优化时，对其他时段暂不考虑。

④本时段优化时，按资源优化分配的原则，对各工作的分配顺序进行列表编号，从第1号至第n号。

⑤按编号的顺序，依次将本段内工作的每日资源需要量r_{i-j}累加并逐次与资源供应限额R进行比较。当累加到第x号工作首先出现$\sum r_{i-j}>R$时，将第x号到第n号工作全部推移出本时段，使$\sum r_{i-j}\leqslant R$。

⑥画出工作推移后的时标网络图，进行每日资源需要量的重新叠加，从已优化的时段向后找到首先出现超过资源供应限额的时段进行优化。优化工作是重复第四步至第六步，直至所有的时段每日资源需要量都不再超过资源限额，资源优化工作即可结束。

【例 4.13】 如图 4-63 所示的网络计划，箭线上面△内的数据表示该工作每天的资源需要量 r_{i-j}，箭线下面的数据为工作持续时间 t_{i-j}。现假定每天可能供应的资源数量不超过 14 个单位，工作不允许中断，试进行资源有限、工期最短优化。

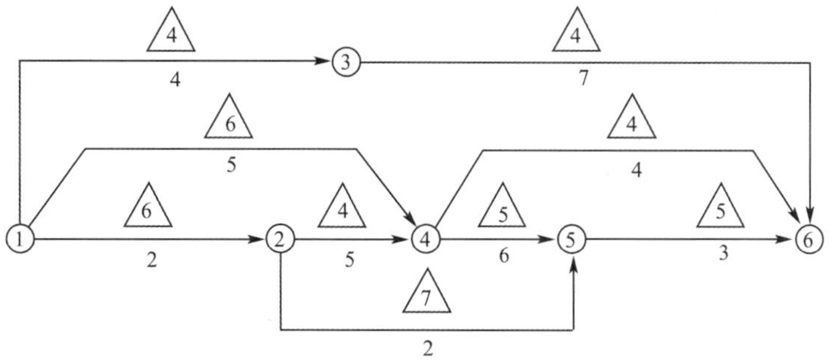

图 4-63　资源优化初始网络计划图

解：按最早开始时间绘制时标网络图，并画出资源需要量动态曲线，如图 4-64 所示。

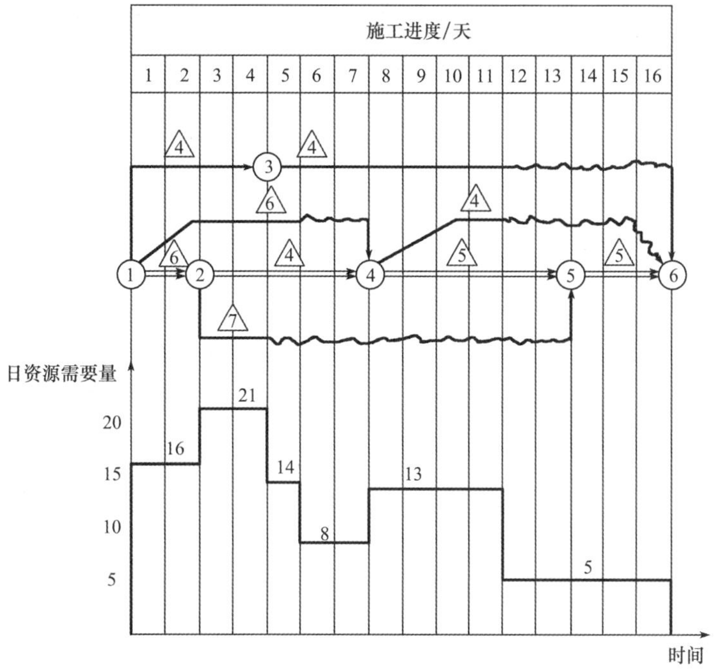

图 4-64　原始时标网络图

从图 4-64 中可以看出，时段[0,2]、[2,4]每天所需要的资源数量分别为 16 个和 21 个单位，均超出了可能供应的限制条件，所以计划必须调整。

调整工作首先从时段[0,2]开始，处于该时段内同时进行的工作有①－②、①－③、①－④，按资源分配原则，它们的编号顺序见表 4-10。

表 4-10　　编号顺序表

编号顺序	工作名称 $i-j$	每天资源需要量 r_{i-j}	编号依据
1	①—②	6	关键线路 $TF_{1-2}=0$
2	①—③	4	非关键工作 $TF_{1-3}=5$
3	①—④	6	非关键工作 $TF_{1-4}=2$

按编号顺序，对各工作每天资源需要量 r_{i-j} 进行分配，其中第一项分配 $r_{1-2}=6$，第二项分配 $r_{1-3}=4$，两项相加为 $6+4=10$，而第三项工作①—④每天需要量是 6，已经不够分配。因此，工作①—④推迟到下一时段开始，如图 4-65 所示。

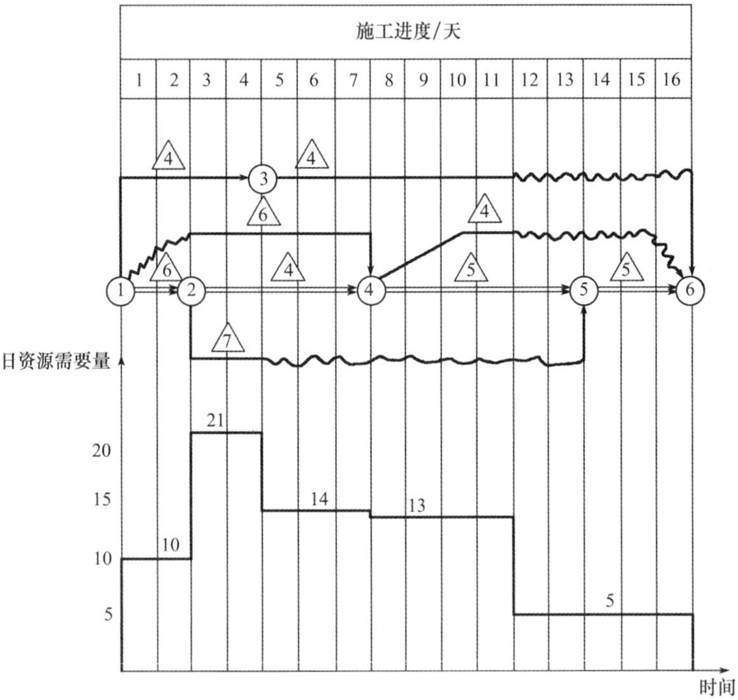

图 4-65　①—④推迟开始后的时标网络图

再研究时段[2,4]的调整，处于该时段内同时进行的工作有①—③、①—④、②—④、②—⑤，根据分配原则，它们的顺序见表 4-11。

表 4-11　　编号顺序表

编号顺序	工作名称 $i-j$	每天资源需要量 r_{i-j}	编号依据
1	②－④	4	关键线路 $TF_{2-4}=0$
2	①－④	6	非关键工作 $TF_{1-4}=0$(时差已用完)
3	①－③	4	非关键工作 $TF_{1-3}=5$
4	②－⑤	7	非关键工作 $TF_{2-5}=9$

按编号顺序，工作②—④、①—④、①—③三项每天的需要量之和为 4＋6＋4＝14，故工作②—⑤必须推到下一个时段开始。

工作②—⑤推迟开始后的时标网络图如图 4-66 所示。

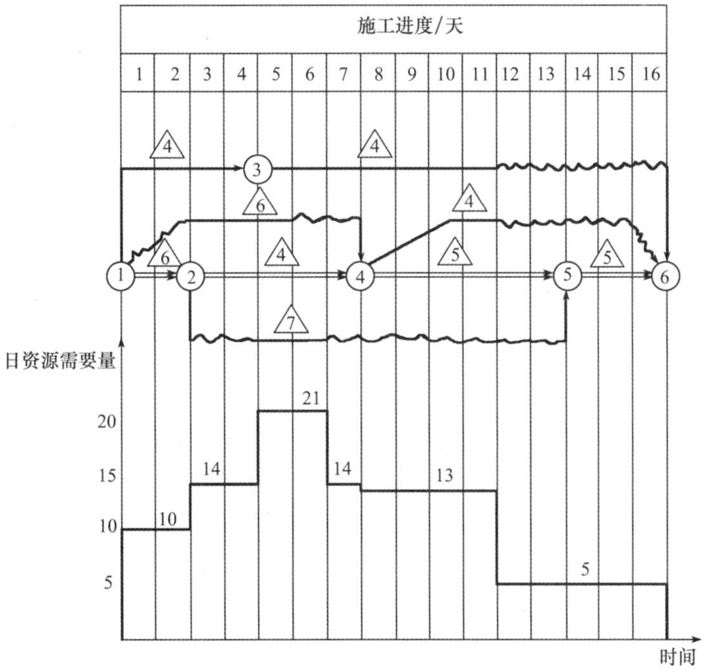

图 4-66　②—⑤推迟开始时间后的时标网络图

从图 4-66 可以看出，由于对时段[0,2]、[2,4]进行调整，致使时段[4,6]的资源数量达到了 21，故需再研究时段[4,6]的调整。处于该时段内同时进行的工作有②—④、①—④、②—⑤、③—⑥，根据分配原则，它们的顺序见表 4-12。

表 4-12　编号顺序表

编号顺序	工作名称 $i-j$	每天资源需要量 r_{i-j}	编号依据
1	②—④	4	关键线路 $TF_{2-4}=0$
2	①—④	6	非关键线路(时差已用完)
3	③—⑥	4	非关键工作 $TF_{3-6}=5$
4	②—⑤	5	非关键工作 $TF_{2-5}=7$

按编号顺序，工作②—④、①—④、③—⑥三项每天的需要量之和为 4＋6＋4＝14，因此，②—⑤都应推迟到下一个时段开始。

以此类推，继续以下各步调整，最后可得图 4-67 所示的资源有限、工期最短的时标网络图。

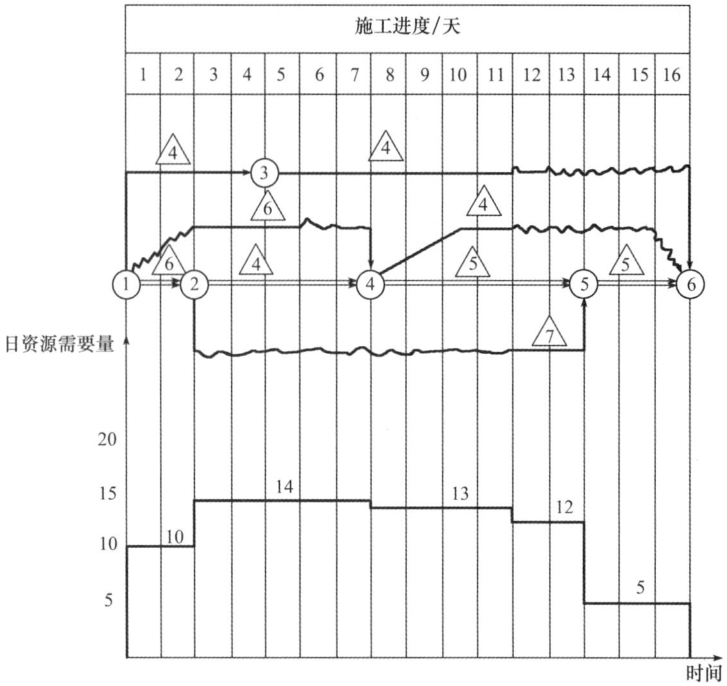

图 4-67　资源有限、工期最短的时标网络图

4.6.5 费用优化

一项工程或计划都是由许多必要的工作或工序组成的，这些工作或工序都有着各自的施工方法、施工机械、材料及持续时间等。根据这些因素和实际条件，一项工程可组成若干方式进行施工。而成本就是确定最优组合方式的一个重要技术经济指标。但是，在一定范围内，成本是随着工期的变化而变化的。这样一来，在工期与成本之间就存在最优解的平衡点。成本优化就是应用前述的网络计划方法，在一定约束条件下，综合考虑成本与工期两者的相互关系，以达到成本低、工期短这样的平衡点的定量方法。

1. 工期与成本的关系

工程成本包括直接费用和间接费用两部分。直接费用是指人工、材料、机械等与各项活动直接有关的费用；间接费用是指管理费用、销售费用等费用，它与各项活动时间无直接关系，而与工程周期长短直接相关。在一定范围内，直接费用是随着时间的延长而减少，而间接费用随着时间的延长而增加，如图 4-68 所示。

由图 4-68 可以看出：工程成本曲线是由直接费用曲线和间接费用曲线叠加而成的。曲线上的最低点就是工程计划的最优方案之一。此方案的成本最低，相对应的工期称为最优工期。

(1)间接费用曲线

表示间接费和时间成正比关系的曲线，通常用直线表示。其斜率表示间接费用在单位时间内的增加值(或减少值)。间接费用与施工单位的管理水平、施工条件、施工组织等有关。

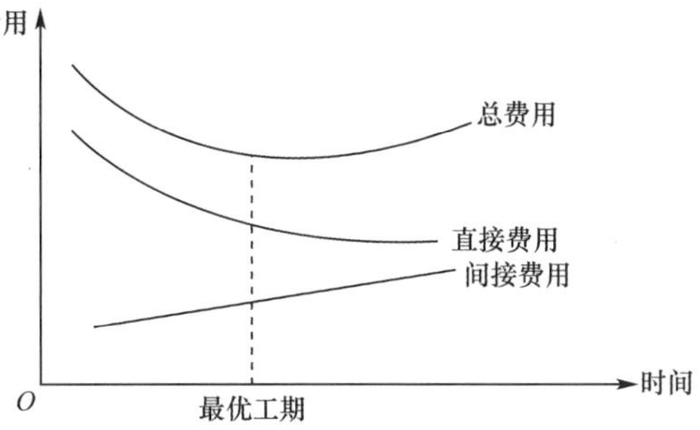

图 4-68　工期与成本关系图

(2)直接费用曲线

表示直接费用在一定范围内与时间成反比例关系的曲线。一般在施工中为了加快施工进度,采取加班加点或多班制作业,这样一来可能会增加许多非熟练工人,也可能增加了高价材料及劳动力,采用了高价的施工方法及机械设备等,这必然会导致直接费用的增加。然而,在施工中一定会存在一个极限工期,即最短工期,它所对应的直接费用为极限费用。另外,也同样存在着不管怎样延长工期也不能使直接费用再减少,此时的费用称为最低费用或正常费用,相对应的工期称为正常工期。

直接费用曲线实际上并不像反比例曲线那样圆滑,而是由一系列线段组成的折线,并且越接近最高费用,其曲线越陡。确定其曲线是一件麻烦事,而且就工程而言,也不需要这样精确,所以,为了简化计算,一般都将曲线近似表示为直线。其斜率为费用率,即表示单位时间内直接费用的增加(或减少)。其计算公式如下:

$$\Delta C_{i-j}=\frac{\mathrm{CM}_{i-j}-\mathrm{CN}_{i-j}}{\mathrm{TN}_{i-j}-\mathrm{TM}_{i-j}} \tag{4-23}$$

式中　ΔC——工作 $i-j$ 的直接费用率;

CM_{i-j}——工作 $i-j$ 最短持续时间所对应的直接费用;

CN_{i-j}——工作 $i-j$ 正常持续时间所对应的直接费用;

TN_{i-j}——工作 $i-j$ 的正常持续时间;

TM_{i-j}——工作 $i-j$ 的最短持续时间。

由公式(4-23)可以看出:直接费用率越大,则缩短工期时而增加的直接费用越多。故在进行工期-费用优化时,首先应缩短关键线路上 ΔC 值为最小的工作的作业时间。

2. 工期费用优化的原则

①关键线路上的工作优先。

②直接费用变化率小的工作优先。

③逐次压缩工作的作业时间以不超过最短时间为限。

3. 工期费用优化的步骤

①计算各工作的直接费用率。

②分别找出正常作业时间和最短持续时间网络计划中的关键线路,并求出相应的计算工期。

③计算正常时间条件下的工程总费用和最短时间下的工程总费用。

④逐步压缩关键线路的作业时间，找出最低费用时所对应的最佳工期。

每次优化以后，会引起关键线路的变化，因而要重新绘制网络图，寻找出关键线路，并进行方案组合。

4. 举例

【例 4.14】 根据表 4-13 中资料求最低成本与相应最优工期。间接费用：工期在 25 天内完成为 60 万，若工期超过 25 天，每天增加 5 万元。

表 4-13　　某网络计划的基本资料表

工序	正常工作时间		极限工作时间	
	持续时间/天	直接费用/万元	持续时间/天	直接费用/万元
①—②	20	60	17	72
①—③	25	20	20	30
②—③	10	30	8	44
②—④	12	40	6	70
③—④	5	30	2	42
④—⑤	10	30	5	60

解：①计算各工作的直接费用率，见表 4-14。

表 4-14　　各工作费用率计算表

工序	正常工作时间		极限工作时间		费用率 ΔC_{i-j}（万元/天）
	持续时间/天 TN	直接费用/万元 CN	持续时间/天 TM	直接费用/万元 CM	
①—②	20	60	17	72	4
①—③	25	20	20	30	2
②—③	10	30	8	44	7
②—④	12	40	6	70	5
③—④	5	30	2	42	4
④—⑤	10	30	5	60	6

②分别找出正常作业时间和最短持续时间网络计划中的关键线路并求出相应的计算工期，分别如图 4-69 和图 4-70 所示。

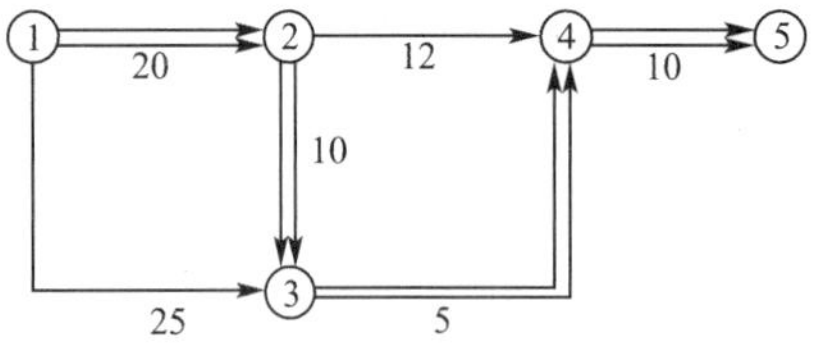

图 4-69　正常作业时间网络图

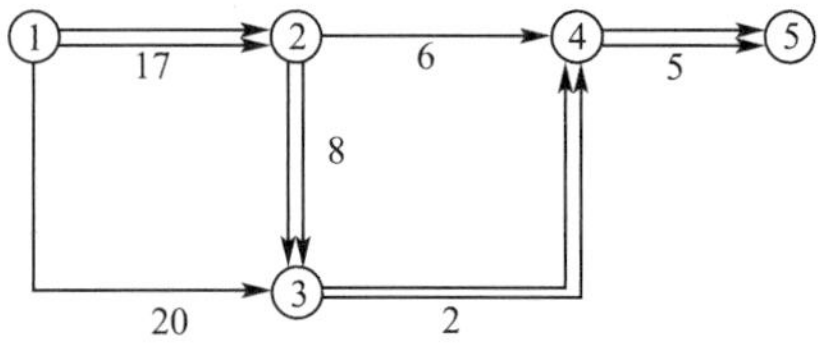

图 4-70　最短持续时间网络图

$\sum CN = 60 + 20 + 30 + 40 + 30 + 30 = 21$(万元)

$T_{CN} = 45$(天)

$\sum CM = 72 + 30 + 44 + 70 + 42 + 60 = 318$(万元)

$T_{CM} = 32$(天)

③进行工期缩短，选直接费用率最小的关键工作优先缩短。

从表 4-14 可以看出：①－②和③－④工作的直接费用率最小，故选其中一个工作进行缩短。

若缩短 ①－② 工作 3 天，则工期变为 $T_{CN1}=45-3=42$(天)，增加的直接费用为 $\Delta C_1=4\times 3=12$(万元)，总直接费用为 $\sum CN_1=210+12=222$(万元)，第一次压缩后的网络图如图 4-71 所示。

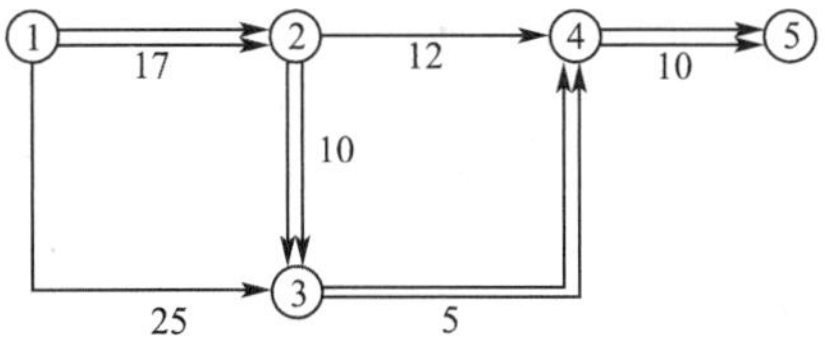

图 4-71　第一次压缩后的网络图

④由图 4-71 可知第一次压缩后关键线路没有发生变化，在余下的关键线路中③－④工作的直接费用率最小，故压缩③－④工作 3 天，则工期变为 $T_{CN2}=42-3=39$(天)，增加的直接费用为 $\Delta C_2=4\times 3=12$(万元)，总直接费用为 $\sum CN_2=222+12=234$(万元)，第二次压缩后的网络图如图 4-72 所示。

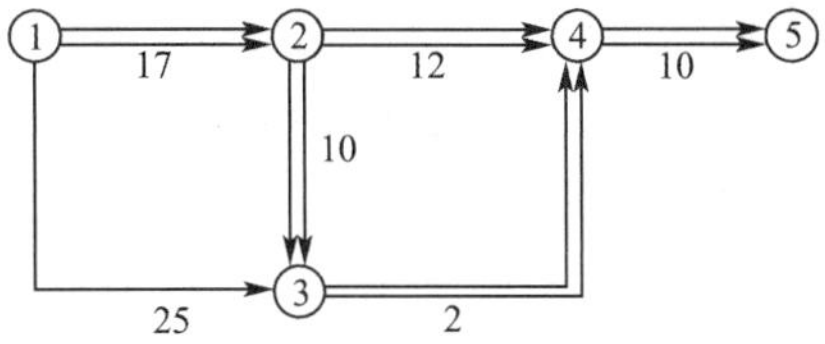

图 4-72　第二次压缩后的网络图

⑤由图 4-72 可知，第二次压缩后增加了一条关键线路，故应进行方案组合：

a. 压缩②－③和②－④工作，组合费用率为 7＋5＝12 万元/天；

b. 压缩④－⑤工作，费用率为 6 万元/天。

故选方案②，即压缩④－⑤工作 5 天，则工期变为 $T_{CN3}=39-5=34$(天)，增加的直接费用为 $\Delta C_3=6\times 5=30$(万元)，总直接费用为 $\sum CN_3=234+30=264$(万元)，第三次压缩后的网络图如图 4-73 所示。

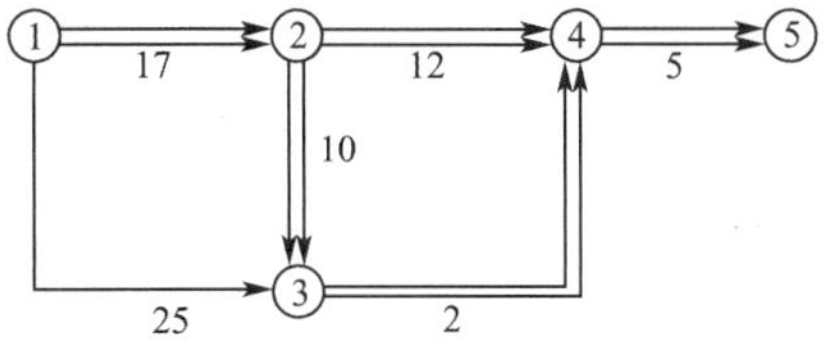

图 4-73　第三次压缩后的网络图

⑥由图 4-73 可知第三次压缩后关键线路没有发生变化，只有一个方案可压缩，即压缩②－③和②－④工作各 2 天，则工期变为 $T_{CN4}=34-2=32$(天)，已经达到了最短工

期，故网络图不能再压缩。第四次压缩增加的直接费用为 $\Delta C_4 = 12 \times 2 = 24$（万元），总直接费用为 $\sum CN_4 = 264 + 24 = 288$（万元），第四次压缩后的网络图如图 4-74 所示。

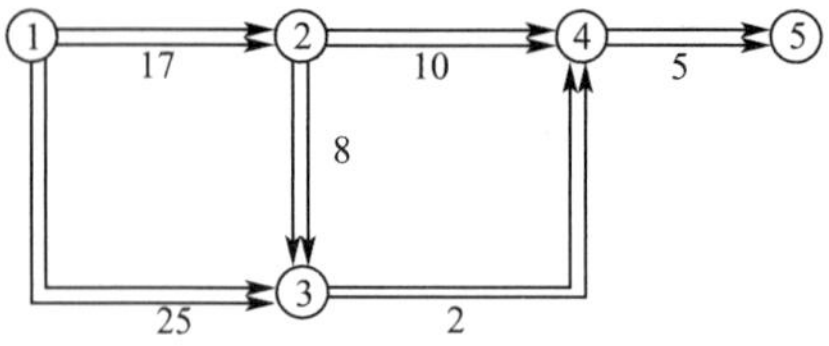

图 4-74　第四次压缩后的网络

⑦将上述工期和总费用进行计算，见表 4-15。

表 4-15　工期与费用汇总表

工期/天	直接费/万元	间接费/万元	总费用/万元
45	210	60＋20×5＝160	370
42	222	60＋17×5＝145	367
39	234	60＋14×5＝130	364
34	264	60＋9×5＝105	369
32	288	60＋7×5＝95	385

由表 4-15 可知：

①总费用最低时所对应的总工期为 39 天，即最优工期为 39 天。

②工期共缩短 45－32＝13 天，增加的直接费用为 288－210＝78 万元，而全部采用最短持续时间的工期也为 32 天，但所需的直接费用为 318 万元，采用优化方案所需直接费用为 288 万元，可节约 318－288＝30 万元。

思考与练习题

1. 什么是双代号网络图？其组成要素有哪些？

2. 什么是关键线路？如何确定关键线路？

3. 什么是虚工作？虚工作有何作用？

4. 双代号时标网络图有何特点？

5. 什么是总时差和自由时差？试说明其意义。

6. 根据给出的工作及逻辑关系，绘制双代号网络图，并通过六个时间参数计算找出关键线路并求出计算工期。

表 4-16

施工过程	A	B	C	D	E	F	G	H	I	J	K
紧前工作	无	A	A	B	B	E	A	D、C	E	F、G、H	I、J
持续时间	3	5	4	2	3	2	2	1	2	5	1

7. 将下列单代号网络图转换成双代号网络图。

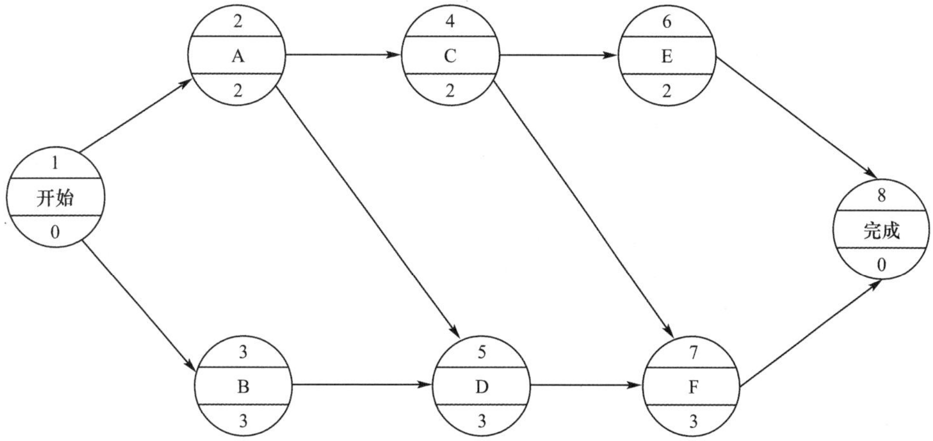

图 4-75

8. 将下列双代号网络图转换成单代号网络图。

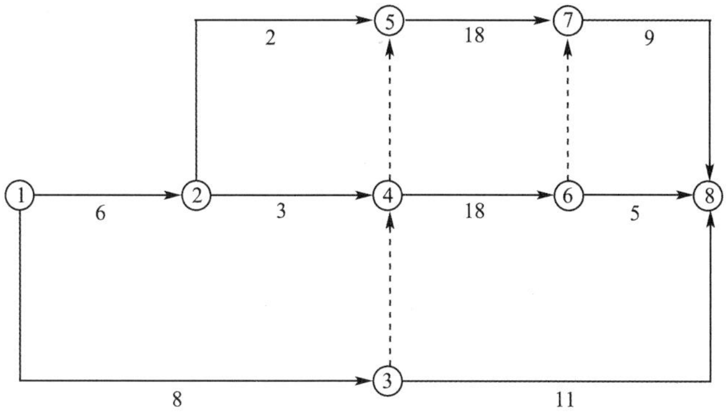

图 4-76

9. 已知某网络图的逻辑关系见表 4-17，试绘制早时标网络图并计算各工作的自由时差和总时差。

表 4-17

工作名称	A	B	C	D	E	F	G	H	I	J	K	L	M	N	P
紧前工作	—	A	A	A	B、D	B、C	D	E、F	C	H、	G、E	K、J	L	L	M、N
持续时间(天)	2	2	3	2	2	2	2	2	3	2	1	3	1.5	2	2

10. 已知网络计划如下图所示，要求工期为 11 天，试用时标网络图对其进行优化。箭线上方的数据表示优选系数，箭线下方括号外数据表示工作的正常持续时间，括号内数据表示工作的最短持续时间。

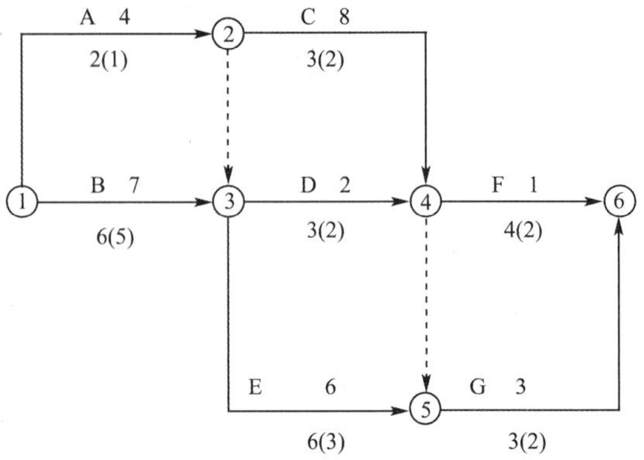

图 4-77

第5章 施工组织总设计

学习内容

本章主要介绍施工组织总设计的编制内容和编制方法，包括工程概况、施工部署、施工总进度计划、施工平面图、施工准备和各项资源量计划、计算技术经济指标，并附有施工组织总设计实例。

学习目标

了解施工组织总设计的定义、内容及编制依据；熟悉建设项目施工方案的选择方法；熟悉施工总进度计划及资源需要量计划的编制方法；掌握施工总平面图设计方法。

5.1 施工组织总设计概述

拓展阅读4

5.1.1 施工组织总设计的概念及作用

施工组织总设计是以一个建设项目或建筑群为对象，根据初步设计或扩大初步设计图纸以及其他有关资料和现场施工条件编制，用以指导整个施工现场各项施工准备和组织施工活动的技术经济资料，用以对整个建设项目的施工组织进行总体性指导、协调和阶段性目标控制与管理。一般由建设总承包单位或工程项目经理部的总工程师编制。其主要作用是：

①从全局出发，为建设项目或建筑群的施工做出全局性的战略部署。

②为做好施工准备工作、保证资源供应提供依据。

③为建设单位或业主编制工程建设计划提供依据。

④为施工单位编制施工计划和单位工程施工组织设计提供依据。

⑤为组织整个施工作业提供科学方案和实施步骤。

⑥为确定设计方案的施工可行性和经济合理性提供依据。

5.1.2 施工组织总设计的原则

编制施工组织总设计应遵循以下基本原则：

①遵守工期定额和合同规定的工程开竣工期限。总工期较长的大型建设项目可分期分批建设，配套投产或交付使用，尽早地发挥建设投资的经济效益。在确定分期分批施工的项目时，必须使每期交工的项目独立地发挥效用，与项目有关的附属辅助项目同时完工。

②合理安排施工程序与顺序。按照建筑施工的程序组织施工，能够保证各项施工活动相互促进、紧密衔接，加快施工速度，缩短工期。

③应用科学和先进方法进行编制。因地制宜地促进技术进步和建筑工业化的发展。

④从实际出发，做好人力、物力的综合平衡，组织均衡施工。

⑤尽量利用正式工程、原有或就近的已有设施，以减少各种暂设工程；尽量利用当地资源，合理安排运输、装卸与储存作业，减少物资运输量，避免二次搬运；精心进行场地规划布置，节约施工用地，不占或少占农田，防止施工事故，做到文明施工。

⑥实施目标管理。编制施工组织总设计的过程，也就是提出施工项目目标，实现目标的规划过程。因此，必须遵循目标管理原则，使目标分解得当，决策科学，实施有法。

⑦与施工项目管理相结合。施工项目管理必须事先进行规划，使管理工作有序地进

行。施工项目管理规划内容应在施工组织总设计的基础上进行扩展，使施工组织总设计不仅服务于施工和施工管理，而且服务于经营管理和施工管理。

5.1.3 施工组织总设计的编制依据

为了保证施工组织总设计的编制工作顺利进行并提高质量，使设计文件更能结合工程实际情况，更好地发挥施工组织总设计的作用，在编制施工组织总设计时，应具备下列编制依据：

1. 计划文件及有关合同

计划文件及有关合同包括国家批准的基本建设计划文件、概预算指标和投资计划、可行性研究报告及其批准文件、建设项目规划红线范围和用地批准文件、工程项目一览表、分期分批施工项目和投资计划、主管部门的批件、施工单位上级主管部门下达的施工任务计划、招投标文件及签订的工程承包合同、工程材料和设备的订货合同等。

2. 设计文件及有关资料

设计文件及有关资料包括已批准的建设项目的初步设计与扩大初步设计或技术设计的有关图纸、设计说明书、建筑总平面图、建设地区区域平面图、建筑竖向设计、总概算或修正概算等。

3. 工程勘察和原始资料

工程勘察和原始资料包括建设地区的地形、地貌、工程地质及水文地质、气象等自然条件；地区交通运输能力、能源、预制构件、建筑材料、地区进口设备和材料到货口岸及其转运方式、水电供应及机械设备等技术经济条件；建设地区的政治、经济、文化、生活、卫生等社会生活条件。

4. 现行规范、规程和有关技术规定

现行规范、规程和有关技术规定包括国家现行的施工及验收规范、操作规程、定额、技术规定和技术经济指标。

5. 类似工程的施工组织总设计和有关参考资料

类似工程的施工组织总设计和有关参考资料包括类似施工项目成本控制资料，类似施工项目工期控制资料，类似施工项目质量控制资料，类似施工项目安全、环保控制资料，类似施工项目技术新成果资料和类似施工项目管理新经验资料等。

5.1.4 施工组织总设计的编制程序

施工组织总设计编制的内容根据工程性质、规模、工期、结构的特点及施工条件的不同而有所不同，通常包括工程概况、施工部署、施工总进度计划、施工资源需要量计划、施工准备工作计划、施工总平面图和主要技术经济指标等。施工组织总设计的编制程序如图 5-1 所示。

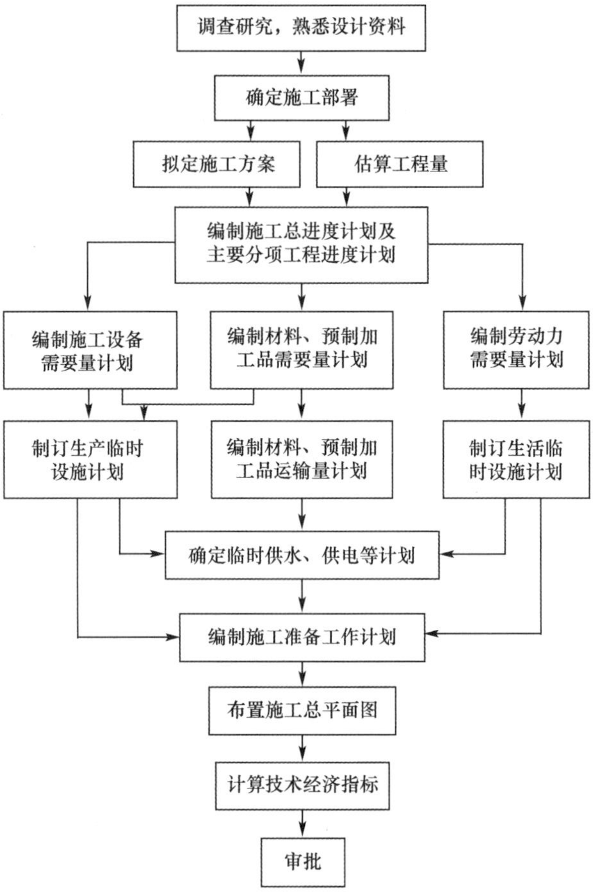

图 5-1　施工组织总设计的编制程序

5.1.5 施工组织总设计的内容

施工组织总设计的主要内容一般包括工程概况、施工部署和主要工程项目施工方案、施工总进度计划、施工准备工作计划、施工资源需要量计划、施工总平面图、主要技术组织措施、主要技术经济指标。

工程概况和特点分析是对整个建设项目的工程结构特征、施工难易程度、工期、质量以及各单位工程之间的内在联系所做的简要分析，从而采取一些相应的、对全局有影响的施工部署或措施，使工程施工进度快、质量好、成本低。一般包括以下内容：

1. 工程概况

工程概况是对整个建设项目的总说明和总分析，是对整个建设项目或建筑群所做的一个简单扼要、突出重点的文字介绍，有时为了补充文字介绍的不足，还可以附有建设项目总平面图，主要建筑的平、立、剖示意图及辅助表格。其主要包括建设项目构成状况(项目名称、性质、地理位置和建设规模)，建设项目的建设、勘察设计、施工和监理单位，建设地区自然条件状况，建设地区技术经济状况，施工项目施工条件等内容。

2. 施工部署和主要工程项目施工方案

施工部署主要包括施工总目标、施工管理组织、施工总体安排等内容。其中，施工管理组织又包括确定施工管理目标，管理工作内容，管理组织结构，确定管理程序、制度和考核标准。施工总体安排又包括调集施工力量、安排为全场性服务的施工设施、划分独立交工系统、确定单项工程开竣工时间和主要项目施工方案。因此，施工部署和主要工程项目施工方案是施工组织总设计的核心。

3. 施工总进度计划

施工总进度计划属于控制性计划，要根据施工部署要求，合理确定每个独立交工系统，以及单项工程控制工期，并使它们最大限度搭接起来。

4. 施工准备工作计划

根据施工项目的施工部署、施工总进度计划、施工资源计划和施工总平面布置要求编制施工准备工作计划。具体内容包括：

①按照建筑总平面图要求，做好现场控制网测量。

②认真做好土地征用、居民迁移和现场障碍物的拆除工作。

③组织对项目所采用的新结构、新材料、新技术试制和试验。

④优先落实大型施工设施工程，同时做好现场“三通一平”工作。

⑤落实建筑材料、构配件、加工品、施工机具和工艺设备加工或订货工作。

⑥认真做好人员岗前技术培训和组织工作。

5. 施工资源需要量计划

施工资源需要量计划又称施工总资源计划，包括劳动力需要量计划、材料和预制加工品需要量计划和施工设备需要量计划。

6. 施工总平面图

施工总平面图是反映整个施工现场的布置情况，具体布置方法见本章相关内容。

7. 主要技术组织方案

主要技术组织方案包括施工总质量计划、施工总成本计划、施工总安全计划、施工总环保计划、施工风险总防范等内容。

8. 主要技术经济指标

主要技术经济指标包括项目施工工期、质量、成本、消耗、安全和环保等其他施工指标。

5.2　施工部署与施工方案

施工部署是对建设工程的统筹规划和全面安排，是编制施工总进度计划的前提，主要解决影响建设项目全局的施工重大战略问题。施工部署的内容和侧重点根据建设项目的性质、规模和施工条件等客观因素不同而有所不同。一般包括以下内容：

5.2.1 明确项目管理结构和任务分工

明确项目管理机构、体制，划分各施工单位的任务，明确各承包单位之间的关系，建立施工现场统一的组织领导机构及其职能部门，确定综合和专业的施工队伍，划分施工阶段，确定各单位分期分批的主攻项目和穿插项目。应绘制项目经理部组织结构图，表明相互之间信息传递和沟通方法，人员的配备数量和岗位职责要求。项目经理部各组成人员的资质要求应符合国家有关规定。

5.2.2 确定工程开展程序

根据合同总工期要求合理安排工程开展的程序，即单位工程或分部工程之间的先后开工、平行或搭接关系，确定工程开展程序的原则是：

①在满足合同工期要求的前提下，分期分批施工。

②统筹安排，保证重点，兼顾其他，确保工程项目按期投产。

③所有工程项目均应按照先地下后地上、先深后浅、先干线后支线的原则进行安排。如地下管线和修筑道路的程序，应先铺设管线，后在管线上修筑道路。

④要考虑季节对施工的影响，把不利于某季节施工的工程，提前到该季节来临之前或推迟到该季节终了之后施工，并应保证工程进度和质量。

5.2.3 拟定主要项目施工方案

施工组织总设计中要拟定一些主要工程项目和特殊分项工程的施工方案，与单位工程施工组织设计中的施工方案所要求的内容和深度不同。这些项目是整个建设项目中工程量大、施工难度大、工期长，对整个建设项目的完成起关键作用的建筑物或构筑物，以及全场范围内工程量大、影响全局的特殊分项工程。拟定主要工程项目施工方案的目的是进行技术和资源的准备工作，同时也为了施工顺利进行和现场的合理布局。拟定主要项目施工方案时，应注意以下方面：

①施工方法要求兼顾技术的先进性和经济的合理性。

②根据工程量对资源合理安排。

③施工工艺流程要求兼顾各工种、各施工段的合理搭接。

④选用施工机械设备，要使主导机械既满足工程需要，又能发挥其效能。各大型机械在各工程上应进行综合流水作业，减少装、拆、运的次数。辅助配套机械的性能应与主导机械相适应。其中，施工方法和施工机械设备应重点组织安排。

5.2.4 编制施工准备工作计划

施工准备工作是顺利完成建设任务的重要阶段，必须从思想、组织、技术和物资供应等方面做好充分准备，所以应做好施工准备工作计划。其主要内容有：

①安排好场内外运输，施工用主干道，水、电来源及其引入方案。

②做好场地平整方案和全场性的排水、防洪方案。

③安排好生产、生活基地。在充分掌握该地区情况和施工单位情况的基础上，规划混凝土构件预制，钢、木结构制品及其他构件的加工等。

④安排好各种材料的库房、堆场用地和材料货源供应及运输。

⑤安排好冬、雨季施工的准备。

⑥安好场区内的宣传标志，为测量放线做好准备。

5.2.5 主要工种工程的施工方法

主要工种是指工程量大、占用工期长、对工程质量和进度起关键作用的工程，如土石方、基础、砌体、架子、模板、混凝土、结构安装、防水、装修工程以及管道安装、设备安装、垂直运输等工程。在确定主要工种工程的施工方法时，应结合建设项目的特点和当地施工习惯，尽可能采用先进合理、切实可行的专业化、机械化施工方法。

1. 专业化施工

按照工厂预制和现浇浇筑相结合的方针，提高建筑专业化程度，妥善安排钢筋混凝土构件生产、木制品加工、混凝土搅拌、金属构件加工、机械修理和砂石等的生产。要充分利用建设地区的预制件加工厂和搅拌站来生产大批量的预制件及商品混凝土。如建设地区的生产能力不能满足要求时，可考虑设置现场临时性的预制、搅拌场地。

2. 机械化施工

机械化施工是实现现代化施工的前提，要努力扩大机械化施工的范围，增添新型高效机械，提高机械化施工的水平和生产效率。在确定机械化施工总方案时应注意以下方面：

①所选主导施工机械的类型和数量既能满足工程施工的需要，又能充分发挥其效能，并能在各工程上实现综合流水作业。

②各种辅助机械或运输工具应与主导机械的生产能力协调配套，以充分发挥主导机械效率。如土方工程在采用汽车运土时，汽车的载重量应为挖土机斗容量的整数倍，汽车的数量应保证挖土机连续工作。

③在同一工地上，应使建筑机械的种类和型号尽可能少一点，以利于机械管理。尽量使用一机多能的机械，提高机械使用效率。

④机械选择应考虑充分发挥施工单位现有机械的能力，当本单位的机械能力不能满足工程需要时，应购置或租赁所需机械。

总之，所选机械化施工总方案应是技术上先进的和经济上合理的。

5.2.6 工程开展程序性

确定建设项目中各项工程的合理开展程序是关系到整个建设项目能否尽快投产使用的关键。根据建设项目总目标的要求，确定合理的工程建设项目开展程序，主要应考虑以下几个方面：

（1）对于一些大中型工业建设项目，一般要根据建设项目总目标的要求，分期分批建设，既可使各具体项目尽快建成、尽早投入使用，又可在全局上实现施工的连续性和均衡性，减少临时设施的数量，降低工程成本。至于在实施过程中分几期施工，每期工程包含哪些项目，则要根据生产工艺要求、建设部门要求、工程规模大小、施工难易程度、资金状况和技术资源情况等，由建设单位和施工单位共同研究确定。

对于大中型民用建设项目（如居民小区），一般也应分期分批建设。除考虑住宅以外，还应考虑幼儿园、学校、商店和其他公共设施的建设，以便交付使用后能及早发挥经济效益、社会效益和环境保护效益。

对于小型工业与民用建筑或大型建设项目的某一系统，由于工期较短或生产工艺的要求，也可不必分期分批建设，采取一次性建成投产。

（2）在统筹安排各类项目施工时，要保证重点、兼顾其他，确保工程项目按期投产。一般情况下，应优先考虑的项目是：

①按生产工艺要求，须先期投入生产或起主导作用的工程项目。

②工程量大，施工难度大，需要工期长的项目。

③运输系统、动力系统，如厂内外道路、铁路和变电站。

④供施工使用的工程项目，如各种加工厂、搅拌站等附属企业和其他为施工服务的临时设施。

⑤生产上优先使用的机修、车库、办公及家属宿舍等生活设施。

（3）一般工程项目均应按先地下后地上，先深后浅，先干线后支线的原则进行安排。例如，地下管线和筑路的程序，应先铺管线后筑路。

（4）应考虑季节对施工的影响。例如，大规模土方和深基础土方施工一般要避开雨期；寒冷地区应尽量使房屋在入冬前封闭，而在冬季转入室内作业和设备安装。

5.2.7 施工任务的划分与组织安排

在明确施工项目管理体制、机构的条件下，划分参与建设的各施工单位的施工任务，明确总包与分包的关系，建立施工现场统一的组织领导机构及职能部门，确定综合的和专业化的施工组织，明确各施工单位之间的分工与协作关系，划分施工阶段，确定各施工单位分期分批的主导施工项目和穿插施工项目。

5.2.8 全场临时设施的规划

根据工程开展程序和施工项目施工方案的要求，对施工现场临时设施进行规划，主要内容包括：安排生产和生活性临时设施的建设；安排原材料，成品、半成品，构件的运输和储存方式；安排场地平整方案和全场排水设施；安排场内外道路、水、电、气引入方案；安排场区内的测量标志；等等。

5.3 编制施工总进度计划

5.3.1 施工总进度计划的作用和基本要求

1. 施工总进度计划的作用

施工总进度计划是施工现场各项施工活动在时间上和空间上的体现。编制施工总进度计划是根据施工部署中的施工方案和施工项目开展的程序，对整个工地的所有施工项目做出时间上和空间上的安排。其作用在于确定各个建筑物及其主要工种、分项工程，准备工作和全工地性工程的施工期限及开工和竣工的日期，从而确定建筑施工现场上劳动力、原材料、成品、半成品、施工机械的需要量和调配情况，以及现场临时设施的数量、水电供应数量和能源、交通的需要量等。因此，正确编制施工总进度计划是保证各项目以及整个建设工程按期交付使用、充分发挥投资效益、降低建筑工程成本的重要条件。

2. 施工总进度计划的基本要求

施工总进度计划的基本要求是保证拟建工程在规定的期限内完成，发挥投资效益、施工的连续性和均衡性，节约施工费用。

5.3.2 施工总进度计划的编制原则

编制施工总进度计划的原则除满足施工组织设计的原则以外，还应考虑以下几点：

①严格遵守合同规定，把配套建设作为安排总进度的指导思想。

②以配套投产或交付使用为目标，区分各项工程的轻重缓急，把工艺调试靠前的、占用工期较长的、工程难度较大的项目安排在前；把工艺调试靠后的、占用工期较短的、工程难度较小的项目排列在后。

③在年度投资额分配上应尽可能将投资额小的工程项目安排在最初年度内施工；投资额大的工程项目安排在最后年度内施工，以减少投资贷款的利息。

④充分估计设计出图的时间和材料、设备、配件的到货情况，务必使每个施工项目的施工准备、土建施工、设备安装和试车运转的时间能合理衔接。

⑤将办公楼、宿舍、附属或辅助车间等作为调节项目穿插其中，以达到既能保证重点，又能实现均衡施工的目的。

⑥将土建工程中的主要分部分项工程和设备安装工程分别组织流水作业、连续均衡施工，以达到土方、劳动力、施工机械、材料和构件的五大综合平衡。

⑦在施工顺序安排上，除应本着先地下后地上、先深后浅、先干线后支线、先地下管线后道路的原则外，还应使为进行主要工程所必需的准备工程及时完成。主要工程应从全工地性工程开始，各单位工程应在全工地性工程基本完成后立即开工。充分利用永久性建筑和设施为施工服务，以减少暂设工程费用开支。充分考虑当地气候条件，尽可能减少雨期、冬季施工带来的附加费用。

5.3.3 施工总进度计划的编制步骤

1. 计算工程项目及全场性工程的工程量

施工总进度计划主要起控制总工期的作用，所以在项目划分时不宜过细。通常按分期分批投产顺序和工程开展顺序列出工程项目，并突出主要工程项目。一些附属项目及一些临时设施可以合并列出。

按工程开展顺序和单位工程计算主要实物工程量法。此时计算的目的是选择施工方案和主要的施工、运输机械；初步规划主要施工过程和流水施工；估算各项目完成时间；计算劳动力和物资的需要量。因此，工程量只需粗略计算即可。

计算工程量，可按初步设计图纸并根据各种定额手册进行计算。常用的定额资料有以下几种：

①万元、十万元投资工程量、劳动力及材料消耗扩大指标。这种定额规定了某一种结构类型建筑，每万元或十万元投资中，劳动力、主要材料等消耗数量。根据设计图纸中的结构类型，即可计算出拟建工程各分项工程需要的劳动力和主要材料的消耗数量。

②概算指标和概算定额。概算指标是以建筑物每 100 m^3 体积为单位；扩大结构定额是以每 100 m^2 建筑面积为单位。查定额时，首先查找与本建筑物结构类型、跨度、高度相类似的部分，然后查出这种建筑物按照定额单位所需要的劳动力和各项主要材料消耗量，从而推算出拟计算建筑物所需要的劳动力和材料的消耗数量。

③已建工程的资料。在缺少上述几种定额手册的情况下，可采用标准设计或已建成的类似房屋实际所消耗的劳动力及材料进行类比，按比例估算。但是，由于和拟建工程完全相同的已建工程是极为少见的，因此在采用已建工程资料时，一般都要进行折算、调整。

除建设项目本身外，还必须计算主要的全工地性工程的工程量，例如铁路及道路长度、地下管线长度、场地平整场地。这些数据可以从建筑总平面图上求得。

按上述方法计算出的工程量填入统一的工程量汇总表，见表 5-1。

表 5-1　工程项目工程量汇总表

工程项目分类	工程项目名称	结构类型	建筑面积	幢(跨)数	概算投资	主要实物工程量								
						场地平整	土方工程	桩基工程	…	砖石工程	钢筋混凝土工程	…	装饰工程	…
			1 000 m^2	个	万元	1 000 m^3	1 000 m^3	1 000 m^3		100 m^3	1 000 m^3		1 000 m^2	

2. 确定各单位工程的工期

应根据具体条件（施工技术与施工管理水平、机械化程度、劳动力水平和材料供应等）及单位工程的建筑结构类型、体积大小和现场地形、地质、施工条件、现场环境等因素综合考虑，确定各单位工程的工期。此外，也可参考有关工期定额来确定各单位工程的工期，但总工期应控制在合同工期以内。

3. 确定各单位工程的开竣工时间和相互搭接关系

在确定工期、施工程序和各工程的控制期限后，应对每一个单位工程的开竣工时间做具体确定。各单位工程工期确定应考虑以下因素：

①保证重点，兼顾一般。在安排进度时，要分清主次，抓住重点，同一时期进行的项目不宜过多，以避免人力、物力分散。

②满足连续性、均衡性施工的要求。尽量使劳动力和物资消耗在施工全程上均衡，以避免出现高峰或低谷；组织大流水作业，尽量保证各施工段能同时进行作业，达到施工的连续性，以避免施工段的闲置。为实现施工的连续性和均衡性，需留出一些后备项目，作为调节项目，穿插在主要项目的流水中。

③综合安排。土建施工、设备安装、试生产三者在时间上综合合理安排，缩短建设周期，尽快发挥投资效益。

④分期分批建设，发挥最大效益。在第一期工程完成同时，安排好第二期以及后期工程施工，在有限条件下，保证第一期工程，促进后期工程的施工进度。

⑤认真考虑施工总平面图的空间关系。在满足规范的要求下，充分考虑施工总平面的空间关系，对相邻工程的开工时间和施工顺序进行调整，以免互相干扰，并做到节省用地，布置紧凑。

⑥认真考虑各种条件限制。在考虑各单位工程开竣工时间和相互搭接关系时，还应考虑现场条件、施工力量、物资供应、机械化程度，以及设计单位提供图纸等资料的时间、投资等情况，同时还应考虑季节、环境的影响。总之，全面考虑各种因素，对各单位工程的开工时间和施工顺序进行合理调整。

4. 施工总进度计划的安排

施工总进度计划可以用横道图表达，也可以用网络图表达。由于施工总进度计划只起控制作用，且施工条件复杂多变，因此不必过细，过细不利于计划调整。当用横道图表达施工总进度计划时，项目的排列可按施工总体方案所确定的工程展开程序排列。横道图上应表达出各施工项目开竣工时间及其施工持续时间，见表 5-2。

表 5-2　施工总进度计划

序号	工程项目名称	结构类型	工程量	建筑面积	总工日	施工总进度计划														
						××××年					××××年					××××年				

近年来，随着网络计划技术的推广，采用网络图表达施工总进度计划已经在实践中得到广泛应用。采用时间坐标网络图表达施工总进度计划，不仅比横道图更加直观明了，可以表达出各施工项目之间的逻辑关系，还可以进行优化，实现最优进度目标、资源均衡目标和成本目标。同时，由于网络图可以应用计算机计算和输出，便于对进度计划进行调整、优化，统计资料数量与输出图表更为方便、迅速。

5. 调整和修正施工总进度计划

施工总进度计划表绘制完成后，将同一时期各项工程的工作量加在一起，用一定的比例画在施工总进度计划的底部，即可得出建设项目工程量的动态曲线。若曲线上存在较大的高峰和低谷，则表明在该时间内各种资源的需求量变化较大，需要调整一些单位工程的施工速度或开、竣工时间，以便消除高峰和低谷，使各个时期的工作量尽可能达到均衡。

6. 制定施工总进度保证措施

①组织保证措施。从组织上落实进度控制责任，建立进度控制协调制度。

②技术保证措施。编制施工进度计划实施细则，建立多级网络计划和施工作业周计划体系，强化事前、事中和事后进度控制。

③经济保证措施。确保按时供应资金，奖励工期提前有功者，经批准紧急工程可采用较高的计件单价，保证施工资源正常供应。

④合同保证措施。全面履行工程承包合同，及时协调分包单位施工进度，按时提取工程款，尽量减少业主提出工程进度索赔的机会。

5.4 编制资源需要量计划

在施工总进度计划编制以后，就可以编制各种主要资源需要量计划和施工准备工作计划。各项资源需要量计划是做好劳动力及物资的供应、平衡、调度、落实的依据。

5.4.1 劳动力需要量计划

劳动力需要量计划是规划临时设施工程和组织劳动力进场的依据。编制时，首先根据工程量汇总表中分别列出的各个建筑物的主要实物工程量，查预算定额或有关经验资料，便可求得各个建筑物主要工种的劳动量，再根据施工总进度表的各单位工程各工种的持续时间，即可得到某单位工程在某段时间里的平均工人数。将施工总进度计划表纵坐标方向上各单位工程同工种的人数叠加在一起并连成一条曲线，即为某工种的劳动力动态曲线图。其他工种也用同样方法绘成曲线图，从而根据劳动力曲线图列出主要工种劳动力需要量计划表，见表5-3。劳动力需要量计划是确定临时工程和组织劳动力进场的依据。

表 5-3　劳动力需要量计划

<table>
<tr><th rowspan="3">序号</th><th rowspan="3">工程品种</th><th rowspan="3">劳动量</th><th rowspan="3">施工高峰人数</th><th colspan="10">劳动力需要量计划</th><th rowspan="3">现有人数</th><th rowspan="3">多余或不足</th></tr>
<tr><th colspan="5">××××年</th><th colspan="5">××××年</th></tr>
<tr><th></th><th></th><th></th><th></th><th></th><th></th><th></th><th></th><th></th><th></th></tr>
<tr><td></td><td></td><td></td><td></td><td></td><td></td><td></td><td></td><td></td><td></td><td></td><td></td><td></td><td></td><td></td><td></td></tr>
<tr><td></td><td></td><td></td><td></td><td></td><td></td><td></td><td></td><td></td><td></td><td></td><td></td><td></td><td></td><td></td><td></td></tr>
</table>

注：1. 工程品种除生产工人外，应包括附属辅助用人（如机修、运输、构件加工、材料保管等）以及服务用工。

2. 表下应附分季度的劳动力动态曲线（纵轴表示人数，横轴表示时间）。

5.4.2 材料、构件和半成品需要量计划

根据工程量汇总表所列各建筑物的工程量，查定额或有关资料，便可得出各建筑物所需的建筑材料、构件和半成品的需要量。然后根据施工总进度计划表大致算出某些建筑材料在某一时间内的需要量，从而编制出建筑材料、构件和半成品的需要量计划，见表 5-4。这是材料供应部门和有关加工厂准备所需的建筑材料、构件和半成品并及时供应的依据。

表 5-4　主要材料、构件和半成品需要量计划

序号	工程名称	主要材料、构件和半成品需要量计划								
		水泥	砂	砖	…	混凝土	砂浆	…	木结构	…
		t	m^3	块		m^3	m^3		m^2	

5.4.3 施工机具需要量计划

根据施工进度计划、施工方案和工程量，套用机械产量定额，即可得到施工机具需要量计划，辅助机械可根据安装工程概算指标求得，从而编制施工机具需要量计划。施工机具需要量计划见表 5-5。

表 5-5　施工机械需要量计划

序号	机具名称	规格型号	数量	功率	施工机具需要量计划														
					××××年					××××年					××××年				

5.4.4 施工准备工作计划

为了落实各项施工准备工作，加强检查和监督，保证施工进度计划顺利执行，必须根据各项施工准备工作的内容、时间和人员，编制出施工准备工作计划，见表 5-6。

表 5-6 施工准备工作计划

序号	施工准备工作	内容	负责单位	负责人	起止时间		备注
					××××年	××月	

5.5 全场性暂设工程规划

5.5.1 工地加工厂组织

对于工地加工厂组织，主要是确定其建筑面积和结构，根据建设项目对某种产品的加工量来确定工地加工厂的类型和规模。

1. 工地加工厂的类型和结构

工地加工厂的类型主要有混凝土构件预制厂、木材车间、模板加工车间、钢筋加工厂、金属构件加工厂和机械修理厂等。对于公路、桥梁路面工程还需要有沥青混凝土加工厂。

工地加工厂的结构应根据使用情况和当地条件而定，一般使用期限较短的，可采用简单结构；使用期限较长的，宜采用坚固耐久的结构形式或采用拆装式活动房屋。

2. 工地加工厂面积确定

工地加工厂面积可用下式确定

$$F=\frac{KQ}{TS\alpha} \tag{5-1}$$

式中 F——需建筑面积，m^2；

Q——施工总量，m^3 或 kg；

K——均衡系数，取 1.3～1.5；

T——施工总时间，月；

S——平方米场地月平均产量，$m^3/(月 \cdot m^2)$或 $kg/(月 \cdot m^2)$；

α——工地或建筑面积利用系数，取 0.6～0.7。

对于混凝土搅拌站其面积公式为：

$$F=NA \tag{5-2}$$

式中 F——需建筑面积，m^2；

N——搅拌机台数，台；

A——每台搅拌机所需面积，m^2，并由工艺确定。

搅拌机台数确定：

$$N=\frac{QK}{TR} \tag{5-3}$$

式中　Q——混凝土需要总量，m^3；

K——均衡系数，取 1.5；

T——混凝土工程施工总工期，工日；

R——混凝土搅拌机台班产量，m^3/台班。

5.5.2　地仓库组织

1. 仓库的类型和结构

(1)按工地仓库的用途分

①转运仓库：设在火车站、码头附近用来转运货物。

②中心仓库：用于储存整个工程项目工地、地域性施工企业所需的材料。

③现场仓库(包括堆场)：专为某项工程服务的仓库，一般建在现场。

④加工厂仓库：用于某加工厂储存原材料、已加工的半成品、构件等。

(2)按工地仓库的结构形式分

①露天仓库：用于堆放不因自然条件而受影响的材料，如砂、石、混凝土构件等。

②库房：用于堆放易受自然条件影响而发生性能、质量变化的物品，如金属材料、水泥、贵重建筑材料、五金材料、易燃、易碎品等。

2. 工地物资储备量的确定

工地物资储备量一方面要保证施工的连续性，另一方面要避免材料的大量积压，从而造成仓库面积过大，增加投资。储备量根据工程具体情况而定，对于场地小，运输方便的可少储备；对于运输不便，受季节影响的材料可多储备。

对经常或连续使用的材料，如砖、瓦、砂、石、水泥、钢材等可按储备期计算其储备量：

$$P = T_C \frac{Q_i K_j}{T} \tag{5-4}$$

式中　P——材料的储备量，m^3 或 kg；

T_C——储备期定额，天；

Q_i——材料、半成品等总需要量；

T——有关项目施工总工作日；

K_j——材料使用不均衡系数。

3. 确定仓库面积

$$F = \frac{P}{qK} \tag{5-5}$$

式中　F——仓库面积，m^2；

P——仓库材料储备量；

q——每平方米仓库面积能存放材料、半成品和成品的数量；

K——仓库面积利用系数(应考虑人行道和车道所占面积)。

在设计仓库时，除确定仓库面积外，还要确定仓库的平面尺寸(长和宽)。仓库长度应满足装卸货物的需要，即必须保证一定长度的装卸前线。一般装卸前线长度可按下式计算：

$$L = n \cdot l + a(n+1) \tag{5-6}$$

式中 L——前线长度,m;

l——工具长度,m;

n——卸货的运输工具数;

a——两个运输工具的间距,火车运输时 $a=1$ m;汽车运输时,端卸 $a=1.5$ m,侧卸 $a=2.5$ m。

5.5.3 工地运输组织

1. 工地运输组织方式及特点

(1)运输方式

运输方式一般有铁路运输、公路运输、水路运输、特种运输等。根据运输量大小、运货距离、货物性质、现有运输条件、装卸费用等各方的因素选择运输方式。

(2)运输特点

①铁路运输具有运量大、运距长、不受自然条件限制的优点,但投资大、筑路难度大,因此,只有在建有永久性铁路的沿线才可考虑此种方式。

②汽车运输机动性大,操作灵活,行驶速度快,适合各类道路和各种货物,可直接运到使用地点,但汽车运量小,一般对于运量不大,货物分数,无铁路和地形复杂的地区适于此种方式。

③水路运输比较经济,但需要在码头上有转运仓库,一般在可能的条件下,尽量采用水路运输,可节约运输成本。

2. 确定运输总量

工程项目所需材料、设备及其他物资均需要从工地以外运来,其运输总量应按工程实际需要量确定,同时还应考虑工程项目每日对物资的需求,确定日货运量。

日货运量按下式计算:

$$q = \frac{\sum Q_i L_i}{T} K \tag{5-7}$$

式中 q——日货运量,t·km;

Q_i——各种货物的需要量;

L_i——各种货物从发货地到储存地的距离,km;

T——工程项目施工总工日;

K——运输工作不均衡系数,铁路运输取 1.5,汽车运输取 1.2。

3. 确定运输方式

在选择运输方式时,应考虑各种影响因素,如运量大小、运距长短、货物性质、路况及运输条件、自然条件等,另外还应考虑经济条件,如装卸、运输费用。

一般情况下,在选择运输方式时,应尽量利用已有的永久性道路(水路、铁路、公路),通过经济分析,确定一种或集中联合的运输方式。

4. 确定运输工具数量

运输方式确定后,就可以计算运输工具数量。每一工作班次所需运输工具数量为:

$$n=\frac{q}{cb}K_i \tag{5-8}$$

式中　n——每一工作班次所需运输工具数量；

c——运输台班的生产率；

b——每日的工作班次；

K_i——运输工具使用不均衡系数，火车可取 1.0，汽车取 1.2～1.6，马车取 2，拖拉机取 1.65。

5.5.4 办公、生活福利设施组织

工程项目建设必须考虑施工人员的办公、生活福利房及车库、仓库、加工、修理车间等设施的建设。

1. 办公及福利设施的类型

①行政管理类：包括办公室、传达室、车库等。

②生活福利类：包括宿舍、医务室、浴室、招待所、图书室、娱乐室等。

2. 工地人员的分类

①直接参与施工生产的工人：包括建筑安装工人，装卸、运输工人等。

②辅助施工生产的工人：包括机修工人、仓管人员、加工厂工人、动力设施管理人员等。

③行政、技术管理人员。

④生活服务人员：包括食堂、图书馆、商店、医务等人员。

⑤家属。

3. 办公及福利设施的规划与实施

办公及福利设施应根据工程项目中的用人情况来确定。

(1)确定人员数量

①一般情况下，直接生产的工人(基本工人)数量用下式计算：

$$n=\frac{T}{t}K_2 \tag{5-9}$$

式中　n——直接生产的工人数量；

T——工程项目年(季)度所需总工作日；

t——年(季)度有效工作日；

K_2——每(季)度施工不均衡系数，取 1.1～1.2。

②非生产人员数量根据国家规定按比例计算，也可按各施工企业的情况确定。

③家属数量视工地情况而定。工期短、距离近的家属少安排些；工期长、距离远的家属多安排些。

(2)确定办公及福利设施的建筑面积

工地人员数量确定后，可按实际人数确定其建筑面积：

$$S=NP \tag{5-10}$$

式中　S——建筑面积，m^2；

N——人数；

P——建筑面积指标。

5.5.5 工地供水组织

工地供水主要有三种类型：生产用水、生活用水和消防用水。工地供水的主要内容有：确定用水量、选择水源、确定供水系统。

1. 确定用水量

(1)生产用水，包括工程施工用水、施工机械用水。

①工程施工用水 q_1

$$q_1=K_1\frac{Q_1N_1K_2}{8\times 3\ 600T_1b} \tag{5-11}$$

式中 q_1——工程施工用水量，L/s；

K_1——未预见的施工用水系数(1.05～1.15)；

Q_1——年(季)度工程量(以实物计量单位表示)；

N_1——施工用水定额(查阅有关资料)；

T_1——每(季)度有效工作日，天；

b——每天工作班数，次；

K_2——用水不均衡系数，工程施工用水取 1.5，生产企业用水取 1.25。

②施工机械用水量 q_2

$$q_2=K_1Q_2N_2\frac{K_3}{8\times 3\ 600} \tag{5-12}$$

式中 q_2——施工机械用水量，L/s；

K_1——未预见的施工用水系数(1.05～1.15)；

Q_2——同种机械台数，台；

N_2——该种机械台班用水定额；

K_3——施工机械用水不均衡系数，一般施工机械、运输机械用水取 2.00；动力设备用水取 1.05～1.10。

(2)生活用水，包括现场生活用水和生活区生活用水。

①现场生活用水量 q_3

$$q_3=\frac{P_1N_3K_4}{3\times 3\ 600b} \tag{5-13}$$

式中 q_3——现场生活用水量，L/s；

P_1——施工现场高峰人数；

N_3——施工现场生活用水定额，视当地气候、工种而定，工地全部生活用水取 100～120 L/人·日；

K_4——现场生活用水不均衡系数，取 1.30～1.50；

b——每天工作班数，次。

②生活区生活用水量 q_4

$$q_4=\frac{P_2N_4K_5}{24\times 3\ 600} \tag{5-14}$$

式中　q_4——生活区生活用水量，L/s；

P_2——生活区人数；

N_4——生活区每人每天生活用水定额（查阅有关资料）；

K_5——生活区每日用水不均衡系数，取 2.00～2.50。

(3)消防用水 q_5

消防用水包括生活区消防用水和施工现场消防用水，应根据工程项目大小及居住人数确定（查阅有关资料）。

(4)总用水量

生产用水、生活用水和消防用水不同时使用，日常中只使用生产用水和生活用水，消防用水是在特殊情况下使用的，故总用水量不能简单地几项相加，而应考虑三者有效组合，既满足生产用水和生活用水，又有消防储备。一般可分为以下三种组合：

①当 $q_1+q_2+q_3+q_4<q_5$ 时，取 $Q=1/2(q_1+q_2+q_3+q_4)+q_5$。

②当 $q_1+q_2+q_3+q_4\geqslant q_5$ 时，取 $Q=q_1+q_2+q_3+q_4$。

③当工地面积小于 5 公顷，并且 $q_1+q_2+q_3+q_4<q_5$ 时，取 $Q=q_5$。

2. 水源选择和确定供水系统

(1)水源选择

工程项目临时供水水源有供水管道供水和天然水源供水两种方式。最好采用附近居民区现有的供水管道供水，只有当工地附近没有供水管道或供水管道无法使用，以及供水量难以满足施工要求时，才使用天然水源供水（如江、河、湖、井等）。

选择水源应考虑的因素：

①水源充足、可靠，能满足最大需求量要求。

②能满足生活饮用水、生产用水的水质要求。

③取水、输水、净水设施安全、可靠。

④施工、运转、管理和维护方便。

(2)确定供水系统

供水系统由取水设施、净水设施、储水构筑物、输水管道、配水管道等组成。通常情况下，综合工程项目首建工程应是永久性供水系统，只有在工期紧迫时才修建临时供水系统，如果已有供水系统，可以直接从供水源接输水管道。

①确定取水设施。取水设施一般由取水口、进水管和水泵组成。取水口距河底（或井底）一般不小于 0.25～0.90 m，在冰层下部边缘的距离不小于 0.25 m。所用水泵应具有足够的抽水能力和扬程。

②确定贮水构筑物。贮水构筑物一般有水塔、水池和水箱。临时供水不能连续供水，需设置贮水构筑物，其容量由每小时消防用水量决定，但不得少于 10～20 m^3。

贮水构筑物高度应根据供水范围、供水对象位置及水塔本身位置来确定。

③确定供水管内径

$$D=\sqrt{\frac{4\times 1\ 000Q}{\pi V}} \tag{5-15}$$

式中 D——供水管内径，mm；

Q——用水量，L/s；

V——管网中水流速度，m/s，一般取 1.5～2.0。

根据已确定的管径和水压的大小来选择供水管，一般宜采用钢管。

5.5.6 工地临时供电组织

工地临时供电组织包括计算总用电量、选择电源、确定导线截面面积、确定变压器和布置配电线路。

1. 计算总用电量

施工现场用电一般可分为动力用电和照明用电两类。在计算总用电量时，应考虑全工地动力用电功率、全工地照明用电功率、施工高峰用电量三种因素。

总用电量按下式计算：

$$P=(1.05\sim1.10)\left(K_1\frac{P_1}{\cos\varphi}+K_2P_2+K_3P_3+K_4P_4\right) \tag{5-16}$$

式中 P——供电设备总需要容量(kW)；

P_1——电动机额定功率(kW)；

P_2——电焊机额定功率(kW)；

P_3——照明容量(kW)；

P_4——室外照明容量(kW)；

$\cos\varphi$——动机的平均功率因数(在施工现场最高为 0.75～0.78，一般为 0.65～0.75)；

K_1——设备同时使用系数，当用电设备(电动机)在 10 台以下时，取 0.75；10～30 台时，取 0.70；30 台以上时，取 0.60；

K_2——电焊机同时使用系数，当电焊机在 10 台以下时，取 0.60；10 台以上时，取 0.50；

K_3——室内照明设备同时使用系数，一般取 0.8；

K_4——室外照明设备同时使用系数，一般取 1.0。

其他机械动力设备以及工具用电可参考有关定额。

由于照明用电量远小于电动用电量，故当单班施工时，其用电总量可以不考虑照明用电量。

2. 选择电源

选择电源应考虑的几种方案：

①完全由工地附近的电力系统供电。

②工地附近的电力系统能供给一部分电，工地需增设临时电站补充不足部分。

③工地属于新开发地区，附近没有供电系统，电力则应由工地自备临时供电。

根据实际情况确定供电方案。一般情况下是将工地附近的高压电网引入工地的变压器进行调配。其变压器功率可由计算所得：

$$P=\frac{K\sum P_{max}}{\cos\varphi} \tag{5-17}$$

式中　P——变压器的功率，kW；

K——功率损失系数，取 1.05；

$\sum P_{max}$——各施工区的最大计算功率，kW；

$\cos\varphi$——功率因数，一般取 0.75。

根据计算结果，从产品目录中选取略大于该计算结果的变压器。

3. 确定导线截面面积

导线的自身强度必须能承受拉力和机械性损伤，耐受因电流而产生的温升，并且其电压损失在允许范围之内。只有导线正常传输电流，才能保证用电需要。

选择导线截面时，应先根据电流强度选择，保证导线通过最大负荷电流而其温度不超过规定值；再根据允许电压降选择；最后根据导线的机械强度进行校核。

(1)按电流强度选择

①三相四线制线路上的电流可按下式计算

$$I=\frac{P}{\sqrt{3}V\cos\varphi} \tag{5-18}$$

②二相三线制线路上的电流可按下式计算

$$I=\frac{P}{\sqrt{3}V\cos\varphi} \tag{5-19}$$

式中　I——电流值(A)；

P——功率(W)；

V——电压(V)；

$\cos\varphi$——功率因素，临时网络可取 0.70～0.75。

导线厂家根据导线的容许温升，列出了各类导线在不同条件下的持续容许电流值，在选择导线时，导线中的电流不得超过此值。

(2)按允许电压降选择

导线应满足所需的允许电压，其本身引起的电压降必须限制在一定范围内。导线需承受负荷电流长时间通过所引起的温升，故其自身电阻越小越好。因此，导线的截面是关键因素，可由下式计算：

$$S=\frac{PL}{c\varepsilon} \tag{5-20}$$

式中　S——导线截面面积，mm^2；

P——电功率或路线输送的电功率，kW；

L——输电线路的距离，m；

c——系数，视导线材料、输电电压及配电方式而定。在三相四线制配电时，铜线为 77.0，铝线为 46.3；在二相三线制配电时，铜线为 34.0，铝线为 20.5。

(3)按机械强度校核

导线在各种敷设方式下,应按其强度需要,保证必需的最小截面,以防断裂。通过以上三个条件选择的导线,取截面面积最大值作为现场使用的导线。

5.6 施工总平面图设计

施工总平面图是拟建项目施工场地的总布置图。它是按照施工部署、施工方案和施工总进度计划的要求,将施工现场的交通道路、材料仓库、附属企业、临时房屋、临时水电管线等做出合理的规划布置,从而正确处理全工地施工期间所需各项临时设施和永久建筑以及拟建项目之间的空间关系,指导现场进行有组织、有计划的文明施工。

5.6.1 施工总平面图设计的内容

(1)一切地上、地下的已有和拟建建筑及其他设施的位置和尺寸。

(2)一切为全工地施工服务的临时设施布置位置,包括:

①施工用地范围、施工用道路。

②加工厂及有关施工机械的位置。

③各种材料仓库、堆场及取土弃土位置。

④办公、宿舍、福利设施等建筑的位置。

⑤水源、电源、变压器、临时给水排水管线、通信设施、供电线路及动力设施位置。

⑥机械站、车库位置。

⑦一切安全、消防设施位置。

(3)永久性测量放线标桩位置。

5.6.2 施工总平面图设计的原则

施工总平面图设计的原则是平面紧凑合理,方便施工流程,运输方便通畅,降低临建费用,便于生产生活,保护生态环境,保证安全可靠。

①平面紧凑合理是指少占农田、减少施工用地,充分调配各方面的布置位置,使其合理有序。

②方便施工流程是指施工区域的划分应尽量减少各工种之间的相互干扰,充分调配人力、物力和场地,保持施工均衡、连续、有序。

③运输方便通畅是指合理组织运输,减少运输费用,保证水平运输、垂直运输畅通无阻,保证不间断施工。

④降低临建费用是指充分利用现有建筑作为办公、生活福利等用房,尽量少建临时性设施。

⑤便于生产生活是尽量为生产工人提供方便的生产生活条件。

⑥保护生态环境是指需要注意保护施工现场及周围环境，如能保留的树木应尽量保留，对文物及有价值的物品应采取保护措施，对周围的水源不应造成污染，垃圾、废土、废料不随便乱堆放等，做到文明施工。

⑦保证安全可靠是指应安全防火、安全施工。

5.6.3 施工总平面图设计的依据

①设计资料包括建筑总平面图、地形地貌图、区域规划图、建设项目范围内有关的一切已有和拟建的各种地上、地下设施及位置图。

②建设地区资料包括当地自然条件和经济技术条件、当地资源供应状况和运输条件等。

③建设概况包括施工方案、施工进度计划，以便了解各施工阶段情况，合理规划施工现场。

④物资需求资料包括建筑材料、构件、加工品、施工机械、运输工具等物资的需要量，以规划现场运输线路和材料堆场等位置。

⑤各构件加工厂、仓库、临时性建筑的位置和尺寸。

5.6.4 施工总平面图设计的步骤

1. 场外交通的引入

(1)铁路运输

一般将铁路先引入工地两侧，当整个工程进展到一定程度，才可以把铁路引到工地中心区。此时，铁路对每个施工区都不应有干扰。

(2)水路运输

大量物资由水路运输时，应充分利用原有码头的吞吐能力。当原有码头能力不足时，应考虑增设码头，其码头数量不应少于两个，且宽度应大于 2.5m。一般码头距施工现场有一定距离，故应考虑在码头建仓储库房，以解决码头至工地的运输问题。

(3)公路运输

由于公路布置较为灵活，一般将仓储、加工厂等生产性临时设施布置在最方便、最经济合理的地方，而后再布置通向场外的公路线。

2. 仓库与材料堆场的布置

仓库与材料堆场布置应考虑下列因素：

①尽量利用永久性仓库，节约成本。

②仓库和材料堆场位置距使用地尽量接近，减少二次搬运。

③当有铁路时，尽量将其布置在铁路路线旁边，而且应该设在靠工地一侧，避免内部运输跨越铁路。

④根据材料用途设置仓库和材料堆场。砂、石、水泥等布置在搅拌站附近；钢筋、木材、金属结构等布置在加工厂附近；油库、氧气库等布置在偏僻、安全处；砖和预制件等直接使用材料应布置在施工现场，并在起重设备吊装半径内。

3. 加工厂布置

加工厂一般包括搅拌站、构件预制厂、钢筋加工厂、木材加工厂、金属结构加工厂等。布置这些加工厂时主要考虑来料加工和成品、半成品的总运输费用最小，且加工厂的生产和施工互不干扰。

①搅拌站布置：根据工程情况可采用集中、分散或集中与分散相结合三种方式布置。现浇混凝土量大、运输条件好时，宜在工地设混凝土搅拌站；运输条件较差时，则宜采用分散搅拌。

②构件预制厂布置：一般建在空闲地带，既能安全生产，又不影响现场施工。

③钢筋加工厂布置：根据不同情况，采用集中或分散布置。对于冷加工、对焊、电焊的钢筋网等宜集中布置，设置中心加工厂，其位置应靠近构件预制厂；对于小型加工件，利用简单机具即可加工的钢筋，可在靠近使用地分散设置加工棚。

④木材加工厂布置：根据木材加工的性质、数量，采用集中或分散布置。一般加工量大的应集中布置；小型加工件可分散布置现场设临时加工棚。

⑤金属结构加工厂布置：应尽量集中布置，使相互间生产联系紧密。

各类加工厂、作业棚等所需面积参考资料见表 5-7 至表 5-9。

表 5-7　现场作业棚所需面积参考资料

序号	名称	单位	面积	备注
1	木工作业棚	m^2/人	2	占地为建筑面积的 2～3 倍
2	电锯房	m^2	80	34～35 寸圆锯 1 台
	电锯房	m^2	40	小圆锯 1 台
3	钢筋作业棚	m^2/人	3	占地为建筑面积的 3～4 倍
4	搅拌棚	m^2/台	10～18	
5	卷扬机棚	m^2/台	6～12	
6	烘炉房	m^2	30～40	
7	焊工房	m^2	20～40	
8	电工房	m^2	15	
9	白铁工房	m^2	20	
10	油漆工房	m^2	20	
11	机、钳工修理房	m^2	20	
12	立式锅炉房	m^2/台	5～10	
13	发电机房	m^2/kw	0.2～0.3	
14	水泵房	m^2/台	3～8	
15	空压机棚(移动式)	m^2/台	18～30	
	空压机棚(固定式)	m^2/台	9～15	

表 5-8　现场机运站、机修间、停放场所所需面积参考资料

施工机械名称	所需场地（m^2/台）	存放方式	检修间所需建筑面积	
			内容	数量/m^2
1.起重、土方机械类				
塔式起重机	200～300	露天	10～20 台设 1 个检修台位（每增加 20 台增设 1 个检修台位）	200（增 150）
履带式起重机	100～125	露天		
履带式正铲或反铲、拖式铲运机，轮胎式起重机	75～100	露天		
推土机、拖拉机、压路机	25～35	露天		
汽车式起重机	20～30	露天或室内		
2.运输机械类				
汽车（室内）	20～30	一般情况下室内不小于 10%	每 20 台设 1 个检修台位（每增加 1 个检修台位）	170（增 160）
汽车（室外）	40～60			
平板拖车	100～150			
3.其他机械类				
搅拌机、卷扬机、电焊机、电动机、水泵、空压机、油泵等	4～6	一般情况下室内占 30%，露天占 70%	每 50 台设 1 个检修台位（每增加 1 个检修台位）	50（增 50）

表 5-9　临时加工厂所需面积参考资料

序号	加工厂名称	年产量		单位产量所需建筑面积	占地总面积/m^2	备注
		单位	数量			
1	混凝土搅拌站	m^3	3 200	0.022（m^2/m^3）	按砂石堆场考虑	400 L 搅拌机 2 台
		m^3	4 800	0.021（m^2/m^3）		400 L 搅拌机 3 台
		m^3	6 400	0.020（m^2/m^3）		400 L 搅拌机 4 台
2	临时性混凝土预制厂	m^3	1 000	0.250（m^2/m^3）	2 000	生产屋面板和中小型梁、板、柱等，配有蒸汽养护设施
		m^3	2 000	0.200（m^2/m^3）	3 000	
		m^3	3 000	0.150（m^2/m^3）	4 000	
		m^3	5 000	0.125（m^2/m^3）	小于 6 000	
3	半永久性混凝土预制厂	m^3	3 000	0.6（m^2/m^3）	9 000～12 000	
		m^3	5 000	0.4（m^2/m^3）	12 000～15 000	
		m^3	10 000	0.3（m^2/m^3）	15 000～20 000	
4	木材加工厂	m^3	16 000	0.024 4（m^2/m^3）	1 800～3 600	进行原木、木方加工
		m^3	24 000	0.019 9（m^2/m^3）	2 200～4 800	
		m^3	30 000	0.018 1（m^2/m^3）	3 000～5 500	
	综合木材加工厂	m^3	200	0.30（m^2/m^3）	100	加工门窗、模板、地板、屋架等
		m^3	600	0.25（m^2/m^3）	200	
		m^3	1000	0.20（m^2/m^3）	300	
		m^3	2000	0.15（m^2/m^3）	400	

（续表）

序号	加工厂名称		年产量		单位产量所需建筑面积	占地总面积/m^2	备注
			单位	数量			
4	粗木加工厂		m^3	5000	0.12(m^2/m^3)	1350	加工屋架、模板
			m^3	10000	0.10(m^2/m^3)	2500	
			m^3	15000	0.09(m^2/m^3)	3750	
			m^3	20000	0.08(m^2/m^3)	4800	
	细木加工厂		万 m^3	5	0.140(m^2/m^3)	7 000	加工门窗、地板
			万 m^3	10	0.114(m^2/m^3)	10 000	
			万 m^3	15	0.106(m^2/m^3)	14 300	
5	钢筋加工厂		t	200	0.35(m^2/t)	280～560	加工、成型、焊接
			t	500	0.25(m^2/t)	380～750	
			t	1000	0.20(m^2/t)	400～800	
			t	2000	0.15(m^2/t)	450～900	
	现场钢筋拉直或冷拉	拉直场	所需场地(长×宽)为:(70—80)×(3—4)(m^2)				包括材料及成品堆放
		卷扬机棚	所需场地(长×宽)为:15—20(m^2)				3～5 t电动卷扬机一台
		冷拉场	所需场地(长×宽)为:(40—60)×(3—4)(m^2)				包括材料及成品堆放
		时效场	所需场地(长×宽)为:(30—40)×(6—8)(m^2)				包括材料及成品堆放
	钢筋对焊	对焊场地	所需场地(长×宽)为:(30—40)×(4—5)(m^2)				包括材料及成品堆放
		对焊棚	所需场地(长×宽)为:15—24(m^2)				寒冷地区应适当增加
	钢筋冷加工	冷拔、冷轧机	所需场地(m^2/台):40—50				
		剪断机	所需场地(m^2/台):30—50				
		弯曲机 ϕ12 以下	所需场地(m^2/台):50—60				
		弯曲机 ϕ40 以下	所需场地(m^2/台):60—70				
6	金属结构加工（包括一般铁件）		所需场地(m^2/t)：年产 500 t 为 10 年产 1 000 t 为 8 年产 2 000 t 为 6 年产 3 000 t 为 5				按一批加工数量计算
7	石灰消化：贮灰池		5×3=15(m^2)				每两个贮灰池配一套淋灰池和淋灰槽，每 600 kg 石灰可消化 1 m^3 石灰膏
	淋灰池		4×3=12(m^2)				
	淋灰槽		3×2=6(m^2)				
8	沥青油锅		20—24(m^2)				台班产量为 1.0～1.5 t/台

4. 内部运输道路布置

根据各加工厂、仓库及各施工对象的相对位置，对货物周转运行图反复研究，区分主要道路和次要道路，进行道路整体规划，以保证运输通畅，车辆行驶安全，造价低。在内部运输道路布置时应考虑：

①尽量利用拟建的永久性道路。应提前修建，或先修路基，铺设简易路面，项目完成后再铺路面。

②保证运输畅通。避免与铁路交叉，道路应有足够的宽度和转弯半径，同时应设两个以上的进出口，一般厂内主干道应设成环形，其主干道应为双车道，宽度不小于 6 m，次要道路为单车道，宽度不小于 3.5 m，路端部设回车场地。

③合理规划拟建道路与地下管网的施工顺序。对拟建道路应考虑路下的地下管网，避免将来重复开挖，尽量做到一次性到位，节约投资。

④临时道路的路面结构，应根据运输情况、运输工具和使用条件来确定。一般场外与省、市公路相连的干线，宜建成混凝土路面；场区内的干线，宜采用级配碎石路面；场内支线一般为土路或砂石路。

现场内临时设施道路的技术要求和临时路面的种类、厚度见表 5-10、表 5-11。

表 5-10　简易道路技术要求

指标名称	单位	技术标准
设计车速	km/h	≤20
路基宽度	m	双车道 6.0～6.5；单车道 4.4～5.0；困难地段 3.5
路面宽度	m	双车道 5.0～5.5；单车道 3.0～3.5
平面曲线最小半径	m	平原、丘陵地区 20；山区 15；回头弯道 12
最大纵坡	%	平原地区 6；丘陵地区 8；山区 11
纵坡最短长度	m	平原地区 100；山区 50
桥面宽度	m	木桥 4.0～4.5
桥涵载重等级	t	木桥涵 7.8～10.4(汽车 6～8)

表 5-11　临时道路路面种类和厚度

<table>
<tr><th>路面种类</th><th>特点及其使用条件</th><th>路基土</th><th>路面厚度/cm</th><th>材料配合比</th></tr>
<tr><td rowspan="2">级配砾石路面</td><td rowspan="2">雨天照常通车，可通行较多车辆，但材料级配要求严格</td><td>砂质土</td><td>10～15</td><td rowspan="2">体积比：
黏土：砂：石子＝1：0.7：3.5
重量比：
面层：黏土 1%～15%，砂石料 85%～87%
底层：黏土 10%，砂石混合料 90%</td></tr>
<tr><td>黏质土或黄土</td><td>14～18</td></tr>
<tr><td rowspan="2">碎(砾)石路面</td><td rowspan="2">雨天照常通车，本身含土较多，不加砂</td><td>砂质土</td><td>0～18</td><td rowspan="2">碎(砾)石＞65%，当地土含量≤35%</td></tr>
<tr><td>砂质土或黄土</td><td>15～20</td></tr>
</table>

（续表）

路面种类	特点及其使用条件	路基土	路面厚度/cm	材料配合比
碎砖路面	可维持雨天通车，通行车辆较少	砂质土	13～15	垫层：砂或炉渣 4～5 cm 底层：7～10 cm 碎砖 面层：2～5 cm 碎砖
		黏质土或黄土	15～18	
炉渣或矿渣路面	可维持雨天通车，通行车辆较少，当附近有此项材料可利用时	一般土	10～15	炉渣或矿渣 75%，当地土 25%
		较松软时	15～30	
砂土路面	雨天停车，通行车辆较少，附近不产石料而只有砂石	砂质土	15～20	粗砂 50%，细砂、粉砂和黏质土 50%
		黏质土	15～30	
风化石路面	雨天不通车，通行车辆	一般土	10～15	石屑 90%，黏土 10%
石灰土路面	雨天停车，通行车辆少，附近产石灰时	一般土	10～13	石灰 10%。当地土 90%

5. 临时性房屋布置

临时性房屋一般有办公室、汽车库、职工休息室、开水房、浴室、食堂、商店、俱乐部等。布置临时性房屋时应考虑：

①一般全工地性行政管理用房宜设在工地入口处，以便对外联系；也可设在工地中间，便于工地管理。

②工人生活福利设施（商店、俱乐部、浴室等）应设在工人较集中的地方，或工人必经之处。

③食堂可布置在工地内部或工地与生活区之间。

④职工住房应布置在工地以外的生活区，一般距工地 500～1 000 m 为宜。

临时设施的设计，应以经济、使用及拆装方便为原则，并根据当地的气候条件与工期长短确定其结构形式。临时设施的建筑面积参见表 5-12。

表 5-12　　行政、生活、福利、临时设施建筑面积参考资料

序号	临时房屋名称	指标使用方法	参考指标（m^2/人）	序号	临时房屋名称	指标使用方法	参考指标（m^2/人）
1	办公室	按使用人数	3～4	(3)	理发室	按高峰年平均人数	0.01～0.03
2	宿舍			(4)	俱乐部	按高峰年平均人数	0.1
(1)	单层通铺	按高峰年（季）平均人数	2.5～3.0	(5)	小卖部	按高峰年平均人数	0.03
(2)	双层床	扣除不在工地居住人数	2.0～2.5	(6)	招待所	按高峰年平均人数	0.06
(3)	单层床	扣除不在工地居住人数	3.5～4.0	(7)	托儿所	按高峰年平均人数	0.03～0.06
3	家属宿舍	平均面积	16～25 m^2/户	(8)	子弟学校	按高峰年平均人数	0.06～0.08
4	食堂	按高峰年平均人数	0.5～0.8	(9)	其他公用	按高峰年平均人数	0.05～0.10

（续表）

序号	临时房屋名称	指标使用方法	参考指标（m^2/人）	序号	临时房屋名称	指标使用方法	参考指标（m^2/人）
5	礼堂	按高峰年平均人数	0.6～0.9	7	小型		
6	其他合计	按高峰年平均人数	0.5～0.6	(1)	开水房	使用面积	10～40
(1)	医务所	按高峰年平均人数	0.05～0.07	(2)	厕所	按工地平均人数	0.02～0.07
(2)	浴室	按高峰年平均人数	0.07～0.10	(3)	工人休息室	按工地平均人数	0.15

6. 临时水电管网的布置

当有可以利用的水源、电源时，可以将水、电直接接入工地。临时总变电站应设置在高压电引入处，不应放在工地中心；临时水池应放在地势较高处。

当无法利用现有水、电时，为获得电源，可在工地中心或附近设置临时发电设备；为获得水源，可利用地下水或地表水设置临时供水设备（水塔、水池）。施工现场供水管网有环状、枝状和混合式三种形式。过冬的临时水管须埋在冰冻线以下或采取保温措施。

消防栓应设置在易燃建筑物附近，并有通畅的出口和车道，其宽度不小于 6 m，与拟建房屋的距离不得大于 25 m，也不得小于 5 m；消防栓间距不应大于 100 m，到路边的距离不应大于 2 m。

临时配电线路布置与供水管网相似。工地电力网，一般 3～10 kV 的高压线采用环状，沿主干道布置；380/220 V 低压线采用枝状布置。供电线路通常采用架空布置，距路面或建筑物不小于 6 m。

5.6.5 施工总平面图的绘制步骤

施工总平面图是施工组织总设计的重要内容，是要归入档案的技术文件之一，因此要求精心设计，认真绘制。其绘制步骤如下：

①确定图幅大小和绘图比例。图幅大小和绘图比例应根据工地大小及布置内容的多少来确定。图幅一般可选用 A1 和 A2 图纸，比例一般采用 1∶1 000 或 1∶2 000。

②合理规划和设计图面。施工总平面图除了要反映现场的布置内容外，还要反映周围的环境和面貌（如已有建筑物、场外道路等），故绘图时应合理规划和设计图面，并留出一定的空余面绘制指北针、图例及文字说明等。

③绘制建筑总平面图的有关内容。将现场测量的方格网，现场内外原有的并将保留的建筑物、构筑物和运输道路等其他设施按比例准确地绘制在图面上。

④绘制工地需要的临时设施。根据施工平面布置的要求和面积计算的结果，将所确定的施工道路、仓库堆场、加工厂、施工机械、搅拌站等的位置、尺寸和水电管网的布置按比例准确地绘制在施工总平面图上。对复杂的工程，必要时可采用模型布置，布置内容应采用标准图例绘制在施工总平面图上。

⑤形成施工总平面图。在完成各项布置后，再经分析、比较、优化、调整修改，形成施工总面图，并做必要的文字说明，标上图例、比例、指北针等。完成的施工总平面图要比例正确，图例规范，线条粗细分明，字迹端正，图面整洁美观。

上述每个设计步骤并不是截然分开、各自孤立进行的，而是互相联系、互相制约的，需要综合考虑、反复修正才能确定下来。当有几种方案时，尚应进行方案比较。

绘图图例见表 5-13。

表 5-13　　施工平面图图例

序号	名称	图例	序号	名 称	图例
地形及控制点					
1	三角点		10	浅探井、试坑	
2	水准点		11	等高线：基本的、补助的	
3	原有房屋	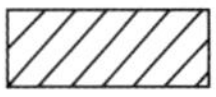	12	土堤、土堆	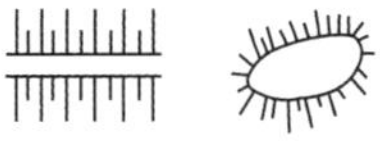
4	窑洞：地上、地下		13	坑穴	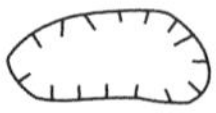
5	蒙古包		14	断崖（2.2 为断崖高度）	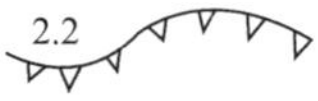
6	坟地、有树坟地		15	滑坡	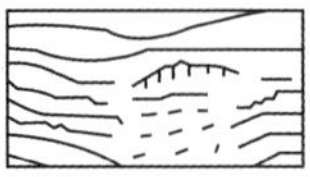
7	石油、盐、天然气井		16	树林	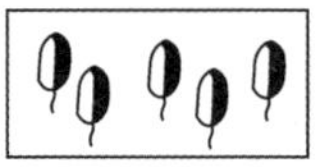
8	竖井：矩形、圆形		17	竹林	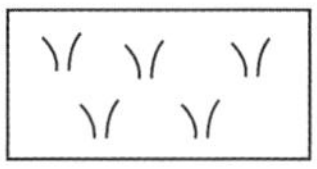
9	钻孔		18	耕地：稻田、旱地	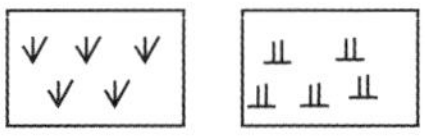
建筑物、构筑物					
序号	名称	图例	序号	名 称	图例
1	拟建正式房屋	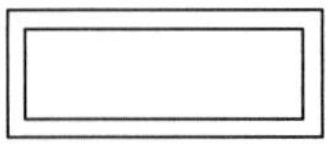	7	建筑工地界线	
2	施工期间利用的拟建正式房屋	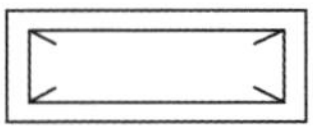	8	工地内的分区线	
3	将来拟建正式房屋	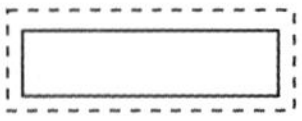	9	烟囱	

（续表）

4	临时房屋：密闭式 敞篷式	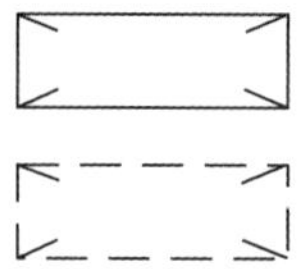	10	水塔	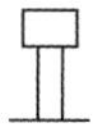
5	拟建的各种材料围墙		11	房角坐标	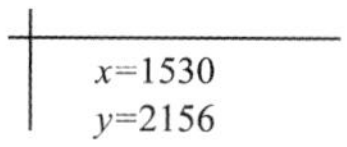
6	临时围墙		12	室内地面水平标高	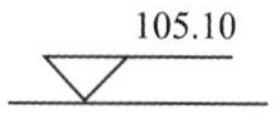
交通运输					
序号	名称	图例	序号	名 称	图例
1	现有永久公路	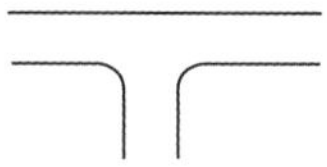	13	桥梁	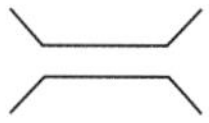
2	拟建永久道路	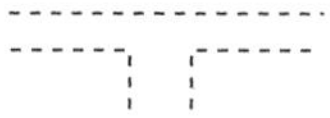	14	铁路车站	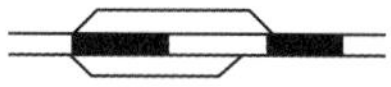
3	施工用临时道路	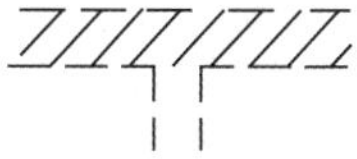	15	索道(走线滑子)	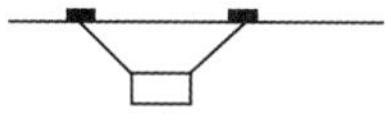
4	现有大车道		16	水系流向	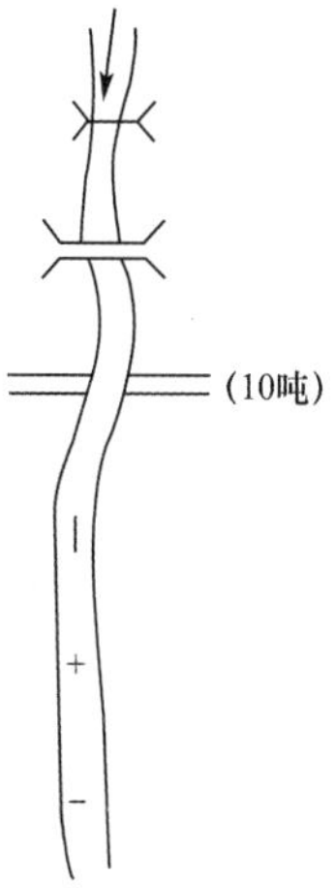
5	现有标准轨铁路		17	人行桥	
6	拟建标准轨铁路		18	车形桥	
7	施工期间利用 拟建标准轨铁路		19	渡口	
8	现有的窄轨铁路		20	码头：顺岸式 趸船式 堤坝式	
9	施工用临时窄轨铁路		21	船只停泊场	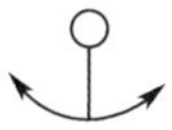
10	转车盘	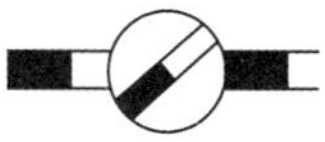	22	临时岸边码头	
11	道口	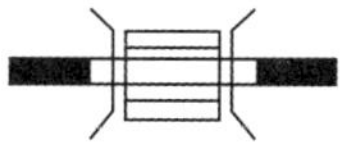	23	桩式码头	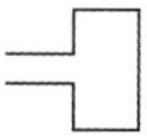

（续表）

12	涵洞		24	趸船码头	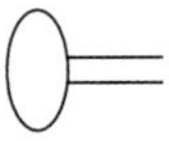

材料、构件堆场

序号	名称	图例	序号	名 称	图例
1	临时露天堆场	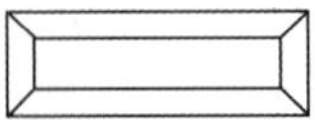	13	屋面板存放场	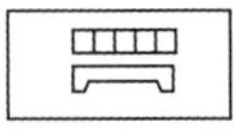
2	施工期间利用的永久堆场	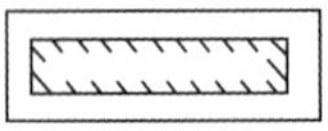	14	砌块存放场	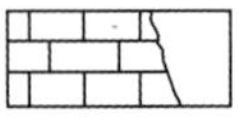
3	土堆	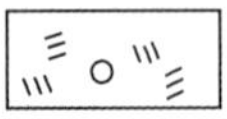	15	墙板存放场	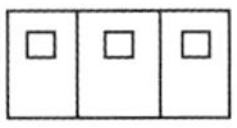
4	砂堆	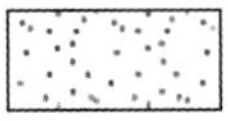	16	一般构件存放场	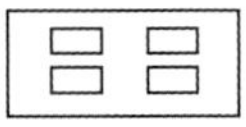
5	砾石、碎石堆	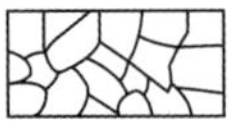	17	原木堆场	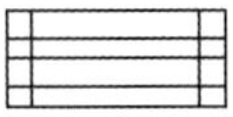
6	块石堆	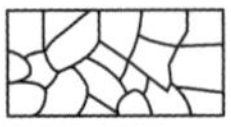	18	锯材堆场	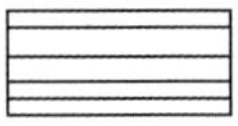
7	砖堆	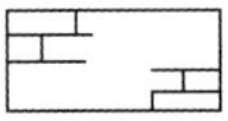	19	细木成品场	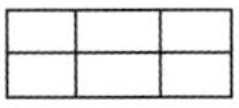
8	钢筋堆场	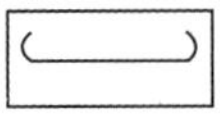	20	粗木成品场	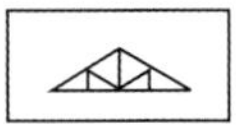
9	型钢堆场		21	矿渣，灰渣堆场	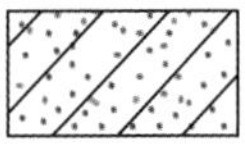
10	铁管堆场	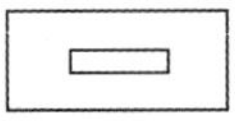	22	废料堆场	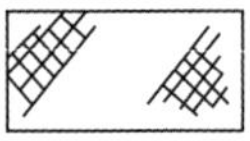
11	钢筋成品场	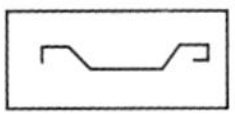	23	脚手架、模板堆场	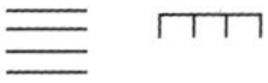
12	钢结构场	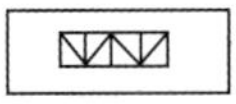			

动力设施

序号	名称	图例	序号	名 称	图例
1	临时水塔		21	拟建化粪池	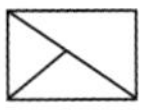

（续表）

2	临时水池		22	水源	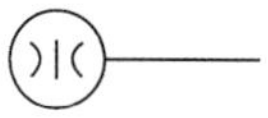
3	贮水池	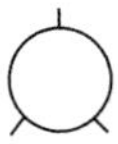	23	电源	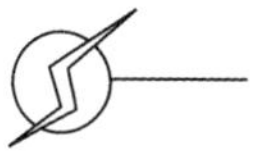
4	永久井	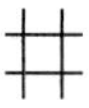	24	总降压变电站	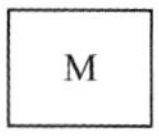
5	临时井		25	发电站	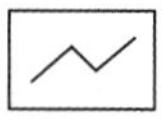
6	加压站	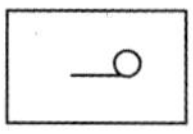	26	变电站	
7	原有的水上管线	——·————·——	27	变压器	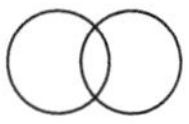
8	临时给水管线	——S——S——	28	投光灯	
9	给水阀门（水嘴）		29	电杆	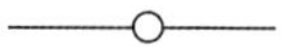
10	支管接管位置	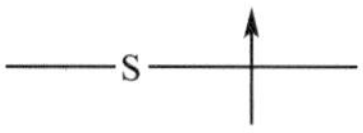	30	现有高压 6kV 线路	—— WW_6 —— WW_6 ——
11	消防栓（原有）		31	施工期间利用的永久高压 6 kV 线路	—— LWW_6 —— LWW_6 ——
12	消防栓（临时）		32	临时高压 3～5kV 线路	—— W_{35} —— W_{35} ——
13	消防栓	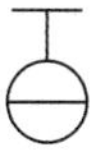	33	现有低压线路	—— VV —— VV ——
14	原有上下水井		34	施工期间利用的永久低压线路	—— LVV —— LVV ——
15	拟建上下水井	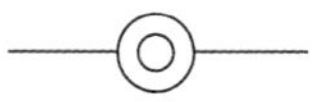	35	临时低压线路	—— V —— V ——
16	临时上下水井	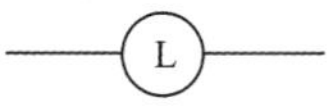	36	电话线	——·O·——·O·——

（续表）

17	原有的排水管线	——I——I——	37	现有暖气管道	═══T═══T═══
18	临时排水管线	——P——	38	临时暖气管道	——Z——
19	临时排水沟		39	空压机站	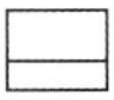
20	原有化粪池		40	临时压缩空气管道	——VS——
施工机械					
序号	名称	图例	序号	名 称	图例
1	塔轨	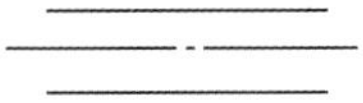	14	反铲挖土机	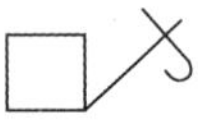
2	塔吊	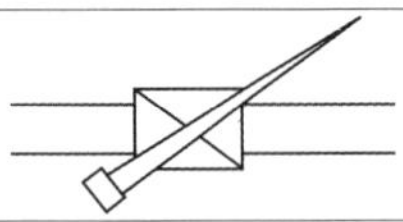	15	抓铲挖土机	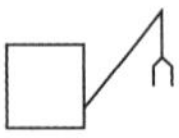
3	井架		16	拉铲挖土机	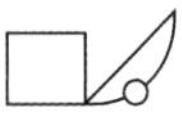
4	门架	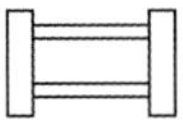	17	多斗挖土机	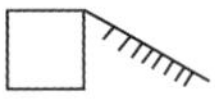
5	卷扬机		18	推土机	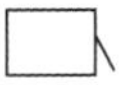
6	履带式起重机	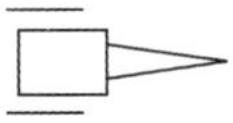	19	铲运机	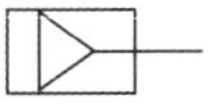
7	汽车式起重机	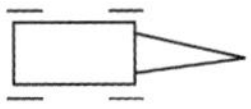	20	混凝土搅拌机	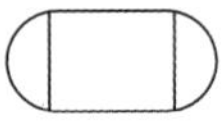
8	缆式起重机		21	灰浆搅拌机	
9	铁路式起重机	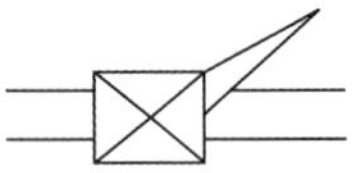	22	洗石机	
10	皮带运输机		23	打桩机	

（续表）

11	外用电梯		24	水泵	
12	少先吊	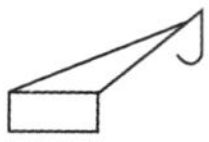	25	圆锯	
13	正铲挖土机	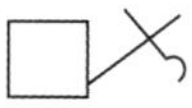			
其他					
序号	名称	图例	序号	名称	图例
1	脚手架		4	沥青锅	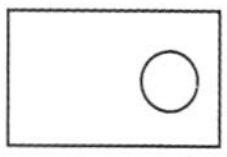
2	壁板插放架		5	避雷针	
3	淋灰池	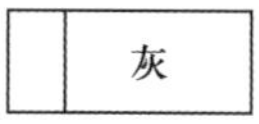			

5.6.6 施工总平面图的科学管理

施工总平面图设计完成后，应认真贯彻其设计意图，发挥其应有的作用，所以对总平面图的科学管理是非常重要的，否则难以保证施工顺利进行。

①建立统一的施工总平面图管理制度。划分总平面图的使用管理范围，做到责任到人，严格控制材料、构件、机具等物资占用的位置、时间和面积，不准乱堆乱放。

②对水源、电源、交通等公共项目实行统一管理。不得随意挖路断道，不得擅自拆迁建筑和水电线路，当工程需要断水、断电、断路时要申请，经批准后方可着手进行。

③对施工总平面图布置实行动态管理。特殊情况或需要变更原方案时，应根据现场实际情况统一协调，修正其不合理的地方。

④做好现场清理和维护工作，经常检修各种临时性设施，明确负责部门和人员。

5.7 技术经济指标

施工组织总设计编制完成后，还需对其做出技术经济分析评价，以便改进方案或对多方案进行优选。施工组织总设计的技术经济指标应反映出设计方案的技术水平和经济性，一般常用的指标有以下几个：

1. 施工工期

施工工期指标包括建设项目总工期、独立交工系统工期，以及独立承包项目和单项工程工期。

2. 施工质量

施工质量指标包括分部工程质量水平、单位工程质量水平，以及单项工程和建设项目质量水平。

3. 施工成本

施工成本指标包括建设项目总造价，总成本和利润；每个独立交工系统的总造价、总成本和利润；独立承包项目造价成本和利润；每个单项工程、单位工程造价，成本和利润；产值（总造价＞利润率）和成本降低率。

4. 施工消耗

施工消耗指标包括建设项目总用工量；独立交工系统用工量；每个单项工程用工量；各自平均人数、高峰人数、劳动力不均衡系数和生产率；主要材料消耗量和节约量；主要大型机械使用数量、台班量和利用率。

5. 施工安全

施工安全指标包括施工人员伤亡率、重伤率、轻伤率和经济损失四项。

6. 施工其他指标

施工其他指标包括施工设施建造费比例、综合机械化程度、工厂化程度和装配化程度，以及流水施工系数和施工现场利用系数。

5.8 施工组织总设计实例

5.8.1 工程概况

1. 房屋建筑概况

房屋建筑概况见表 5-14，施工现场总平面图如图 5-2 所示。

表 5-14　　房屋建筑一览表

编号	工程类别	结构类型	层数	建筑面积/m^2	栋数	建筑物编号	备注
1	住宅	内浇外砌	6	4 047	2	1、3	
2	住宅	内浇外砌	6	4 135	3	2、4、7	有地下室
3	住宅	砖混	6	2 700	1	5	
4	住宅	内浇外砌	6	3 195	1	6	
5	住宅	全现浇	24	13 656	3	8、9、10	有地下室
6	住宅	内浇外挂	14	7 000	3	11、12、13	有地下室
7	住宅	内浇外挂	18	8 368	3	14、15、16	有地下室

（续表）

编号	工程类别	结构类型	层数	建筑面积/m^2	栋数	建筑物编号	备注
8	青年公寓	内浇外挂	14	12 600	1	17	有地下室
9	小学	砖混	3	2 400	1	18	
10	托儿所、幼儿园	砖混	2	1 000	1	19	
11	澡堂、理发室	砖混	2	600	1	20	
12	饮食	砖混	2	700	1	21	
13	副食	砖混	2	720	1	22	
14	粮店	砖混	2	1 400	1	23	
15	锅炉房	砖混	1	1 100	1	24	
16	配电房	砖混	1	100	1	25	

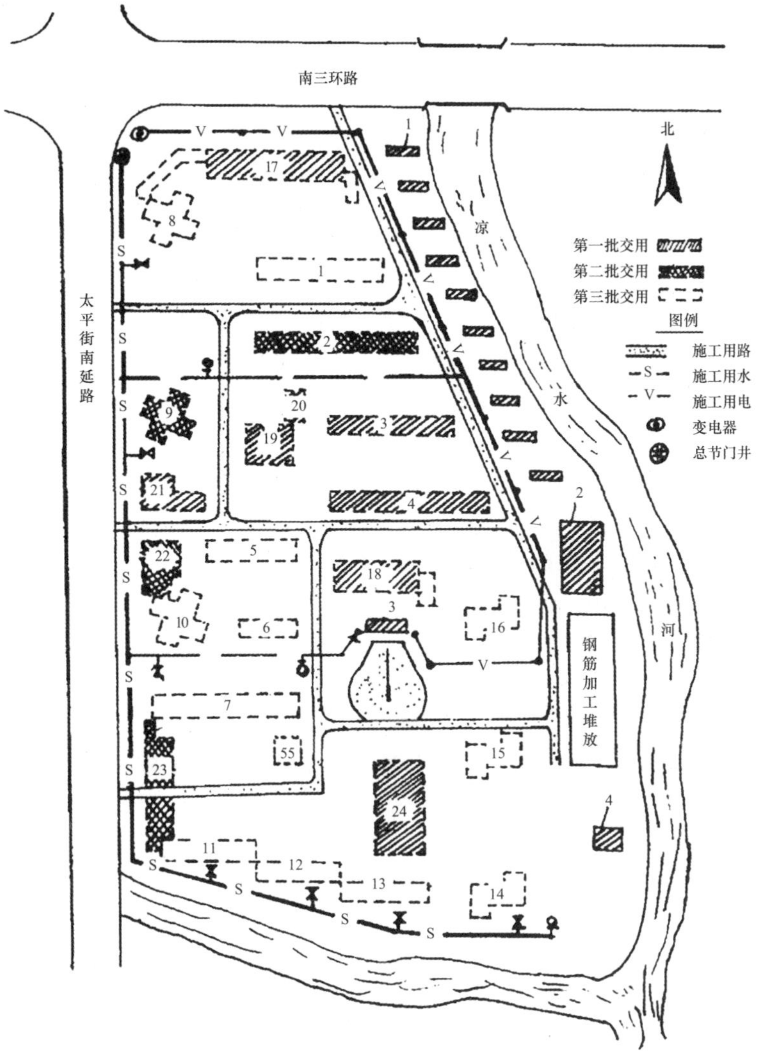

图 5-2　施工总平面图

2. 地下室及地质情况

上表中列有地下室的建筑物，其基底标高为内浇外砌－4.30 m，内浇外挂－4.70 m，全现浇－7.50 m，无地下水。

3. 水电等情况

场地下设污水管和排雨水管；上水管自北侧路接来，各楼设高位水箱；变电室位于区域南段，采用电杆架线供电，沿小区内道路通向各建筑物。

4. 承包合同的有关条款

①总工期：2017 年 5 月开工至 2020 年 5 月全部竣工。

②分期交用要求：2018 年 7 月 1 日交用第一批(3、4、17、25、18、19、21 号楼)；2018 年 12 月底交第二批(2、9、22、23 号楼)；2019 年底全部完工，个别工程到 2020 年 5 月完工。

③奖罚：以项目竣工为实际交用条件，按单位建筑面积计算，按国家工期定额每提前一天奖造价的万分之一，每拖后一天处相应罚款。

④拆迁要求：影响各栋楼施工的障碍物须在工程施工之前全部动迁完毕，如果拆迁工作不能按期完成，则工期相应顺延。

5.8.2 施工部署

1. 主要施工程序

(1)本区域内调入第一、第二两个施工队施工，其场地以 4 号楼与 5 号楼中间为界。

(2)每个施工队保持两条流水线：

①一队的 1－1 流水线施工“内浇外挂”，顺序为 4、3、2、1 号楼。

②一队的 1－2 流水线先施工 17 号楼，然后转入超高层全现浇的 9、8 号楼。

③二队的 2－1 流水线施工砖混结构，其顺序为 24、25、18、19、21、22、23 号楼，后转入 7、6、5 号楼。

④二队的 2－2 流水线先施工超高层 10 号楼，然后转为内浇外挂结构 11、12、13、14、15、16 号楼。

2. 主要工程项目的施工方法和施工机械

①单层及二层砖混结构采用平台内脚手砌筑，汽车吊安装屋面梁板。屋面配卷扬机垂直运输，外装修采用双排钢管架。

②三层至六层的砖混结构采用平台内脚手，TQ60/80 塔式起重机垂直运输，外装修采用桥式架。

③内浇外挂高层建筑垂直运输采用 TQ60/80 超高塔式起重机，每条流水线配塔式起重机 2 台。大模板配备型号数量按具体栋号而定。

④全现浇超高层结构墙体采用钢大模(专门设计)，外架子采用三脚架挂操作台。楼板采用双钢筋叠合板，板下支撑配备四层的量。垂直运输采用一台 200 t·m 的大型塔式起重机，每层分五段流水。

⑤地下室底板采用商品混凝土，泵送。立墙采用组合钢模加木方子。人工支拆模板，不用吊车。墙体混凝土也用泵送，预制叠合板用汽车吊吊装。

⑥外装修采用吊篮架，垂直运输采用每栋一台高车架，超高层全现浇住宅加配外用电梯一台。

5.8.3 施工总进度计划

主要建筑物的三大工序——基础、结构、装修所需工期见表 5-15。根据各主要工序安排总进度计划，见表 5-16。

表 5-15　　住宅体系三大工序所需工期表

工序	内浇外挂/月	全现浇/月	六层砖混/月
基础	3	4	1(地下室+2 月)
结构	4	6	3
装修	5	5	4

表 5-16　　施工总进度计划表

施工队	流水线编号	幢号	2017年	2018年	2019年	2020年
第一施工队	1—1	4号				
		3号				
		2号				
		1号				
	1—2	17号				
		9号				
		8号				
第二施工队	2—1	24号				
		25号				
		18号				
		19号				
		21号				
		22号				
		23号				
		7号				
		6号，5号				
	2—2	10号				
		11号				
		12号				
		13号				
		14号				
		15号				
		16号				

5.8.4 各种资源需要量计划

①塔式起重机流转计划：每条流水线尽量固定塔式起重机，但由于施工条件不同，对不满足塔式起重机起吊高度者，应适当进行调整，见表 5-17，共需 4 台 TQ60/80，1 台 QTZ200。

表 5-17　　塔式起重机流转计划

序号	流水线	塔吊编号	2017年	2018年	2019年	2020年
1	1—1	TQ60/80—1号	4号→3号→2号→1号			
2	1—2	TQ60/80—2号，3号	17号→9号→8号			
3	2—1	TQ60/80—4号	18号	7号→5号→6号		
4	2—2	QTZ200—5号	10号	→11号→12号→13号→14号→15号→6号		

②小型机械需要量见表 5-18。

表 5-18　　小型机械需要量

流水线	搅拌机	砂浆机	电焊机
1—1	1	1	4
1—2	3	1	4
2—1	1	1	4
2—2	3	1	4
小计	8	4	16

③模板和脚手板需要量见表 5-19。

表 5-19　　模板及脚手架需要量

名称	工具类别	流水线编号				合　计	备　注
		1—1	1—2	2—1	2—2		
脚手架	桥式架	1		1		2	
	平台架	1		1		2	
	插口架		1		1	1	两线共用
	吊篮架		1		1	2	
	钢管架			1		1	
	现浇挂架		1		1	1	两线共用

（续表）

名称	工具类别	流水线编号				合　计	备　注
		1—1	1—2	2—1	2—2		
模板	内墙大模	1	1			2	
	现浇大模		1		1	1	
	地下室模板	1	1	1		3	
	楼板模及支撑				1	1	
高车架		2	2	2	2	8	
外用电梯			1		2	3	

④主要原材料消耗量按每种结构体系单位面积的消耗估算，然后计算日平均消耗量，见表 5-20。

表 5-20　　主要材料消耗量

名称	总消耗量	日平均消耗量
钢材/t	2655	3.8
木材/m^3	4360	6.2
水泥/t	19230	27.5
砖/m^3	15635	22.3
砂/m^3	22840	32.6
石/m^3	25655	36.7
陶粒/m^3	8000	11.4

⑤门窗构件、商品混凝土需要量见表 5-21。

表 5-21　　门窗构件、商品混凝土需要量

名称	单位用量	建筑面积/	总用量
壁板	0.12 m^3/m^2	46 086	9 217 m^3
楼板	0.11 m^3/m^2	100 000	11 000 m^3
门窗	0.12 樘/m^2	134 000	160 800 樘
商品混凝土			2 500 m^3
叠合板	0.06 m^3/m^2	40 000	2 400 m^3

⑥劳动力计划按照流水线安排的变化曲线见表 5-22。

表 5-22　　劳动力变化曲线

工序	流水线	人数	2017年	2018年	2019年	2020年
基础	2—2	40				
	1—2	40				
结构	1—1	40				
	1—2	70				
	2—1	40				
	2—2	40				
装修	1—1	60				
	1—2	60				
	2—1	60				
	2—1	60				
管道		60				
电气		40				
小计		650				
劳动力变化曲线						

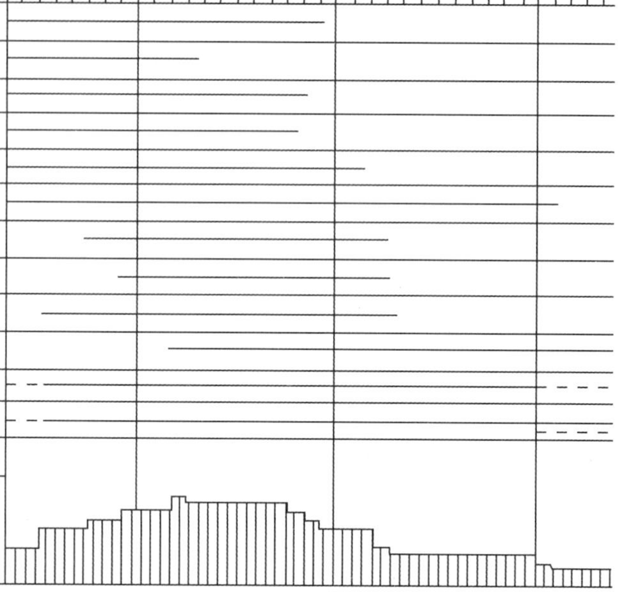

5.8.5 施工总平面图

施工总平面图与建筑平面图绘制在一起,具体如图 5-2 所示。

思考与练习题

1. 简述施工组织总设计的作用和编制依据。
2. 简述施工组织总设计的内容和编制程序。
3. 简述施工平面图的内容和设计方法。
4. 简述设计施工总平面图应遵循的原则。
5. 施工组织总设计中的工程概况包括哪些内容?
6. 在施工部署中应解决哪些问题?
7. 简述施工总进度计划的编制原则和内容。

第6章 单位工程施工组织设计

学习内容

单位工程施工组织设计的任务、编制依据、编制程序及内容；建设工程概况；单位工程施工程序及顺序、施工起点及流向、施工方法及施工机械；施工进度计划的作用、编制依据、编制步骤；各项资源需要量计划的编制方法；施工平面图设计依据、原则、内容及步骤；各项技术组织措施；单位工程施工组织设计实例。

学习目标

了解单位工程施工组织设计的任务、编制依据、编制程序及内容，施工进度计划的作用、编制依据，建设工程概况；熟悉单位工程施工组织设计的主要内容；掌握施工进度计划和各项资源需要量计划的编制以及施工平面图的设计。

6.1 单位工程施工组织设计概述

单位工程施工组织设计是以单位工程为主要对象编制的施工组织设计，对单位工程的施工过程起指导和制约作用。单位工程施工组织设计是建筑施工企业组织和指导单位工程从施工准备到竣工验收全过程施工活动的技术经济文件，是施工组织总设计的具体化，也是施工单位编制季度、月度、旬度施工作业计划、分部分项工程作业设计及劳动力、材料、机械设备等供应计划的主要依据。它编制得是否合理对参加投标能否中标和取得良好的经济效益起着很大的作用。单位工程施工组织设计是建筑施工企业加强生产管理的一项重要工作。

6.1.1 单位工程施工组织设计的任务

单位工程施工组织设计的任务就是根据编制施工组织设计的基本原则、施工组织总设计和有关的原始资料，并结合实际施工条件，从整个建筑物或构筑物施工的全局出发，选择合理的施工方案，确定科学合理的各分部分项工程间的搭接、配合关系，以及设计符合施工现场情况的平面布置图，从而以最少的投入，在规定的工期内，生产出质量好、成本低的建筑产品。

6.1.2 单位工程施工组织设计的编制依据

1. 主管部门的批示文件及有关要求

主要包括上级部门对工程的有关指示和要求，施工图纸、施工合同中的有关规定等。

2. 经过会审的施工图

主要包括单位工程的全套施工图纸，图纸会审纪要及有关标准图。对于较复杂的建筑工程还要有设备图纸和设备安装对土建施工的要求，及设计单位对新结构、新材料、新技术和新工艺的要求。

3. 施工企业年度施工计划

主要包括本工程开、竣工日期的规定，以及与其他项目穿插施工的要求等。

4. 施工组织总设计

单位工程是整个建设项目中的一个项目，应把施工组织总设计作为编制单位工程施工组织设计的依据。

5. 工程预算文件及有关定额

应有详细的分部分项工程量，必要时应有分层、分段、分部位的工程量所使用的相关预算定额和施工定额。

6. 建设单位对工程施工可能提供的条件

建设单位对工程施工可能提供的条件主要包括供水、供电、供热的情况及可借用作为临时办公、仓库、宿舍的施工用房等。

7. 施工条件

施工条件主要包括施工企业施工管理水平，劳动力、施工机具及设备、材料等的供应能力等。

8. 施工现场的勘察资料

施工现场的勘察资料主要包括高程、地形、地质、水文、气象、交通运输、现场障碍物等情况以及工程地质勘察报告、地形图、测量控制网等。

9. 有关的规范、规程和标准

有关的规范、规程和标准主要包括《建筑工程施工质量验收统一标准》(GB 50300—2013)等建筑工程施工质量验收规范及相关质量标准等。

10. 有关的参考资料及施工组织设计实例

6.1.3 单位工程施工组织设计的编制内容

单位工程的性质、规模大小、技术上的复杂程度、现场施工条件和建设单位的要求等各不相同，因此，施工组织设计内容的深度和广度不可能完全相同，每个单位工程施工组织设计的内容和重点，也不能强求一致。但是，无论怎样编写，其内容必须简明扼要，具有规模性及控制性，并应达到一切从真正解决实际施工问题出发，在施工中确实起到指导现场施工的作用。按照《建筑施工组织设计规范》(GB/T 50502—2009)的规定，单位工程施工组织设计编制的基本内容包括工程概况、施工部署、施工进度计划、施工准备与资源配置计划、主要施工方案、施工现场平面布置、主要技术组织措施和技术经济指标。

单位工程施工组织设计具体应包括以下内容：

1. 工程概况

工程概况是编制单位工程施工组织设计的依据和基本条件。工程概况应包括工程主要概况、各专业设计简介和工程施工条件等。

工程概况可附简图说明。各种工程设计及自然条件的参数，如建筑面积、建筑场地面积、造价、结构类型、层数、地质条件、水、电等，可列表说明，一目了然，简明扼要。施工条件应着重说明资源供应、运输方案及现场特殊的条件和要求等。

2. 施工部署

施工部署是编制单位工程施工组织设计的重点。施工部署中应着重个施工方案技术经济比较，力求采用新技术选择最优方案。确定施工方案主要包括施工程序、施工流程及施工顺序的确定，主要分部工程施工方法和施工机械的选择，技术组织措施的制定等内容，尤其是对新技术选择的要求更为详细。

3. 施工进度计划

单位工程施工进度计划应按照施工部署的安排进行编制。施工进度计划主要包括确定施工项目、划分施工过程，计算工程量、劳动量和机械台班量，确定各施工项目的作业时间，组织各施工项目的搭接关系并绘制进度计划图表等内容。实践证明，应用流水作业理论和网络计划技术来编制施工进度能获得最佳效果。

4.施工准备与资源配置计划

该部分内容主要包括施工准备工作的技术准备、现场准备、物资准备及劳动力、材料、构件、半成品、施工机具需要量计划、运输量计划等内容。

5.主要施工方案

单位工程应按照《建筑工程施工质量验收统一标准》(GB/T 50300—2013)中分部、分项工程的划分原则,对主要分部、分项工程拟订施工方案。

6.施工现场平面布置

施工现场平面布置图应按照相关原则和要求并结合施工组织总设计,按不同施工阶段分别绘制。施工现场平面布置主要包括工程施工场地状况,拟建建(构)筑物的位置、轮廓尺寸、层数等,工程施工现场的加工设施、存储设施、办公和生活用房等的位置和面积,布置在工程施工现场的垂直运输设施、供电设施、供水供热设施、排水排污设施和临时施工道路等,施工现场必备的安全、消防、环境卫生和环境保护等措施,相邻的地上、地下既有建(构)筑物及相关环境。

7.主要技术组织措施

主要技术组织措施包括质量管理措施、保证施工安全措施、保证文明施工措施、保证施工速度措施、冬雨期施工措施、降低成本措施、提高生产率措施等内容。

8.技术经济指标

技术经济指标主要包括工期指标、质量和安全指标、降低成本指标和节约材料指标等内容。

以上八项内容中,以施工部署、施工进度计划、施工现场平面布置三项最为关键。它们分别规划了单位工程施工中的技术与组织、时间、空间三大要素,在单位工程施工组织设计中,应着力研究筹划,以期达到科学、合理、适用的目标。对于一般常见的建筑结构类型且规模不大的单位工程,施工组织设计可以编制得简单一些,即主要内容有施工部署、施工进度计划和施工现场平面布置,并辅以简要的说明。

6.2 工程概况

单位工程施工组织设计工程概况,是对拟建工程的特点、建设地区特点、施工环境条件等所做的简洁明了的文字描述。在描述时也可加入拟建工程的平面图、剖面图及表格进行补充说明。通过对建筑结构特点、建设地点特征、施工条件的描述,能找出施工中的关键问题,以便为施工部署、组织物资供应和配备技术力量提供依据。工程概况应包括工程主要情况、各专业设计简介、工程施工条件和工程施工特点等。

6.2.1 工程主要情况

工程主要情况应包括下列内容:

①工程名称、性质、用途、资金来源与造价、开竣工日期、质量标准。

②工程所在的地理位置。

③工程的建设、勘察、设计、监理和总承包等相关单位的情况。

④工程承包范围和分包工程范围。

⑤施工合同、招标文件或总承包单位对工程施工的重点要求。

⑥其他应说明的情况。

6.2.2 各专业设计简介

①建筑设计简介应依据建设单位提供的建筑设计文件进行描述，包括建筑面积、层数、层高、总高度、平面尺寸、建筑平面组合形式形状与特点，建筑工程、建筑耐火、防水及节能要求等，并应简单描述工程的主要装修做法。

②结构设计简介应依据建设单位提供的结构设计文件进行描述，包括结构形式、地基基础形式、结构安全等级、抗震设防类别、主要结构构件类型及要求等。

③机电及设备安装专业设计简介应依据建设单位提供的各相关专业设计文件进行描述，包括给水、排水及采暖系统、通风与空调系统、电气系统、智能化系统、电梯等各个专业系统的做法要求。

6.2.3 工程施工条件

工程施工条件应包括下列内容：

①项目施工区域地形及周边环境。在单位工程施工组织设计中，应简要介绍和分析施工现场的“三通一平”情况，拟建工程的位置、地形、地貌、拆迁、障碍物清除及地下水位等情况，项目施工区域地上、地下管线及相邻的地上、地下建(构)筑物情况以及施工场地周边的人文环境等，项目施工有关的道路、河流等状况。不了解或未分清这些情况，会影响施工组织与管理，影响施工方案的拟订。

②项目建设地点气象状况。应对施工项目所在地的气象状况做全面的描述与分析，如当地最低、最高气温及时间，冬、雨期施工的起止时间和主导风向、风力等描述与分析，这些因素应调查清楚，并纳入施工组织设计的内容，为拟订施工方案与措施提供资料。

③工程水文地质状况。工程项目施工区域的土层分布情况、地质资料技术参数、地下水位情况、水质情况、水流方向与地下水源情况等。

④其他资源条件与分析。其包括工程所在地的建筑材料、劳动力、机械设备、半成品等供应及价格情况，交通及运输服务能力状况，市政设施配套情况，当地供电、供水、供热和通信能力状况，业主可提供的临时设施、协作条件等，这些资源条件直接影响项目的施工。

6.2.4 工程施工特点

工程施工特点的主要内容应突出工程施工的重点所在，以便抓住关键，使工程施工顺利地进行，提高施工单位的经济效益和管理水平。不同类型的建筑、不同条件下的工程施工，均有不同的施工特点。例如，高层建筑的施工特点主要有地下结构施工难度大，设计深基坑边坡稳定、基坑降水、基坑周边环境保护、地下室底板大体积混凝土施工、地下防水施工等；上部结构和施工机具设备的稳定性要求高，钢材加工量大，混凝土浇筑难度大，脚手架搭设高，安全问题突出；材料运输量大，要有高效率的垂直运输。

6.3 施工部署

施工部署是对项目实施过程做出的统筹规划和全面安排，包括项目施工主要目标、施工顺序及空间组织、施工组织安排等。

施工部署是单位工程施工组织设计的核心内容，是对单位工程施工组织所做的总体安排。施工部署是否合理，将直接影响工程的施工质量、施工速度、工程造价及企业的经济效益，故必须引起足够的重视。

施工部署内容包括确定项目施工目标、建立施工现场项目组织机构、确定施工顺序和施工流向、流水工作段的划分、明确重点与难点工作的施工要求、施工质量管理计划等。对于工程施工中开发和使用的新技术、新工艺应做出部署，对新材料和新设备的使用应提出技术和管理要求，对重点与难点工程的施工要求及管理方式进行说明。

6.3.1 工程施工主要目标

工程施工主要目标应根据施工合同、招标文件以及本单位对工程管理目标的要求确定，包括进度、质量、安全、环境和成本目标。各项目标应满足施工组织总设计中确定的总体目标。

6.3.2 组织机构的建立

①确定项目管理组织结构。根据工程规模、复杂程度、专业特点以及企业的管理模式与要求，按照合理分工与协作、精干高效原则确定项目管理组织机构，并按因事设岗、因岗选人的原则配备项目管理班子。

②指定岗位职责。管理组织内部的岗位职务和职责必须明确，责权必须一致，并形成规章制度。

③选派管理人员。按照岗位职责需要，选派称职的管理人员，组成精练、高效的项目管理班子，并以表格列出，见表 6-1。

表 6-1 管理人员明细表

序号	姓名	职务	职称	工作职责
1				
2				

（续表）

序号	姓名	职务	职称	工作职责
3				
……				

④制定施工管理工作程序、制度和考核标准。为了提高施工管理工作效率，要按照管理客观性规律，制定出管理工作程序、制度和相应考核标准。

6.3.3 确定施工流向

施工流向是指一个单位工程或施工过程在平面上或空间上开始施工的部位及其进展方向。它主要解决一个建筑物或构筑物在空间上的合理施工顺序问题。

对于生产厂房（单层建筑物）可按其车间、工段等分区分段地确定出在平面上的施工流向；对于多层房屋，除确定每层的施工流向外，还需确定其层间或单元空间上的施工流向。

1. 确定施工流向需考虑的因素

（1）生产工艺流程

这是确定施工流向的关键因素。一般对生产工艺上影响其他工段试车投产或生产使用上要求急的工段、部位先安排施工，如工业厂房内要求先试车生产的工段应先施工。

（2）建设单位对生产和使用的要求

根据建设单位的要求对生产和使用急需的工段先施工，这往往是确定施工流向的基本因素，也是施工单位全面履行合同条款应尽的义务。例如，高层宾馆、饭店等，可以在主体结构施工到一定层数后，即进行地面上若干层的设备安装与室内外装修。

（3）技术复杂、工期长的区段先行施工

单位工程单位工程各部分的繁简程度不同，一般对于技术复杂、新结构、新工艺、新材料、新技术、工程量大、工期较长的工段或部位先施工。例如，高层框架结构先施工建筑主楼部分，后施工裙房部分。

（4）工程现场条件和施工方法、施工机械

工程现场条件，如施工场地的大小、道路布置等，以及采用的施工方法和施工机械，是确定施工起点和流向的主要因素。例如，当选定了挖土机械和垂直运输机械后，这些机械的开行路线或布置位置就决定了基础挖土和结构吊装的施工起点及流向。

（5）房屋的高低层或高低跨和基础的深浅

在高低跨并列的单层工业厂房结构安装中，柱的吊装从并列处开始；在高低跨并列的多层建筑中，层数高的区段常先施工；屋面防水层施工应按先低后高的方向施工，同一屋面则由檐口到屋脊方向施工；基础有深浅时，应按先深后浅的顺序施工。

（6）施工组织的分层分段

划分施工层、施工段的部位也是决定施工起点及流向时应考虑的因素。在确定施工流向的分段部位时，应尽量利用建筑物的伸缩缝、沉降缝、防震缝、平面有变化处和留槎接缝等不影响结构整体性的部位，且应使各段工程量大致相等，以便组织有节奏流水施工，并应使施工段数与施工过程数相协调，避免窝工，还应考虑分段的大小应与劳动组织或机械设备及其生产能力相适应，保证足够的工作面，便于操作，提高生产率。

(7)分部分项工程的特点及其相互关系

各分部分项工程的施工起点及流向有其自身的特点。例如，一般基础工程由施工机械和方法决定其平面的施工起点及流向；主体结构从平面上看，一般从哪一边先开始都可以，但竖向一般应自下而上施工；装饰工程竖向的施工起点及流向比较复杂，室外装饰一般采用自上而下的流向，室内装饰则可采用自上而下、自下而上、自中而下再自上而中三种流向。密切相关的分部分项工程，如果前面施工过程的起点及流向确定了，则后续施工过程也就随之确定了。例如，单层工业厂房的土方工程的起点及流向决定了柱基础、某些构件预制、吊装施工过程的起点及流向。

2. 多层建筑物室内外装饰工程层间施工流向

根据多层建筑物室内外装饰工程的工期、质量、安全要求以及施工条件，其施工流向确定如下：

(1)室外装饰工程

室外装饰工程一般采用自上而下的施工流向，屋面工程全部完工后，室外抹灰从顶层至底层依次逐层向下进行。其施工流向一般为水平向下，如图 6-1 所示。采用这种施工流向的优点：可以使房屋主体工程完成后，有一定沉降期，且已做好的屋面防水层可防止雨水渗漏，这些都有利于保证装饰工程质量，同时便于脚手架的及时拆除。

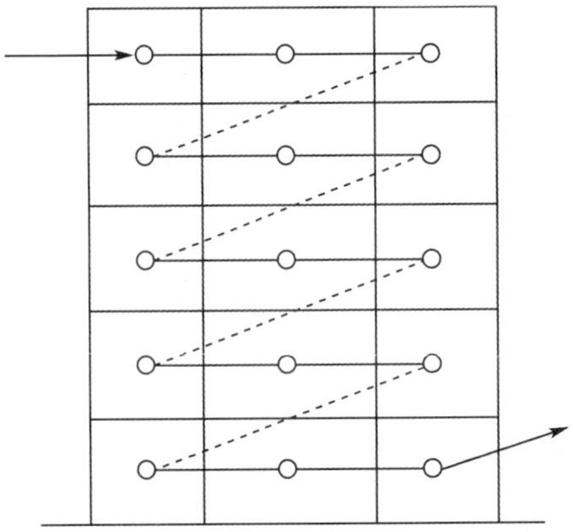

图 6-1　室外装饰工程自上而下的施工流向

(2)室内装饰工程

室内装饰工程的施工流向一般可以分为以下三种方式：

①自上而下的施工流向。室内装饰工程自上而下的施工流向又分水平向下和垂直向下两种情况，如图 6-2 所示。自上而下通常是指主体结构封顶、屋面防水层完成后，从屋顶开始，逐层向下进行。其优点是主体恒载已到位，结构物已有一定沉降时间；屋面防水完成后，可以防止雨水对屋面结构的渗透，有利于提高室内抹灰的质量；工序之间交叉作业少，相互影响小，有利于成品保护、施工安全。其缺点是不能尽早地与主体搭接施工，工期相对较长。该种方式适用于层数不多且工期要求不太紧迫的工程。

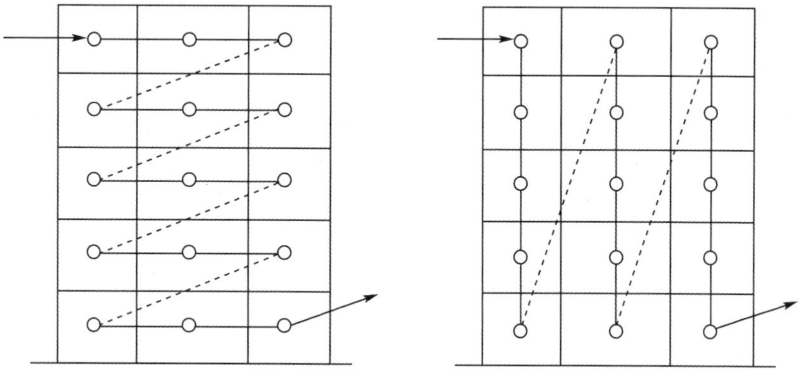

图 6-2　室内装饰工程自上而下的施工流向

②自下而上的施工流向，如图 6-3 所示。这是指主体结构已完成三层以上，室内抹灰自底层逐层向上。其优点是主体工程与装饰工程交叉进行施工，工期较短。其缺点是工序之间交叉作业多，质量、安全、成品保护不易保证。因此，采取这种流向，必须有一定的技术组织措施保证，如相邻两层中，先做好上层地面，确保不会漏水，再做好下层顶棚抹灰。该种方式适用于层数较多、工期紧迫的工程。

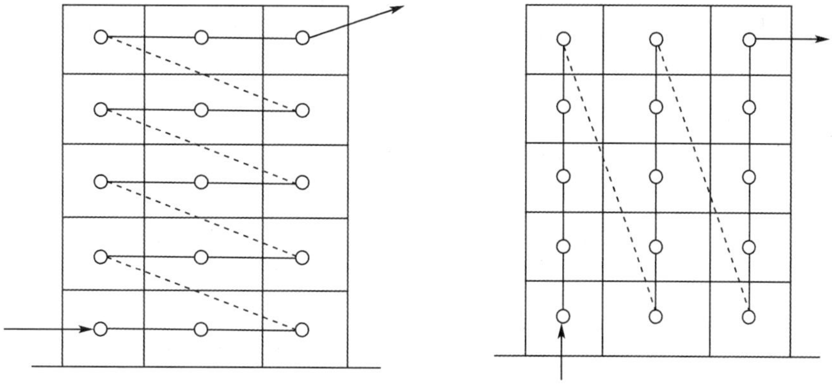

图 6-3　室内装饰工程自下而上的施工流向

③自中而下和自上而中的施工流向。这两种施工流向集中了前两种施工流向的优点，适用于高层建筑的室内装饰施工。

(3)多层建筑物室内装饰工程单元施工流向

多层建筑物室内装饰工程的单元施工流向指在同一楼层内顶棚、墙面、楼、地面之间的施工流向，一般可以分为以下两种方式：

①顶棚→墙面→楼、地面。这种施工流向的优点是工期较短，但是由于在顶棚、墙面抹灰时有落地灰，在地面抹灰之前，应将落地灰清理干净，否则会因落地灰影响抹灰层与预制板的黏结而引起楼地面起壳。

②楼、地面→顶棚→墙面。按照这种流向施工，室内清洁方便，地面抹灰质量易于保证。但地面抹灰需要一定养护凝结时间，如组织不好会拖延工期；在顶棚抹灰时要注意对地面做好保护。

6.3.4 施工顺序

施工顺序是指单位工程中各分项分部工程或施工过程之间施工的先后顺序，主要解决时间搭接上的问题。确定施工顺序时，既要考虑施工客观规律及工艺顺序，又要考虑各工种在时间与空间上最大限度地衔接，从而在保证质量的基础上充分利用工作面，节约时间，缩短工期，取得较好的经济效益。

1. 确定施工顺序的原则

(1)必须满足施工工艺要求

各施工过程之间存在着一定的工艺顺序，在确定施工顺序时应分析各施工过程之间的工艺关系。例如，现浇钢筋混凝土框架柱施工顺序为：绑扎柱钢筋→支柱模板→浇筑混凝土→养护拆模；基础工程施工顺序为：挖土方→做垫层→砌基础→回填土。

(2)必须与施工方法、施工机械一致

施工方法和施工机械对施工质量有影响。例如，基础工程中钢筋混凝土箱形基础采用基坑开挖的施工顺序为：基础土方开挖→绑扎钢筋→支模板→浇筑混凝土→养护→拆模→回填土。

(3)必须考虑施工组织顺序的安排

施工组织顺序是指在劳动组织条件确定下，同一工作的开展顺序。例如，有地下室的高层建筑，其地下室地面工程可以安排在地下室顶板施工前施工，也可以安排在顶板铺设后施工。从施工组织方面考虑，前者施工较方便，上部空间宽敞，可利用吊装机械直接将地面施工用的材料吊到地下室；而后者地面材料运输和施工就比较困难。

(4)必须考虑施工质量的要求

在安排施工顺序时，应以保证工程质量为前提。为了加快施工进度，必须有保证质量的相应措施，不能为加快施工进度而采用影响工程质量的施工顺序。如工程主体结构施工部分完成后，可先对这部分工程进行结构验收，然后自下而上进行室内装修工程。但上部结构施工用水会影响下面的装修工程，因此必须采取严格的防水措施，并对装修的成品加强保护，否则装饰工程应在屋面防水结构施工完成后进行。

(5)必须考虑自然条件的影响

安排施工顺序时应考虑自然条件对施工顺序的影响：南方地区应多考虑夏季多雨及热带风暴对施工的影响；北方地区应考虑寒冷天气对施工的影响。受自然条件影响较大的分部分项工程，如土方工程、防水工程、装饰工程中湿的作业部分，要尽量安排在冬季来临前完成。

(6)必须考虑施工安全要求

确定施工顺序时，应确保施工安全，不能因抢工程进度而引起安全事故，尤其是在交叉作业时，应有严格的安全防护措施。如脚手架应在每层结构施工之前搭好；又如在多层砖混结构施工中，只有完成两个楼层板的铺设后，才允许在底层进行其他施工过程的操作。

2. 多层砌体结构房屋的施工顺序

多层砌体结构房屋的施工按照房屋结构各部位不同的施工特点，可分为基础工程施工、主体工程施工、屋面与装饰工程施工三个阶段。

(1)基础工程施工顺序

基础工程是指室内地面以下的工程。其施工顺序一般为:挖土方→做垫层→砌基础→铺设防潮层→回填土。当在挖槽和钎探过程中发现地下有障碍物,如洞穴、防空洞、枯井、软弱地基等时,应进行局部加固处理。如有桩基础,应先进行桩基础施工;如有地下室,则在垫层完成后进行地下室底板、墙身施工,然后做防水层,安装地下室顶板,最后回填土。

在基础工程施工阶段,挖土方和做垫层这两个工序在施工安排上要紧凑,间隔时间不能太长,也可将挖土方与做垫层划分为一个施工过程,以防基槽积水或受冻,影响地基承载力,造成质量事故或材料的浪费。做垫层施工完成后,一定要留有技术间歇时间,使其具有一定强度后,再进行下道工序施工。

各种管沟挖土、管道的铺设等尽可能与基础施工配合,平行搭接进行。

回填土一般在基础完工后一次分层夯填完毕,以便为后续施工创造条件。对室内房间地面回填土,如果施工工期较紧,可安排在室内装修前回填土。

(2)主体工程施工顺序

主体工程是指基础工程以上屋面板以下的所有工程。这一施工阶段的施工顺序一般为:搭设脚手架及垂直运输机械的安装,砌筑墙体,浇筑钢筋混凝土构造柱、圈梁、楼板、楼梯、阳台等。

在主体工程施工阶段,砌筑墙体和现浇楼板是主要的施工过程,它们在各楼层之间先后交替施工,同时或相继完成。

在主体工程施工时,通常采用分段、分层流水施工的方法。例如,在砌墙工程流水施工时,不仅要在平面上划分施工段,在垂直方向上也要划分施工层,主要有以下三种方式:

①按水平流向在同一施工层逐段流水作业,即按一个可砌高度为一个施工层,每完成一个施工段的一个施工层的砌筑,转到下一个施工段砌筑同一施工层。

②在一个结构层采用垂直向上的流水方向的砌墙组织施工,即在同一结构层内,由下向上依次完成各砌筑施工后再转入下一施工段。

③在同一结构层内各施工段间,采用对角线流向的阶段式的砌墙组织方法。

使用上述哪一种方法要根据各种条件,经过分析比较后确定。

(3)屋面与装饰工程施工顺序

屋面与装饰工程是指屋面板完成以后的所有工作。这一施工阶段的施工特点:施工内容多、繁、杂;有的工程量大而集中,有的工程量小而分散;劳动消耗大,手工作业多,工期较长。因此,合理安排屋面与装饰工程的施工顺序,组织立体交叉流水作业,对加快工程进度有着特别重要的意义。

屋面工程的主要施工过程是屋面防水层施工。屋面防水一般分为柔性防水和刚性防水,通常采用柔性防水,即卷材防水,其施工顺序:结构层→找平层→隔气层→保温层→找平层→冷底子油结合层→防水层→保护层。屋面防水施工应在主体结构封顶后尽早开始,以便为装饰工程施工提供条件。

装饰工程的主要施工过程是外墙装饰、内墙装饰、顶棚装饰、楼地面装饰。按其装饰施工种类分为抹灰、装饰板块、油漆涂料、玻璃、门窗、装饰墙裙、踢脚线等。如室内装修施工顺序一般为清理基层→顶棚抹灰→门窗框安装→墙面抹灰→固定电气箱盒→铺设水暖管道→门窗扇安装→楼地面工程→刷涂料→电气器具安装(采暖、上下水设备安装)→清扫;抹灰工程施工顺序一般为先上面后下面,先顶棚、墙后地面,以便保护成品和地面工程。

楼梯间和楼梯踏步由于在施工期间易受损坏,为了保证装饰工程质量,楼梯间和踏步装修往往安排在其他室内装修完工之后,自上而下统一进行。

门窗的安装可在抹灰之前或之后进行,主要视气候和施工条件而定,但通常安排在抹灰之后进行。油漆和安装玻璃的次序是先油漆门窗扇后安装玻璃,以免油漆时弄脏玻璃,塑钢及铝合金门窗不受此限制。

在装饰工程施工阶段,还需考虑室内装修与室外装修的先后顺序,这与施工条件和气候变化有关。通常有先内后外、先外后内、内外同时进行三种施工顺序。一般说来,采用先外后内的施工顺序较为有利。

总之,整个室内外装修都必须按设计图纸要求,先做出样板间或样板块,经业主、设计、监理各方鉴定认可后方可大面积施工。

3. 现浇钢筋混凝土框架结构房屋的施工顺序

现浇钢筋混凝土框架结构房屋的施工顺序也可分为基础施工、主体施工、屋面及装饰工程施工三个阶段。它在主体工程施工时与砌体结构房屋有所区别,框架柱、框架梁、板施工既可交替进行,也可同时进行,墙体工程则与框架柱、梁、板搭接施工。其他工程的施工顺序与混合结构房屋相同。

一般现浇钢筋混凝土框架结构房屋施工顺序:测量放线→基础土方开挖→桩、独立柱基础→框架结构→墙体砌筑→室内外装饰→给排水、消防、电气安装及室外配套工程→工程收尾清理与设备调试→资料整理、竣工验收。

4. 高层现浇混凝土剪力墙结构的施工顺序

高层建筑的基础均为深基础,由于基础的类型和位置不同,其施工方法和顺序也不同,一般采用逆作业法。

高层现浇混凝土剪力墙结构施工主要分为基础工程施工、主体结构工程施工、屋面及装饰工程施工三个主要阶段。

(1)基础工程施工顺序

当采用一般方法施工时,由下而上的施工顺序为:挖土方→清槽→验槽→桩施工→做垫层→桩头处理→清理→做防水层→保护层→抄平放线→承台梁板扎筋→混凝土浇筑→养护→抄平放线→施工缝处理→柱、墙扎筋→柱、墙模板→混凝土浇筑→顶盖梁、板支模→梁、板扎筋→混凝土浇筑→养护→拆外模→外墙防水→保护层→回填土。

施工中要注意防水工程和承台梁大体积混凝土浇筑及深基础支护结构的施工,防止水化热对大体积混凝土的不良影响,并保证基坑支护结构的安全。

(2)主体结构工程施工顺序

主体结构为现浇钢筋混凝土剪力墙,可采用大模板或滑模板工艺。

采用大模板工艺分段流水施工,施工速度快,结构整体性、抗震性好。标准层施工顺序:弹线→绑扎墙体钢筋→支墙模板→浇筑墙身混凝土→养护→拆墙模板→支楼板模板

→绑扎楼板钢筋→浇筑楼板混凝土。随着楼层施工，电梯井、楼梯等部位也逐层插入施工。

采用滑模板工艺，滑模板和液压系统安装调试顺序：抄平放线→安装提升架、围圈→支一侧模板→绑扎墙体钢筋→支另一侧模板→液压系统安装→检查调试→安装操作平台→安装支撑杆→滑升模板→安装悬吊脚手架。

(3)屋面及装饰工程施工顺序

屋面工程施工顺序基本与混合结构房屋相同：结构层→找平层→隔气层→保温层→找平层→冷底子油结合层→防水层→保护层。

装饰工程的分项工程及施工顺序随装饰设计的不同而不同。例如，室内装饰工程施工一般顺序：结构处理→放线→做轻质隔墙→贴灰饼冲筋→立门窗框、安门窗→各类管道水平支管安装→墙面抹灰→管道试压→墙面喷涂贴面→吊顶→地面清理→做地面、贴地砖→安风口、灯具、洁具→调试→清理。若大模板墙面平整，只需在板面刮腻子，面层刷涂料。

总之，高层建筑种类较多，不同结构体系采用的施工工艺不尽相同，施工顺序应与采用的施工方法相协调。

以上所述的多层砌体结构房屋、现浇钢筋混凝土框架结构和高层现浇混凝土剪力墙结构房屋的施工过程和施工顺序仅适用于一般情况，在建筑施工中应根据建筑的类型、结构、现场条件、施工环境等因素的不同，对每个单位工程，依其施工特点和具体情况，合理地确定其施工顺序。

6.3.5 施工方法和施工机械

正确选择施工方法和施工机械是拟订施工方案的关键，它直接影响施工进度、施工质量和安全，以及工程成本。一个工程的施工过程、施工方法和施工机械均可采用多种形式，施工组织设计的任务是在若干个可行方案中选择适合客观实际的、较先进合理又经济的施工方案。

编制施工组织设计时，必须根据工程的建筑结构、抗震要求、工程量的大小、工期长短、资源供应情况、施工现场的条件和周围环境，拟订可行方案，并且进行技术经济比较，选出最优方案。

1. 选择施工方法和施工机械的基本原则

①技术上的先进性和经济上的合理性要相统一。

②兼顾施工机械的适用性和多用性，充分考虑施工机械的利用率。

③充分考虑施工单位特点、技术水平、施工习惯及可利用现场条件。

2. 选择施工方法的基本要求

施工方法的选择应着重考虑影响整个单位工程的分部分项工程，如工程量大、施工技术复杂或采用新技术、新工艺及对工程质量起关键作用的分部分项工程。

(1)应考虑主要分部分项工程的要求

单位工程施工应从全局出发，着重考虑影响整个工程施工的主要分部分项工程的施工方法和施工机械选择。而对于一般的、常见的、工程量小的以及对施工全局和工期无多大影响的分部分项工程，只要提出若干注意事项和要求即可。

主要分部分项工程包括以下几种：

①工程量大、施工工期长、在施工中占据重要地位的施工过程，如砖混结构中的砌筑墙体、内外墙抹灰等。

②施工技术复杂或采用新技术、新工艺、新结构，对工程质量起关键作用的施工过程，如地下室施工的防水工程，预应力框架施工中的预应力张拉等。

③对某项工程缺乏施工经验或对某些结构不熟悉的施工过程，如大体积混凝土浇筑，薄壳结构、钢结构的焊接等。

(2)应符合施工组织总设计的要求

如果是建设项目或建筑群中的一个单位工程，则其施工方法的选择应符合施工组织总设计中的有关规划要求。

(3)应满足施工技术的要求

不同施工过程的施工技术要求是不一样的，如预应力张拉方法和机械的选择应满足设计、施工的技术要求。

(4)应符合先进、合理、可行、经济的要求

选择施工方法和施工机械时，除要求先进、合理之外，还要考虑对施工单位是可行的，经济上是节约的；必要时，要进行分析比较，从施工技术水平和实际情况考虑研究，做出选择。

(5)应满足工期、质量、成本和安全的要求

所选择施工方法和施工机械应尽量满足缩短工期、提高质量、降低成本、保证安全的要求。

3. 选择施工机械的基本要求

选择施工方法必然涉及施工机械的选择。机械化施工是当前建筑工业生产的主流。因此施工机械的选择是施工方法选择的中心环节，在选择时应注意以下几点：

①首先选择主导工程的施工机械，如地下工程的土方机械，主体结构工程的垂直、水平运输机械，结构吊装工程的起重机械等。

②各种辅助机械或运输工具应与主导机械的生产能力协调配套，以充分发挥主导机械效率。例如，土方工程在采用汽车运土时，汽车的载重量应为挖土机斗容量的整倍数，汽车的数量应保证挖土机连续工作。

③在同一工地上，应力求施工机械的种类和型号尽可能少，以利于机械管理和降低成本；尽量使机械少而配件多，一机多能，提高机械使用效率。

④机械选用应考虑充分发挥施工单位现有机械的能力，当施工单位的机械不能满足工程需要时，则应购置或租赁所需新型或多用机械。

4. 主要分部分项工程的施工要求

(1)土石方工程

①计算土石方工程的工程量，确定土石方开挖或爆破方法，选择土石方施工机械。

②确定边坡的边坡系数或土壁支护形式及打桩方法。

③选择地面排水、降低地下水位方法，确定排水沟、集水井或布置井点降水所需设备。

④土石方的平衡调配，确定土方调配的方案。

(2)基础工程

①浅基础中垫层、钢筋混凝土、基础墙砌筑的技术要点，如标高、尺寸的控制等。

②地下室施工防水要求，如施工缝的留置及做法等。

③桩基础的施工方法以及施工机械选择。

(3)钢筋混凝土工程

①确定模板类型及支模方法。根据不同的结构类型、现场施工条件和企业实际情况，确定模板种类、支承方法和施工方法，并分别列出采用的项目、部位、数量，明确加工制作的分工，对于复杂的模板还需进行模板设计及绘制模板放样图。

②选择钢筋的加工、绑扎和焊接方法。明确钢筋除锈、调直、切断、弯曲成型的方法；明确钢筋冷拉、加预应力的方法；明确钢筋焊接的方法或机械连接的方法。

③选择混凝土的搅拌、输送及浇筑顺序和方法。确定混凝土搅拌、振捣和泵送方法等以及使用设备的类型和规格，确定施工缝的留设位置。

④确定预应力混凝土的施工方法、控制应力和张拉设备。

(4)砌筑工程

①砌体的组砌方法和质量要求。

②砌体与钢筋混凝土构造柱、梁、圈梁、楼板、楼梯、阳台等构件的连接要求。

③砌筑砂浆的配合比计算、原材料要求及拌制和使用要求。

(5)结构吊装工程

①确定结构安装方法和起重机械。

②确定构件运输及堆放要求。

(6)屋面工程

①屋面各个分项工程施工的操作要求，特别是防水层、各节点部位及各接缝处的质量要求、施工操作的要求。

②选择屋面材料的运输方式。

(7)装饰工程

①确定各装饰工程的操作方法及质量要求。

②确定材料运输方式及储存要求。

③确定所需机具设备。

④确定施工工艺流程和施工组织，尽可能组织结构、装饰穿插施工、室内外装修交叉施工，以缩短工期。

(8)垂直、水平运输及脚手架等搭设

①选择垂直、水平运输方式，验算起重参数是否满足要求，确定其布置位置或开行线路。

②确定脚手架搭设方法及安全网的挂设方法。

(9)特殊项目

①采用新结构、新工艺、新材料、新技术的项目及高耸、大跨、重型构件、水下、深基础等项目，均应单独编制施工方案。

②大型土石方、打桩、构件吊装等项目，一般均需单独提出施工方法和技术组织措施。

6.3.6 施工方案的技术经济评价

施工方案的技术经济评价是在众多施工方案中选择出最合理的方案，其涉及的因素多而复杂。一般来说，施工方案的技术经济评价方法有定性分析评价和定量分析评价两种。

1. 定性分析评价

施工方案的定性分析评价是结合施工实际经验，对若干施工方案的优缺点进行技术经济分析比较。例如，技术上是否可行，施工复杂程度和安全可靠性如何，劳动力和机械设备能否满足需要，能否充分发挥现有机械的作用，保证质量的措施是否完善可靠、给冬季施工带来多大困难，等等。

2. 定量分析评价

施工方案的定量技术经济分析评价是通过计算各方案的几个主要技术经济指标，进行综合比较分析，从中选择技术经济指标较佳的方案。一般是计算不同施工方案所消耗的人力、物力、财力和工期等指标进行数量比较。

其主要的评价指标有以下几种：

(1)工期指标

工期是指工程开工至竣工的全部日历天数，反映建设速度，是影响投资效益的主要指标。

(2)成本指标

成本可以综合反映不同施工方案的经济效果，降低成本的方法一般有降低成本额和降低成本率两种。

(3)主要工种施工机械化程度指标

施工机械化程度是工程全部工程量中机械完成量的比重，是衡量施工方案的重要指标之一。

(4)主要材料消耗指标

反映若干施工方案的主要材料节约情况。

(5)劳动消耗量指标

劳动消耗量反映工程的机械化程度，机械化程度系数越高，生产率越高，劳动消耗量就越少。

6.3.7 施工方案示例——确定某住宅楼屋面工程施工方法

背景资料：

屋面找坡为结构找坡，20 mm 厚 1∶2.5 水泥砂浆找平层，25 mm 厚 1∶8水泥海泡石隔热层，刷基层处理剂一遍，2 mm 厚合成高分子涂料，一层 1.2 mm 厚合成高分子卷材，30 mm 厚 1∶4干硬性水泥砂浆，面撒素水泥一道，8～10 mm 厚混凝土预制块，1∶1水泥砂浆填缝。

屋面工程施工方法：

1. 基层处理

基层处理十分重要，是保证防水层与基层表面结合牢固、不空鼓和密实不透水的关键。在做找平层前，先将屋面混凝土表面用水清洗干净，混凝土表面凹凸不平处应剔成慢坡形，浇水洗净，用素灰和水泥砂浆找平。比较光滑混凝土表面应先刷毛并清洗干净，混凝土表面麻面和松动的石子应剔除、清洗干净。弯角处用素灰和水泥砂浆做成弧形。基层处理要达到使基层表面保持潮湿、清洁、平整、坚实、粗糙的目的。

2. 水泥砂浆找平层施工方法

①彻底清除屋面结构层上面的松散杂物，凡凸出基层的混凝土疙瘩、钢筋头、落地砂浆等凿去，并用水冲洗干净。

②根据设计坡度要求拉线找坡灰饼，顺排水方向冲筋，冲筋间距 1.5 m 左右为宜。

③将基层洒水湿润，刷水灰比为 0.4～0.5 纯水浆一遍，随刷随铺砂浆，并用 2 m 长刮尺拍实，再用木抹子磨平。

④待砂浆开始收水时，用铁抹子收光(最后一次压光，应在砂浆初凝后终凝前完成)。

⑤沟边、女儿墙脚、柱脚、水池脚等应抹成圆弧。

⑥找平层铺设凝固后，即可浇水养护，时间不少于 7 天。干燥后即可进行防水层施工。

3. 合成高分子涂膜防水层施工方法

(1)涂刷基层处理剂

涂膜防水层施工前，应在基层上涂刷基层处理剂，其目的是：

①堵塞基层毛细孔，使基层的潮湿水蒸气不易向上渗透至防水层，避免防水层起鼓。

②增加基层与防水层的黏结力。

③将基层表面的尘土清洗干净，以便于黏结。

所涂刷的基层处理剂可用防水涂料稀释后使用，涂刷基层处理剂时应用力薄涂，使其渗入基层毛细孔中。

(2)准确计量，充分搅拌

对于多组分防水涂料，施工时应按规定的配合比准确计量，充分搅拌均匀；有些防水涂料施工时要加入稀释剂、促凝剂或缓凝剂，以调节其稠度和凝固时间。掺入后必须搅拌充分，才能保证防水涂料的技术性能达到要求。特别是某些水乳型涂料，由于内部含有较多纤维状或粉粒状填充料，如搅拌不均匀，不仅涂布困难，而且会使没有拌匀的颗粒杂质残留在涂层中，埋下渗漏的隐患。

(3)薄涂多遍，确保厚度

确保涂膜防水层的厚度是涂膜防水屋面最主要的技术要求。过薄，会降低屋面整体防水效果，缩短防水层耐用年限；过厚，将在一定意义上造成浪费。过去用涂刷遍数或每平方米涂料用量来要求涂膜防水层的质量，现在用涂膜厚度来作为评定防水层质量的技术指标。

在涂料涂刷时，无论是厚质防水涂料还是薄质防水涂料，均不得一次涂成，因为厚质涂料若是一次涂成，涂膜收缩和水分蒸发后易产生开裂；而薄质涂料很难一次涂成规定的厚度。所以防水涂膜应分遍涂布，待先涂的涂层干燥成膜后，方可涂布后一遍涂料。

(4)铺设胎体增强材料

在涂料第二遍涂刷时,或第三遍涂刷前,即可加铺胎体增强材料。胎体增强材料的铺贴方向应视屋面坡度而定。屋面坡度小于15%时,可平行于屋脊铺设;屋面坡度大于15%时,应垂直于屋脊铺设。其胎体长边搭接宽度不得小于80mm,短边搭接宽度不得小于100 mm。

若采用二层胎体增强材料时,上下层不得互相垂直铺设,搭接缝应错开,其间距不应小于幅宽的1/3。

(5)涂料涂布方向、接茬

防水涂层涂刷致密是保证质量的关键。要求各遍涂膜的涂刷方向应相互垂直,使上下遍涂层互相覆盖严密,避免产生直通的针眼气孔,提高防水层的整体性和均匀性。

涂层间的接茬,在每遍涂布时应退茬50~100 mm,接茬时也应超过50~100 mm,避免在接茬处涂层薄弱,发生渗漏。

(6)收头处理

在涂膜防水层的收头处应多遍涂刷防水涂料,或用密封材料封严。泛水处的涂膜宜直接涂布至女儿墙的压顶下,在压顶上部也应做防水处理,避免泛水处或压顶的抹灰层开裂,造成屋面渗漏。

收头处的胎体增强材料应裁剪整齐,黏结牢固,不得有翘边、皱褶、露白等现象,否则应先处理后再行涂封。

(7)涂布顺序合理

涂布时应按照"先高后低、先远后近"的原则进行。在相同高度的大面积屋面上,要合理划分施工段,分段应尽量安排在变形缝处,根据操作和运输方便安排先后次序,在每段中要先涂布较远部分,后涂布较近屋面;先涂布排水较集中的水落口、天沟、檐沟,再往高处涂布至屋脊或天窗下。

(8)加强成品保护

整个防水涂膜施工完后,应有一个自然养护的时间。特别是由于涂膜防水层的厚度较薄,耐穿刺能力较弱,为避免人为的因素破坏防水涂膜的完整性,保证其防水效果,在涂膜实干前,不得在防水层上进行其他施工作业,涂膜防水屋面上不得直接堆放物品。

4.合成高分子防水卷材施工方法

(1)施工作业准备

①铺贴卷材的基层面应抹平、压光,不得有鼓包、凹坑、浮砂、掉灰,尘土杂物应彻底清扫干净。其含水率应少于9%。

②基面的排水坡度应大于2%,不允许有局部积水的缺陷存在。

③基面与女儿墙、变形缝、烟囱等突起物相连接的阴角及与檐口、排水口等相连接的转角应抹成光滑圆角或圆弧形。

(2)施工操作要点

①铺贴卷材。铺贴卷材时一般可根据卷材配置的方案,从流水坡度的下坡开始,用粉线弹出基准线,并使卷材的长向与流水坡度垂直。平面与立面相连的卷材应由下开始向上铺贴,并使卷材紧贴阴角,铺完一张卷材后,立即用干净的长把滚刷从卷材一端朝卷材

横向用力地滚压一遍，以排除黏结层的空气，使其黏结牢固。

②卷材接缝的黏结。一般搭接宽度为 100 mm，用油漆刷在两个黏结面上均匀涂胶，涂胶量以 1 kg/ m^2 为宜，涂胶后 10～3 min 以手感基本干燥即可用手边黏结边驱赶空气，黏合后再手持铁棍顺序地滚压一遍，遇到三层卷材重叠的接头部位，必须填完密封材料封闭。

③卷材末端收头。用自黏性密封带或聚氨酯涂膜防水材料封闭后，再用 108 胶水泥砂浆压缝处理(其配合比为水泥∶砂∶108 胶＝1∶3∶0.15)。

5. 隔热层施工方法

用 1∶8水泥海泡石铺设隔热层，厚度 25 mm。水泥海泡石隔热层铺设时，要紧贴基层表面并密排，铺平垫稳。

6. 面层混凝土预制块施工方法

①基层清扫干净，用水洗刷。

②贴灰饼、标筋。根据坡度要求，每隔 1.5 m 做标筋。标筋表面应比地面水平标高低一块砖的厚度。

③铺砂浆。结合层砂浆采用干硬性 1∶4水泥砂浆，其干硬度以手捏成团落地即散为准。机械拌和，其搅拌时间应不少于 1.5 min。铺砂浆前，先将基层浇水湿润，均匀刷水泥素浆一遍，随即摊铺砂浆，用刮尺压实拍平，木抹子搓平。

④混凝土预制块铺设。铺贴时由一侧向另一侧铺贴。在准备铺贴混凝土预制块的范围内先洒水湿润，然后刮一道厚 2～3 mm 的水泥浆(宜掺水泥重 20%的 108 胶)，对好后立即将地板砖铺贴在水泥浆上，紧跟着用手将表面铺平。铺完后由一端开始，用木棰和拍板依次拍平拍实，拍至素水泥浆挤满缝隙为止。

⑤用 1∶1水泥砂浆填缝，填缝后检查缝格平直、接缝高低差、板面缝隙宽度和表面平整度。如不符合标准，应予以调整。操作人员应在木踏板上行走，不得直接踩踏地面。

⑥养护。混凝土预制块铺完 24 h 后，铺湿锯末养护 4～5 天。

6.4 单位工程施工进度计划

单位工程施工进度计划是在施工部署的基础上，根据规定的工期和技术物资供应条件，遵循工程的施工顺序，用横道图或网络图表示各分部分项工程搭接关系及工程开工、竣工时间的一种计划安排。它是施工部署在时间上的体现，反映了施工顺序和各个阶段工程进展情况，是单位工程施工组织设计的重要内容之一。

6.4.1 单位工程施工进度计划的作用和分类

单位工程施工进度计划是施工组织设计的重要内容，是控制各分部分项工程施工进程及总工期的主要依据，也是编制施工作业计划及各项资源需要量计划的依据。

1. 单位工程施工进度计划的作用

①控制单位工程的施工进度，指导现场的施工安排，确保施工任务的如期完成。

②确定各分部分项工程的施工时间及其相互之间的衔接、穿插、平行搭接、协作配合等关系。

③确定所需的劳动力、机械、材料等资源用量。

④为编制季、月进度计划提供依据。

2. 单位工程施工进度计划的分类

单位工程施工进度计划按工程项目划分的粗细程度，可分为控制性与指导性施工进度计划两类。控制性施工进度计划是按分部工程项目进行编制的，不但对整个工程施工进度及竣工验收起一定的控制调节作用，而且为指导性施工计划提供编制的依据；指导性施工进度是按分项工程或施工过程编制而成的，它不仅确定了各分项工程或施工过程的施工时间及相互搭接的配合关系，用以指导日常施工，而且为整个工程所需的劳动力配置和数量、资源需要计划的编制提供了依据。

控制性施工进度计划主要用于工程结构复杂、规模大、工期长、施工任务不明确、需要跨年度的工程施工；指导性施工计划用于施工任务明确、各项资源供应正常、规模较小的中小型工程的施工。需要编制控制性施工进度计划的单位工程，当各分部工程的施工条件基本落实之后，在施工之前还应编制指导性施工进度计划。

6.4.2 单位工程施工进度计划的表示方法

单位工程施工进度计划的表达方式一般有横道图和网络图两种。施工进度计划由两部分组成：一部分反映拟建工程所划分施工过程的工程量、劳动量或台班量、施工人数或机械数、工作班次及工作持续时间等计算内容；另一部分则用图表形式表示各施工过程的起止时间、持续时间及其搭接关系。常用的施工进度计划表见表 6-2。

表 6-2　　施工进度计划表

序号	分部分项工程名称	工程量		定额	劳动量	工作班	工作队人数	施工进度										
		单位	数量															

水平图表，也称横道图，由左、右两大部分组成，表的左边部分列出分部分项工程的名称、工程量、定额（劳动定额或时间定额）、劳动量、人数等计算数据；表的右边部分是从规定的开工日起到竣工日止的进度指示图表，用不同线条来形象地表现各个分部分项工程施工进度和搭接关系。有时也在进度指示图表下方汇总每天的资源需要量，组成资源需求量动态曲线。

6.4.3 单位工程施工进度计划的编制依据及程序

1. 单位工程施工进度计划的编制依据

①经过审批的建筑总平面图、单位工程全套施工图以及地质、地形图、工艺设计图和

有关标准图等技术资料。

②施工组织总设计对单位工程的要求。

③施工工期要求及开、竣工日期。

④施工条件、劳动力、材料、构配件及机械等资源供应情况。

⑤确定的主要分部分项工程的施工部署，包括施工顺序、施工段划分、施工起点及流向、施工方法、质量及安全措施等。

⑥施工定额。

⑦其他有关要求和资料。

2. 单位工程施工进度计划的编制程序

单位工程施工进度计划的编制程序如图 6-4 所示。

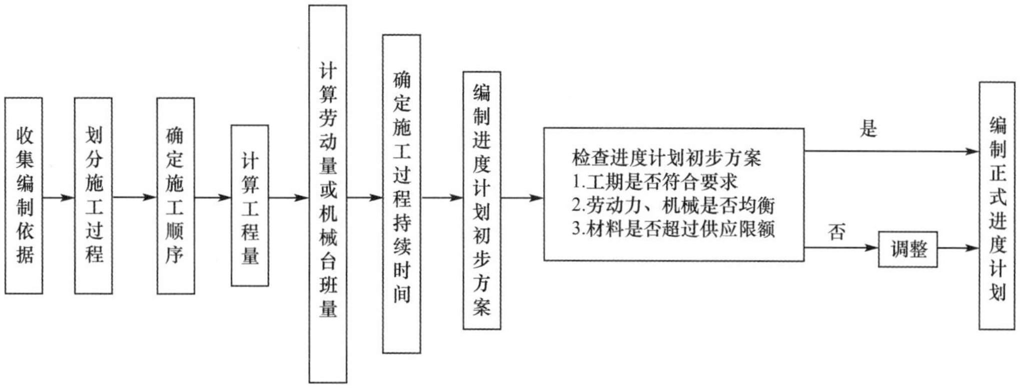

图 6-4　单位工程施工进度计划的编制程序

6.4.4　单位工程施工进度计划的编制步骤

1. 划分施工过程

编制单位工程施工进度计划时，首先必须研究施工过程的划分，再进行有关内容的计算和设计。施工过程划分应考虑下述要求：

(1)施工过程划分的粗细程度的要求

对于控制性施工进度计划，其施工过程的划分可以粗一些，一般可按分部工程划分施工过程。对于指导性施工进度计划，其施工过程的划分可以细一些，要求每个分部工程所包括的主要分项工程均应一一列出，起到指导施工的作用。

(2)对施工过程进行适当合并，达到简明清晰的要求

为了使计划简明清晰、突出重点，一些次要的施工过程应合并到主要施工过程中，如基础防潮层可合并到基础施工过程内；有些虽然重要但工程量不大的施工过程也可与相邻的施工过程合并，如油漆和玻璃安装可合并为一项；同一时期由同一工种施工的施工项目也可合并在一起。

(3)施工过程划分的工艺性要求

现浇钢筋混凝土施工一般可分为支模、绑扎钢筋、浇筑混凝土等施工过程，是合并还是分别列项，应视工程施工组织、工程量、结构性质等因素研究确定。一般现浇钢筋混凝

土框架结构的施工应分别列项，而且可分得细一些。例如，绑扎柱钢筋，安装柱模板，浇捣柱混凝土，安装梁、板模板，绑扎梁、板钢筋，浇捣梁、板混凝土，养护，拆模等施工过程。抹灰工程一般分内、外墙抹灰，外墙抹灰工程可能有若干种装饰抹灰的做法要求，一般情况下可合并列为一项，也可分别列项；室内的各种抹灰应按楼地面抹灰、顶棚及墙面抹灰、楼梯间及踏步抹灰等分别列项，以便组织施工和安排进度。

施工过程的划分应考虑所选择的施工方案。当厂房基础采用敞开式施工方案时，柱基础和设备基础可合并为一个施工过程；而采用封闭式施工方案时，必须列出柱基础、设备基础这两个施工过程。

住宅建筑的水、暖、煤、卫、电等房屋设备安装是建筑工程的重要组成部分，应单独列项；工业厂房的各种机电等设备安装也要单独列项，但不必细分，可由专业队或设备安装单位单独编制施工进度计划。土建施工进度计划中列出设备安装的施工过程，表明其与土建施工的配合关系。

明确施工过程对施工进度的影响程度。施工过程对施工进度的影响程度可分为三类。第一类为资源驱动的施工过程，这类施工过程直接在拟建工程的工作面进行作业，占用时间、资源，对工程的完成与否起着决定性的作用，它在条件允许的情况下，可以缩短或延长工期。第二类为辅助性施工过程，它一般不占用拟建工程的工作面，虽需要一定的时间并消耗一定的资源，但不占用工期，故可不列入施工计划以内，如交通运输、场外构件加工或预制等。第三类施工过程虽直接在拟建工程的工作面进行作业，但它的工期不以人的意志为转移，随着客观条件的变化而变化，它应根据具体情况列入施工计划，如混凝土的养护等。

施工过程划分和确定之后，应按前述施工顺序列出施工过程（分部分项工程）一览表，见表 6-3。

表 6-3　　分部分项工程一览表

序号	分部分项工程名称	序号	分部分项工程名称
一	基础工程	二	主体工程
1	挖土	5	模板
2	混凝土垫层	6	钢筋
3	砌砖基础	7	混凝土
4	回填土	……	……

2. 计算工程量

确定了施工过程之后，应计算每个施工过程的工程量。工程量应根据施工图纸、工程量计算规则及相应的施工方法进行计算。计算时应注意以下几个问题：

(1)注意工程量的计量单位

每个施工过程的工程量的计量单位应与采用的施工定额的计量单位相一致。这样，在计算劳动量、材料消耗量及机械台班量时就可直接套用施工定额，不再进行换算。

(2)注意采用的施工方法

计算工程量时，应与采用的施工方法相一致，以便计算的工程量与施工的实际情况相符合。

(3)正确取用预算文件中的工程量

如果编制单位工程施工进度计划时,已编制出预算文件(施工图预算或施工预算),则工程量可从预算文件中抄出并汇总。但是,施工进度计划中某些施工过程与预算文件的内容不同或有出入时(如计量单位、计算规则、采用的定额等),则应根据施工实际情况加以修改、调整或重新计算。

3. 套用施工定额

确定了施工过程及其工程量之后,即可套用施工定额(当地实际采用的劳动定额及机械台班定额),以确定劳动量和机械台班量。

在套用国家或当地颁布的定额时,必须注意结合本单位工人的技术等级、实际操作水平、施工机械情况和施工现场条件等因素,确定定额的实际水平,使计算出来的劳动量、机械台班量符合实际需要。

4. 确定劳动量和机械台班量

劳动量和机械台班量可根据各分部分项工程的工程量、施工方法和施工定额来确定。

$$P_i = \frac{Q_i}{S_i} = Q_i H_i \tag{6-1}$$

式中　P_i——某分项工程劳动量或机械台班数量(工日或台班);

Q_i——某分项工程的工程量(m^3、m^2、m、t 等);

S_i——某分项工程计划产量定额[m^3/工日(台班)、m^2/工日、m/工日、t/工日(台班)等;

H_i——某分项工程计划时间定额[工日(台班)/m^3、工日/m^2、工日/m、工日(台班)/t 等。

当某一施工过程是由两个或两个以上不同分项工程合并而成时,其总劳动量应按以下公式计算:

$$P_{总} = \sum_{i=1}^{n} P_i = P_1 + P_2 + P_3 + \cdots\cdots + P_n \tag{6-2}$$

当某一施工过程是由同一工种但不同做法、不同材料的若干个分项工程合并组成时,应按以下公式计算其综合产量定额,再求其劳动量

$$\overline{S} \frac{\sum_{i=1}^{n} Q_i}{\sum_{i=1}^{n} P_i} = \frac{Q_1 + Q_2 + \cdots + Q_n}{P_1 + P_2 + \cdots + P_n} = \frac{Q_1 + Q_2 + \cdots + Q_n}{\frac{Q_1}{S_1} + \frac{Q_2}{S_2} + \cdots + \frac{Q_n}{S_n}}$$

$$\overline{H} = \frac{1}{S} \tag{6-3}$$

式中　$\overline{S}$——某施工过程的综合产量定额(m^3/工日、m^2/工日、m/工日、t/工日等);

$\overline{H}$——某施工过程的综合时间定额(工日/m^3、工日/m^2、工日/m、工日/t 等);

$\sum_{i=1}^{n} Q_i$ ——总工程量(m^3、m^2、m、t 等);

$\sum_{i=1}^{n} P_i$ ——总劳动量(工日);

Q_1、Q_2……Q_n——同一施工过程的各分项工程的工程量；

S_1、S_2……S_n——与 Q_1、Q_2……Q_n 相对应的产量定额。

【例 6.1】 某基础工程土方开挖总量为 10 000 m^3，计划用两台挖掘机进行施工，挖掘机台班定额为 100 m^3/台班。计算挖掘机所需的台班量。

解：$P_i=Q_i/S_i=10\ 000/(100\times2)=50$(台班)

【例 6.2】 某分项工程依据施工图计算的工程量为 1 000 m^3，该分项工程采用的施工时间定额为 0.4 工日/ m^3。计算完成该分项工程所需的劳动量。

解：$P_i=Q_iH_i=1\ 000\times0.4=400$(工日)

5. 确定各施工过程的持续时间

施工过程持续时间的确定方法有三种：经验估算法、定额计算法和倒排计划法。

(1)经验估算法

经验估算法先估计出完成该施工过程的最乐观时间、最悲观时间和最可能时间三种施工时间，再根据公式计算出该施工过程的持续时间。这种方法适用于新结构、新技术、新工艺、新材料等无定额可循的施工过程。计算公式为：

$$D=(A+4B+C)/6 \tag{6-4}$$

式中 A——某施工过程的持续时间(天)；

B——最乐观的时间估算(最短的时间)(天)；

C——最可能的时间估算(正常的时间)(天)；

D——最悲观的时间估算(最长的时间)(天)。

(2)定额计算法

定额计算法是根据施工过程需要的劳动量或机械台班量，以及配备的劳动人数或机械台班，确定施工过程持续时间。计算公式为：

$$D=\frac{P}{N\times R} \tag{6-5}$$

$$D_{机械}=\frac{P_{机械}}{N_{机械}\times R_{机械}} \tag{6-6}$$

式中 D——某手工操作为主的施工过程持续时间(天)；

P——该施工过程所需的劳动量(工日)；

R——该施工过程所配备的施工班组人数(人)；

N——每天采用的工作班制(班)；

$D_{机械}$——某机械施工为主的施工过程持续时间(天)；

$P_{机械}$——该施工过程所需的机械台班数(台班)；

$R_{机械}$——该施工过程所配备的机械台数(台)；

$N_{机械}$——每天采用的工作台班数(台班)。

在实际工作中，确定施工班组人数或机械台班数，必须结合施工现场的具体条件、最小工作面与最小劳动组合人数的要求以及机械施工的工作面大小、机械效率、机械必要的停歇维修与保养时间等因素，才能确定出符合实际和要求的施工班组数及机械台班数。

(3)倒排计划法

倒排计划法是根据施工的工期要求,先确定施工过程的持续时间、工作 班制,再确定施工班组人数或机械台数。计算公式为:

$$R=\frac{P}{N\times D} \tag{6-7}$$

$$R_{机械}=\frac{P_{机械}}{N_{机械}\times D_{机械}} \tag{6-8}$$

式中各参数含义同前。

6. 编制施工进度计划初步方案

以横道图为例,上述各项计算内容确定之后,即可编制施工进度计划的初步方案。常用的编制方法有以下两种:

(1)根据施工经验直接安排的方法

这种方法是根据经验资料及有关计算,直接在进度表上画出进度线。其一般步骤:先安排主导施工过程的施工进度,然后再安排其余施工过程。它应尽可能配合主导施工过程并最大限度地搭接,形成施工进度计划的初步方案。总的原则是应使每个施工过程尽可能早地投入施工。

(2)按工艺组合组织流水的施工方法

这种方法就是先按各施工过程(工艺组合流水)初排流水进度线,然后将各工艺组合最大限度地搭接起来。

无论采用上述哪一种方法编排进度,都应注意以下问题:

①每个施工过程的施工进度线都应用横道粗实线段表示(初排时可用铅笔细线表示,待检查调整无误后再加粗)。

②每个施工过程的进度线所表示的时间(天)应与计算确定的持续时间一致。

③每个施工过程的施工起止时间应根据施工工艺顺序及组织顺序确定。

7. 检查与调整施工进度计划

施工进度计划初步方案编制后,应根据建设单位和有关部门的要求、合同规定及施工条件等,先检查各施工过程之间的施工顺序是否合理、工期是否满足要求、劳动力等资源消耗是否均衡,然后再进行调整,直至满足要求,正式形成施工进度计划。

总的要求是:在合理的工期下尽可能地使施工过程连续,这样便于资源的合理安排。

6.5 资源需要量与施工准备工作计划

6.5.1 资源需要量

单位工程施工进度计划编制确定以后,便可编制劳动力需要量计划,主要材料、预制构件、门窗等的需要量和加工计划,施工机具及周转材料的需要量和进场计划等。它们是做好劳动力与物资的供应、平衡、调度、落实的依据，也是施工单位编制施工作业计划的主要依据之一。

1.劳动力需要量计划

劳动力需要量计划是安排劳动力的均衡、调配和衡量劳动力耗用指标的依据，它反映单位工程施工中所需要的各种技术工人、普工人数。一般要求按月分旬编制计划。主要根据确定的施工进度计划编制，其方法是按进度表上每天需要的施工人数，分工种进行统计，得出每天所需工种及人数，按时间进度要求汇总编出。表格形式见表6-4。

表6-4　　劳动力需要量计划

序号	工种名称	总劳动量/工日	每月需要量/工日					
			1	2	3	4	5	……
1								
2								
3								
……								

2.主要材料需要量计划

主要材料需要量计划是备料、供料和确定仓库、堆场面积大小及组织运输的依据。根据施工预算、材料消耗定额和施工进度计划来编制。表格形式见表6-5。

表6-5　　主要材料需要量计划

序号	材料名称	规格	需要量		供应时间	备注
			单位	数量		
1						
2						
3						
……						

3.构件和半成品需要量计划

构件和半成品需要量计划是根据施工图、施工方案及施工进度计划要求编制，主要反映施工中各种预制构件的需要量及供应日期，并作为落实加工单位及按所需规格、数量和使用时间组织构件进场的依据。表格形式见表6-6。

表6-6　　构件和半成品需要量计划

序号	构件、半成品名称	规格	图号、型号	需要量		使用部位	加工单位	供应日期	备注
				单位	数量				
1									
2									
3									
……									

4. 施工机械需要量计划

施工机械需要量计划主要用于确定施工机具类型、数量和进场时间。表格形式见表 6-7。

表 6-7　　施工机械需要量计划

序号	机械名称	类型、型号	需要量		货源	使用起止时间	备注
			单位	数量			
1							
2							
3							
……							

6.5.2 施工准备工作计划

施工准备是为拟建工程的施工创造必要的技术、物质条件，是完成单位工程施工任务的首要条件，是为工程早日开工和顺利进行所必须做的一些工作。施工准备不仅存在于开工之前，而且贯穿整个施工过程。施工准备工作计划包括技术准备、施工现场准备、资金准备等工作计划。

1. 技术准备

技术准备一般称为现场管理的"内业"，它是施工准备工作的核心内容，指导着施工现场准备。因为任何技术上的差错和隐患都可能引起质量和人身安全事故，造成生命财产的巨大损失，因此必须重视做好技术准备工作。技术准备工作的主要内容一般包括以下几项：

(1)一般性准备工作

①熟悉施工图纸，组织图纸会审，准备好本工程所需的规范、标准、图集等。具体要求如下：核对图纸是否齐全和完成，是否按规定通过审查；组织学习图纸，做好图纸会审工作；联系设计单位，确定设计交底和图纸会审的时间；根据图纸和施工需要，备齐相关法规、规范、规程、标准和图集，列出清单，并明确清单备齐时间。

②技术培训，指定开工前及施工过程中对项目部管理人员和劳务人员进行的各种培训计划。其内容包括：管理人员培训，管理人员上岗培训，组织参观和技术交流；由专家进行专业培训；推广新技术、新材料、新工艺、新设备应用培训和学习规范、规程、标准、法规的重要条文等。劳务人员培训，对劳务人员的进场教育，上岗培训；对专业人员的培训，如新技术、新工艺、新材料、新设备的操作培训等，提高使用操作的适应能力。

(2)器具配置计划

以表格形式列出本工程所需各种仪器、仪表、计量、检测、测量、试验用的工具等器具清单。所有器具必须在开工前配置并检测，所有仪器应有检测合格证，并在表格中应注明器具检测有效期。

(3)技术工作计划

①方案编制计划

该计划要求的是拟编制施工方案的最迟提供期限。在进场后，应编制各分项和专项工程的施工方案计划，与工程施工进度配套。

a.各分项工程施工方案编制计划

分项工程施工方案要以分项工程为划分标准，如混凝土施工方案、室内装修方案、电气施工方案等。表格形式见表6-8。

表 6-8　施工方案编制计划

序号	方案名称	编制人	编制完成时间	审批人(部门)
1				
2				
……				

注：编制人是指某个人，不能写某部分。

b.专项施工方案编制计划

专项工程施工方案是指除分项工程施工方案以外的施工方案，如施工测量方案、大体积混凝土施工方案、安全防护方案、文明施工方案、季节性施工方案、临电施工方案、节能施工方案等。

②试验、检测工作计划

施工组织设计中宜对需要见证取样的混凝土试块(标准、同条件、拆模)、钢筋等材料编制检验试验计划。由于在编制施工组织设计时，施工图预算还没有编制完成，缺乏与试验有关的工程量等数据，因此对试验工作计划的内容，可先描述试验工程应遵循的原则及规定，另外单独编制详细的试验方案，并列入方案编制计划。

试验工作计划内容应包括常规取样试验计划及见证取样试验计划。

样板箱、样板间计划。“方案先行、样板引路”是保证工期和质量的法宝，坚持样板制，不仅仅是样板间，而是样板“制”(包括工序样板、分项工程样板、样板墙、样板间、样板段、样板回路等)。通过方案和样板，制定出合理的工序、有效的施工方法和质量控制标准，见表6-9。

表 6-9　样板项、样板间计划一览表

序号	项目名称	部位(层、段)	施工时间	备注
1				
2				
3				
……				

样板项侧重结构施工中的主要工序样板，应将分项工程样板的名称、层段、轴线位置表示具体、明确。一般样板项出现在地下室最下的那一层或首层。

样板间是针对装修施工设置的，这项工作对装修工作的质量预控起到重要作用。

(4)新技术、新工艺、新材料、新设备推广应用计划

本部分主要确定“四新”技术等科研成果推广应用计划。具体要求如下：

①应依据建设部颁发的建筑业新技术推广应用及其他新的科研成果应用，逐条对照，列表加以说明，见表6-10。

表 6-10　　新技术推广应用计划表

序号	新技术名称	应用部位	应用数量	负责人	总结完成时间
1					
2					
3					
……					

②新技术推广必须要体现该工程的科技含量和应用数量。

③对所应用的每一项新技术由项目部分配给具体负责人，负责该项新技术的日常技术指导和完成后的技术总结。

④通过施工实践后，在规定的时间内由该项新技术应用负责人写好技术总结或论文，其目的是便于在今后工程实践应用中得到较大提高。

(5)QC 活动计划

根据工程特点，在施工过程中，成立 QC 小组，分专业或综合两个方面开展 QC 活动，并制定 QC 活动计划表，见表 6-11。

表 6-11　　QC 活动计划表

序号	QC 小组课题	参加部门	时间安排
1			
2			
3			
……			

(6)高层引测与建筑物定位

说明高程引测和建筑物定位的依据，组织交接桩工作，做好验线准备。

(7)实验室、预拌混凝土供应

说明实验室、预拌混凝土供应商的考查和确定。如采用预拌混凝土，对预拌混凝土供应商进行考察，当确定好预拌混凝土供应商后，要求在签订预拌混凝土经济活动时，应同时签订预拌混凝土供应技术合同。

应根据对实验室的考察及本工程的具体情况，确定实验室。明确是否在现场建立标养室。若建立标养室，应说明配套与工程的规模、技术特点相适应的标养设备。

(8)施工图翻样设计工作

要求提前做好施工图、安装图等的翻样工作，如模板设计翻样、钢筋翻样等。项目专业工程师应配合设计，并对施工图进行详细的二次深化设计。一般采用 AutoCAD 绘图技术，对较复杂的细部节点做 3D 模型。

2. 施工现场准备

施工现场准备即通常所说的室外准备，也叫现场管理的“外业”，主要是为拟建工程早日开工和顺利进行创造有利的施工条件和物质保障基础。它是保证工程按计划开工和顺利进行的重要环节，因此必须认真落实做好这项工作。

施工现场准备工作的内容包括障碍物的清除、“三通一平”、现场临水临电、生产生活设施、围挡(墙)、道路等施工平面图中所用内容,并按施工平面图所规定的位置和要求布置。

编写这部分内容时,应结合实际描述开工前的现场安排及现场使用要求。

(1)施工临时供水系统准备计划

施工临时供水主要包括生产用水、生活用水和消防用水三种。其中,生产用水包括工程施工用水、施工机械用水。

(2)施工临时供电系统准备计划

①说明本工程主要用电设备及现场电源情况,并按现场临电负荷表进行现场临电的负荷计算,校核建设单位所提供的电量是否能够满足现场施工所需电量,如何布置现场临电系统,见表6-12。

表6-12　主要施工机械设备用电一览表

序号	名称	规格型号	单位	数量	设备容量/kW	进场时间	电容量
1	塔式起重机						
2	施工电梯						
3	交流电焊机						
4	施工照明						
5	生活用电						
……	……						
电容量合计		电动机:××kW 施工照明:××kW			电焊机:××kW·A 生活用电:××kW		

②施工现场安全用电管理。是安全文明施工的重要组成部分,应单独编制详细的临时用电方案,通过计算确定变压器规格、导线截面,并绘制现场用电路线布置图和系统图。临时供电线路只需在施工总平面图中标明线路位置、用电位置即可。

③用电量计算。现场临时供电包括动力用电与照明用电两种,在计算用电量时,应考虑以下因素:全工地使用的用电机械设备、电气工具和照明用电数量;施工进度计划中,施工高峰阶段同时用电的机械设备最高数量;各种电力机械设备在工程中的利用情况。

(3)临时供热准备计划

临时供热计划应根据现场的生产、生活设施的面积和形式确定供热方式和供热量,并绘制管线设计图。

(4)临时道路及围挡(墙)计划

目前很多大型工程往往忽略道路在施工现场的重要性,要特别注意雨期到来时道路泥泞影响运输,在设计道路做法时,应引起足够的重视。

①根据现场实际情况确定道路走法、宽度和排水方向。

②临时道路和围挡(墙)的设置必须符合安全、消防、文明施工标准的规定。

③临时道路应考虑现场既要防止扬尘、满足车辆行走的要求,又要便于今后总图的施工。除主要车辆行走道路外,尽量减少混凝土路面的采用,可采用碎石或可周转使用的水泥方砖。

④围挡(墙)一般采用压型钢板及钢骨架组合拼接而成,便于周转使用,减少临建材料投入。

(5)场区排水准备计划

根据现场使用的各类机具及生活用水情况计算用水量，确定排水沟或排水管道的位置、流向和规格，并绘制现场排水路线布置图。在施工总平面图中标明排水设施的位置和管径。

(6)生产、生活卫生临时设施计划

临时设施应本着尽量利用已有或拟建工程为施工服务的原则，按照施工部署和各种资源的需要量计划，认真进行临时工程规划设计和编制临时设施需要量计划。根据工程规模、施工人数确定并列出各类临设面积、结构、用途和做法。说明规划现场各类构件、机具、材料存放场地的准备和要求，办公生活设施布置标准等，见表 6-13。

表 6-13　临时设施一览表

序号	设施名称	结构形式	面积	用途	做法
1	办公室				
2	职工宿舍				
3	食堂				
4	厕浴间				
5	门卫室				
6	木工棚				
7	钢筋棚				
8	仓库				
9	电工间				
10	标养室				

3. 资金准备

资金准备应根据施工进度计划及工程施工合同中的相关条款编制资金使用计划，以确保施工各阶段的目标和工期总目标的实现，此项工作应在施工进度计划编制完后、工程开工前完成。

6.6　单位工程施工平面图设计

单位工程施工平面图是施工组织设计的重要组成部分，是根据拟建工程的规模、施工方案、施工进度及施工生产中的需要，结合现场的具体情况和条件，对施工现场做出的规划、部署和具体安排。

单位工程施工平面图一般按 1∶500～1∶200 的比例绘制。

施工平面图是施工方案在现场空间上的体现，反映已建工程和拟建工程之间，以及各种临时设施之间的合理位置关系。现场布置得好，就可以使现场管理得好，为文明施工创造条件；反之，如果现场施工平面布置得不好，施工现场道路不畅通，材料堆放混乱，就会对工程进度、质量、安全、成本产生不良后果。因此，施工平面图设计是施工组织设计中的一个重要内容。

6.6.1 单位工程施工平面图设计依据

1. 设计与施工的原始资料

(1)自然条件资料

自然条件资料包括地形资料、地质资料、水文资料、气象资料等，主要用来确定施工排水沟渠、易燃易爆品仓库的位置。

(2)技术经济条件资料

技术经济条件资料包括地方资源情况、水电供应条件、生产和生活基本情况、交通运输条件等，主要用来确定材料仓库、构件和半成品堆场、道路及可以利用的生产和生活的临时设施。

(3)社会调查资料

社会调查资料包括如社会劳动力和生活设施情况、参加施工的各单位情况、建设单位可以为施工提供的房屋和其他生活设施情况等。

2. 施工图纸

(1)建筑总平面图

根据建筑总平面图和施工条件可确定临时建筑物和临时设施的平面位置。

(2)地下、地上管道位置

一切已有或拟建的管道，应在施工中尽可能考虑利用，如对施工有影响，则应采用一定措施予以解决。

(3)土方调配规划及建筑区竖向设计

土方调配规划及建筑区竖向设计资料与土方挖填及土方取舍位置密切相关，它影响到施工现场的平面关系。

3. 施工方面的资料

(1)施工方案

施工方案对施工平面布置的要求，应具体体现在施工平面上。如起重机运行线路等。

(2)施工进度计划

根据施工进度计划及由施工进度而编制的资源计划，进行现场仓库位置、面积、运输道路的确定。

(3)资源需要量计划

资源需要量计划即各种劳动力、材料、构件、半成品等需要量计划，可据此确定宿舍、食堂的面积、位置，仓库和堆场的面积、形式、位置。

4. 有关法律法规对施工现场管理提出的要求

如《建设工程安全生产管理条例》《中华人民共和国文物保护法》《中华人民共和国环境保护法》等。

6.6.2 单位工程施工平面图设计原则

①在尽可能的条件下，平面布置力求紧凑，尽量少占施工用地。对于建筑场地而言，

缩短场内运输距离和管线长度，既有利于现场施工管理，又可节省施工成本。通常可以采用一些技术措施减少施工用地。如合理计算各种材料的储备量，尽量采用商品混凝土施工，有些结构构件可采用随吊随运方案，某些预制构件采用平卧叠浇方案，临时办公用房可采用多层装配式活动房屋等。

②在保证工程顺利进行的条件下，尽量减少临时设施用量。尽可能利用现有房屋作为临时施工用房；合理安排生产流程，使土方调配量最小；必要时可用装配式房屋，管网选择应使长度尽量短。

③最大限度地缩短场内运输距离，减少场内二次搬运。各种主要材料、构配件堆场应布置在塔式起重机有效工作半径范围之内，尽量使各种资源靠近使用地点布置，力求转运次数最少。

④临时设施布置应有利于施工管理和工人的生产和生活。如办公区应靠近施工现场，生活福利设施最好与施工区分开，分区明确，避免人流交叉。

⑤施工平面图布置要符合劳动保护、技术安全和消防要求。现浇石灰池、沥青锅应布置在生活区的下风处，木工棚、石油沥青卷材仓库也应远离生活区。采取消防措施，易燃易爆物品场所旁应有必要的警示标志。

设计施工平面图除考虑上述基本原则外，还必须结合施工方法、施工进度，择优选择施工平面图布置方案。

6.6.3 单位工程施工平面图设计内容

(1)施工现场内已建和拟建的地上和地下的一切建筑物、构筑物及其他设施。

(2)塔式起重机位置、运行轨道，施工电梯或井架位置，混凝土和砂浆搅拌站位置。

(3)测量轴线及定位线标志，测量放线桩及永久水准点位置。

(4)为施工服务的一切临时设施的位置和面积，主要有以下几方面：

①场内外的临时道路，可利用的永久道路。

②各种材料、构配件、半成品的堆场及仓库。

③装配式结构构件制作和拼装地点。

④行政、生产、生活用的临时设施，如办公室、加工车间、食堂、宿舍、门卫、围墙等。

⑤临时水电管线。

⑥一切安全和消防设施的位置，如高压线、消防栓位置等。

当然对不同的施工对象，施工平面布置不尽相同。若采用商品混凝土，混凝土的制备可以在场外进行，这样现场的平面布置就简单多了。当工程规模大、工期长且各施工过程及各分部分项工程内容差异很大时，其施工平面布置也随时间的改变而变动很大，因此施工平面设计应分阶段进行。

(5)施工现场功能区域划分。施工现场按照功能划分为施工作业区、辅助作业区、材料堆放区和办公生活区。

施工现场的办公生活区应当与施工作业区分开设置，并保持安全距离。办公生活区应当设置于在建建筑物坠落半径之外，与作业区之间设置防护措施，进行明显的划分隔离，以免人员误入危险区域；办公生活区如果设置于在建建筑物坠落半径之内，必须采取可靠的防砸措施。功能区的规划设置还应考虑交通、水电、消防、卫生和环保等因素。

6.6.4 单位工程施工平面图设计步骤

1. 熟悉、分析有关资料

熟悉设计图纸、施工方案、施工进度计划；调查分析有关资料，掌握、熟悉现场有关地形、水文地质条件；在建筑总平面图上进行施工平面图设计。

2. 确定垂直运输机械的位置及布置

垂直运输机械的位置直接影响仓库、搅拌站、各种材料和构件等位置及道路和水、电线路的布置等，因此它的布置是施工现场全局的中心环节，必须首先确定。

(1)塔式起重机的布置

塔式起重机的平面位置主要取决于建筑物平面形状和四周场地条件，一般应在场地较宽的一面沿建筑物的长度方向布置，以充分发挥其效率。

①布置要求。塔式起重机沿建筑物长度方向单侧布置的平面图如图 6-5 所示。回转半径 R 应满足下式要求：

$$R \geqslant B + A \tag{6-9}$$

式中 R——塔式起重机最大回转半径(m)；

B——建筑物平面的最大宽度(m)；

A——轨道中心线与外墙中心线的距离(m)。

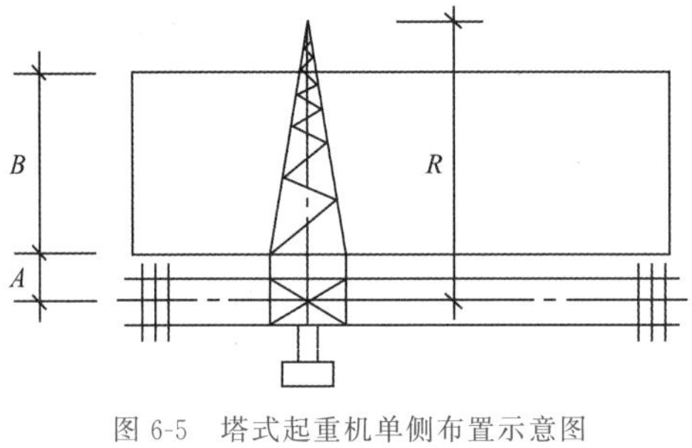

图 6-5 塔式起重机单侧布置示意图

当建筑物房屋宽度大、构件重，单侧布置起重机，其中半径不能满足最远构件的吊装要求时，可双侧或环形布置，平面布置图如图 6-6 所示。此时，起重半径必须满足：

$$R \geqslant B/2 + A \tag{6-10}$$

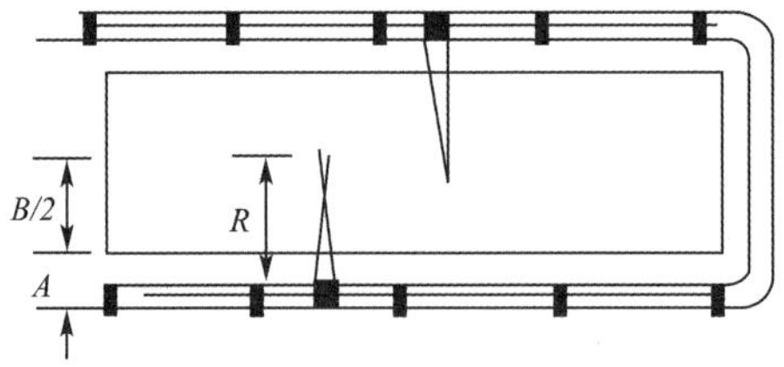

图 6-6 塔式起重机双侧(或环形)布置示意图

②复核。复核塔式起重机起重量(Q)、回转半径(R)、起重高度(H)三者是否能满足

建筑物构件吊装的技术要求，如不能满足，则可以调整上面公示中的距离 A。

③绘出塔式起重机的服务范围。以塔式起重机轨道两端有效行驶端点为圆心，以最大回转半径为半径画出两个半圆，再接连两个半圆，即为塔式起重机的服务范围，如图 6-7 所示。

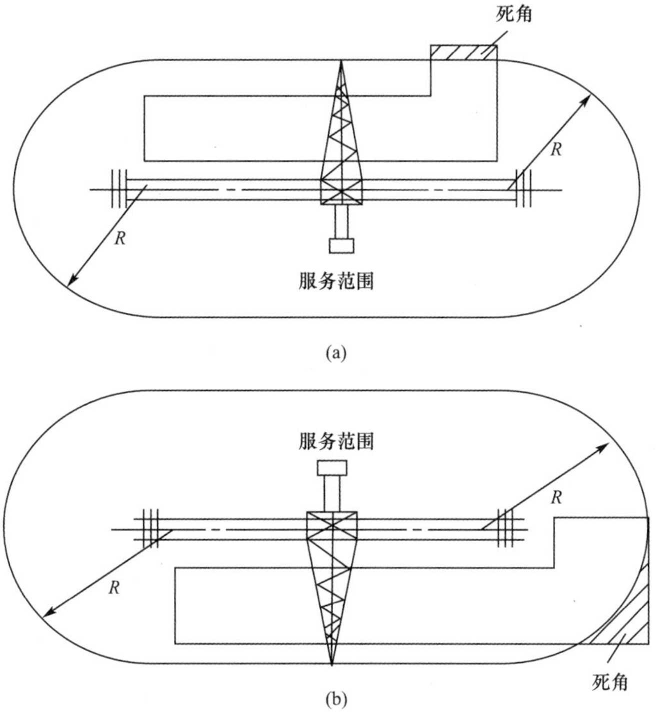

图 6-7　塔式起重机服务范围和“死角”

建筑物处于塔式起重机范围以外的阴影部分，称为“死角”。塔式起重机布置的最佳状况应使建筑物平面均在塔式起重机服务范围内，避免“死角”，“死角”越小越好，使最重、最大、最高的构件不出现在“死角”内。如塔式起重机吊运最远构件，需将构件做水平推移时，推移距离一般不超过 1 m 并应有严格的技术措施，否则要采取其他辅助措施。

(2)井架、龙门架的布置

①井架、龙门架布置的位置。井架、龙门架布置的位置一般取决于建筑物的平面形状和大小、流水段的划分、建筑物高低层的分界位置等因素。当建筑物呈长条形，层数、高度相同时，一般布置在流水段的分界处，并应布置在现场较宽的一面，这一面一般堆放砖和楼板等构件，以达到缩短运距的要求。

②井架、龙门架布置的原则。井架、龙门架布置的基本原则是要充分发挥起重机械的能力，并使地面和楼面的水平运距最小。布置时应考虑以下几个方面：

a. 工程各部位的高度相同时，应布置在施工段的分界线附近；

b. 工程各部位的高度不同时，应布置在高低分界线较高部位一侧；

c. 井架、龙门架的位置以布置在窗口处为宜，以避免砌墙留槎和减少井架拆除后的修补工作；

d. 井架、龙门架的数量要根据施工进度、垂直提升的构件和材料数量、台班工作效率等因素计算确定，其服务范围一般为 50～60 m，台班吊装次数一般为 80～100 次；

e. 卷扬机的位置不应距离起重机械太近，以便司机的视线能够看到整个升降过程，一般要求此距离大于建筑物的高度，水平距脚手架 3 m 以上；

f. 井架应立在外脚手架之外并保持一定距离为宜，一般为 5～6 m。

(3)外用施工电梯的布置

外用施工电梯是一种安装于建筑物外部，施工期间用于运送施工人员及建筑器材的垂直运输机械。它是高层建筑施工不可缺少的关键设备之一。

在确定外用施工电梯的位置时，应考虑便于施工人员上下和物料集散。由电梯口至各施工处的平均距离应最近；便于安装附墙装置；接近电源，有良好的夜间照明。

(4)混凝土泵和泵车的布置

高层建筑施工中，混凝土的垂直运输量巨大，通常采用泵送方法进行。混凝土泵是在压力推动下沿管道输送混凝土的一种设备，它能一次连续完成水平运输和垂直运输，配以布料杆或布料机还可以有效地进行布料和浇筑。混凝土泵布置时宜考虑设置在场地平整、道路畅通、供料方便、距离浇筑地点近、便于配管，排水、供水、供电方便的地方，并且在混凝土泵作用范围内不得有高压线。

3. 确定搅拌站、仓库、材料和构件堆场以及加工厂的位置

(1)确定砂浆、混凝土搅拌站的位置

砂浆、混凝土搅拌站的位置取决于垂直运输机械的位置，布置搅拌机时，应考虑以下因素：

①根据施工任务大小和特点，选择适用的搅拌机及数量；然后根据总体要求，将搅拌机布置在使用地点和起重机附近，并与垂直运输机械协调，以提高机械的利用率。

②搅拌机的位置尽可能布置在运输道路附近，且与场外运输道路相连接，以保证大量的混凝土原材料顺利进场。

③搅拌机布置应考虑后台有上料的地方，与砂石堆场距离越近越好，并能在附近布置水泥库。

④特大体积混凝土施工时，其搅拌机尽可能靠近使用地点。

⑤混凝土搅拌台所需面积 25 m^2，砂浆搅拌机所需面积 15 m^2 左右，它们四周应有排水沟，避免现场积水。

(2)确定材料及构件堆场位置

材料、构件堆场位置根据施工阶段、施工部位及使用时间的不同，有以下几种布置方式：

①建筑物基础和第一层施工所用的材料应该布置在建筑物周围，并根据基槽(坑)的深度、宽度和边坡坡度确定，与基槽(坑)边缘保持一定距离，以免造成土壁塌方事故。

②第二层以上施工材料布置在起重机附近。

③砂石等大宗材料尽量布置在起重机附近。

④多种材料同时布置时，对大宗的、重量大的和先期使用的材料，尽可能靠近使用地点或起重机附近布置；而对少量的、重量小的和后期使用的材料，则可布置得远一些。

⑤按不同的施工阶段使用不同的材料的特点，在同一位置上可先布置不同的材料。

例如，砖混结构基础施工阶段，建筑物周围可堆放毛石；而在主体结构施工阶段，在建筑物周围可堆放砖、砌块。

⑥各种仓库及堆场所需的面积，可根据施工进度、材料供应情况等，确定分批分期进场，并根据下列公式进行计算：

$$F=Q/nqk \tag{6-11}$$

式中　F——材料堆场或仓库所需面积(m^2)；

Q——各种材料在现场的总用量；

n——该材料分期分批进场的次数(次)；

q——该材料每平方米储存定额；

k——堆场和仓库面积的利用系数。

常用材料仓库或堆场面积计算参考指标见表 6-14。

表 6-14　常用材料仓库或堆场面积计算参考指标

序号	材料、半成品名称	单位	每平方米储存定额 q	面积利用系数 k	备注	库存或堆场
1	水泥	t	1.2—1.5	0.7	堆高 12—15 袋	封闭库存
2	生石灰	t	1.0—1.5	0.8	堆高 1.2—1.7 m	棚
3	砂子(人工堆放)	m^3	1.0—1.2	0.8	堆高 1.2—1.5 m	露天
4	砂子(机械堆放)	m^3	2.0—2.5	0.8	堆高 2.4—2.8 m	露天
5	石子(人工堆放)	m^3	1.0—1.2	0.8	堆高 1.2—1.5 m	露天
6	石子(机械堆放)	m^3	2.0—2.5	0.8	堆高 2.4—2.8 m	露天
7	块石	m^3	0.8—1.0	0.7	堆高 1.0—1.2 m	露天
8	卷材	卷	45—50	0.7	堆高 2.0 m	库存
9	木模板	m^2	4—6	0.7	—	露天
10	红砖	千块	0.8—1.2	0.8	堆高 1.2—1.8 m	露天
11	泡沫混凝土	m^3	1.5—2.0	0.7	堆高 1.5—2.0 m	露天

4. 确定场内运输道路

现场施工应尽可能利用永久性道路，或先建好永久性道路路基，在土建工程结束之前再铺好路面。现场道路布置时注意保证行驶通畅，使运输工具有回转的可能性。因此，运输路线最好围绕建筑物布置成一条环形道路。道路的最小宽度和转弯半径见表 6-15 和表 6-16。

道路两侧一般应结合地形设置排水管，沟深不大于 0.4 m，宽度不小于 0.3 m。

表 6-15　施工现场道路最小宽度

序号	汽车类别及要求	道路宽度/m
1	汽车单行道	≥3.0
2	汽车双行道	≥6.0
3	平板拖车单行道	≥4.0
4	平板拖车双行道	≥8.0

表 6-16　　施工现场道路最小转弯半径

车辆类型	路面内侧的最小转弯半径/m		
	无拖车	有一辆拖车	有两辆拖车
小客车、三轮汽车	6	—	—
一般二轴载重客车	单车道 9	12	15
三轴载重客车	双车道 7	—	—
重型载重客车	12	15	18
起重型载重客车	15	18	21

5. 布置临时设施

施工现场的临时设施较多，这里主要指施工期间临时搭建、租赁的各种房屋临时设施。临时设施必须合理选址、正确用材，确保使用功能和安全、卫生、环保、消防要求。

(1)临时设施的种类

①办公设施，包括办公室、会议室、保卫传达室等。

②生活设施，包括宿舍、食堂、厕所、淋浴室、阅览娱乐室、卫生保健室等。

③生产设施，包括材料仓库、防护棚、加工棚(站、厂，如混凝土搅拌站、砂浆搅拌站、木材加工厂、钢筋加工厂、金属加工厂和机械维修厂)、操作棚等。

④辅助设施，包括道路、现场排水设施、围墙、大门、供水处等。

(2)临时设施的设计

施工现场搭建的生活设施、办公设施，两层以上、大跨度及其他临时房屋建筑物应当进行结构计算，绘制简单施工图纸，并经企业技术负责人审批方可搭建。临时建筑物设计应符合《建筑结构可靠度设计统一标准》(GB 50068—2018)、《建筑结构荷载规范》(GB 50009—2012)的规定。临时建筑物使用年限为 5 年。临时建筑及设施设计可不考虑抗震要求。

(3)临时设施的选址

办公、生活临时设施的选址首先应考虑与作业区相隔离，保持安全距离；其次，周边环境必须具有安全性。例如，不得设置在高压线下，也不得设置在沟边、崖边、河流边、强风口处、高墙下以及滑坡、泥石流等灾害地质带上和山洪可能冲击到的区域。

安全距离是指在施工坠落半径和高压线放电距离之外。建筑物高度 2～5 m，坠落半径为 2 m；高度 30 m，坠落半径为 5 m(如因条件限制，办公和生活区设置在坠落半径区域内，必须有保护措施)。1 kV 以下裸露输电线，安全距离为 4 m；330～550 kV 裸露输电线，安全距离为 15 m(最外线的投影距离)。

(4)临时设施的布置原则

①合理布局，协调紧凑，充分利用地形，节约用地。

②尽量利用建设单位在施工现场或附近能提供的现有房屋和设施。

③应本着厉行节约、减少浪费的原则，充分利用当地材料，尽量使用活动式或容易拆装的房屋。

④临时房屋布置应方便生产和生活。

⑤临时房屋的布置应符合安全、消防和环境卫生的要求。

(5)临时设施的布置方式

①生活性临时房屋布置在工地现场以外,生产性临时设施按照生产的需要在工地选择适当的位置,行政管理办公室等应靠近工地或是工地现场出入口。

②生活性临时房屋布置在工地现场以内时,一般布置在现场的四周或集中于一侧。

③生产性临时房屋,如混凝土搅拌站、钢筋加工厂、木材加工厂等,应全面分析比较后再确定位置。

(6)临时房屋的结构类型

①活动式临时房屋,如钢骨架活动房屋、彩钢板房。

②固定式临时房屋,主要为砖木结构、砖石结构和砖混结构。

临时房屋应优先选用钢骨架活动房屋,生活办公设施不宜选用菱形土板房。

6. 布置临时用水、供电设施

(1)临时用水的布置

施工临时用水包括施工用水、生活用水和消防用水。单位工程的临时供水管网一般采用枝状布置方式。临时供水应先进行用水量和管径计算。一般 5 000～10 000 m^2 的建筑物其施工用水主管直径为 100 mm,支管直径为 25～40 mm。还应将供水管分别接到各用水点(如砖堆、石灰池、搅拌站等)附近,分别接出水龙头,以满足现场施工用水需要。在保证供水的前提下,应使管线越短越好,管线可暗铺,也可明铺。

工地内要设置消防栓,消防栓距离建筑物不应小于 5m,也不应大于 25 m,距路边不大于 2 m。消防栓之间距离不大于 120 m,消防水管直径要大于 100 mm。

(2)临时供电的布置

临时供电也应先进行用电量、导线计算,然后进行布置。单位工程的临时供电线路一般采用枝状布置,其要求如下:

①尽量利用原有的高压电网及已有变压器。

②变压器应布置在现场边缘高压线接入处,离地应大于 3 m,四周设有高度大于 1.7 m 的铁丝网防护栏,并有明显的标志,不要把变压器布置在交通通道出入口处。

③线路应架设在道路一侧,距建筑物应大于 1.5 m,垂直距离应在 2 m 之上,电线杆间距一般为 25～40 m。

④线路应布置在起重机械的回转半径之外。否则必须搭设防护栏,其高度要超过线路 2 m,机械运转时还应采取相应措施,以确保安全。现场机械较多时,可采用埋地电缆代替架空线路,以减少相互干扰。

⑤供电线路跨过材料、构件堆场时,应有足够的安全架空距离。

⑥各种用电设备的闸刀开关应单机单闸,不容许一闸多机使用,闸刀开关的安装位置应便于操作。

⑦配电箱等在室外时,应有防雨措施,严防漏电、短路及触电事故。

6.6.5 施工平面图绘制要求

单位工程施工平面图是施工的重要技术文件之一，是施工组织设计的重要组成部分，因此，要求精心设计、认真绘制，比例要准确，应标注主要位置尺寸，要按照图例或编号注明布置的内容、名称，线条粗细分明，字迹工整、清晰，图面清楚、美观。

设计施工平面图时，还应广泛征求各专业施工单位的意见，并充分协商，以达到最佳设计。

6.6.6 施工平面图实例

某施工现场正面布置如图 6-8 所示。

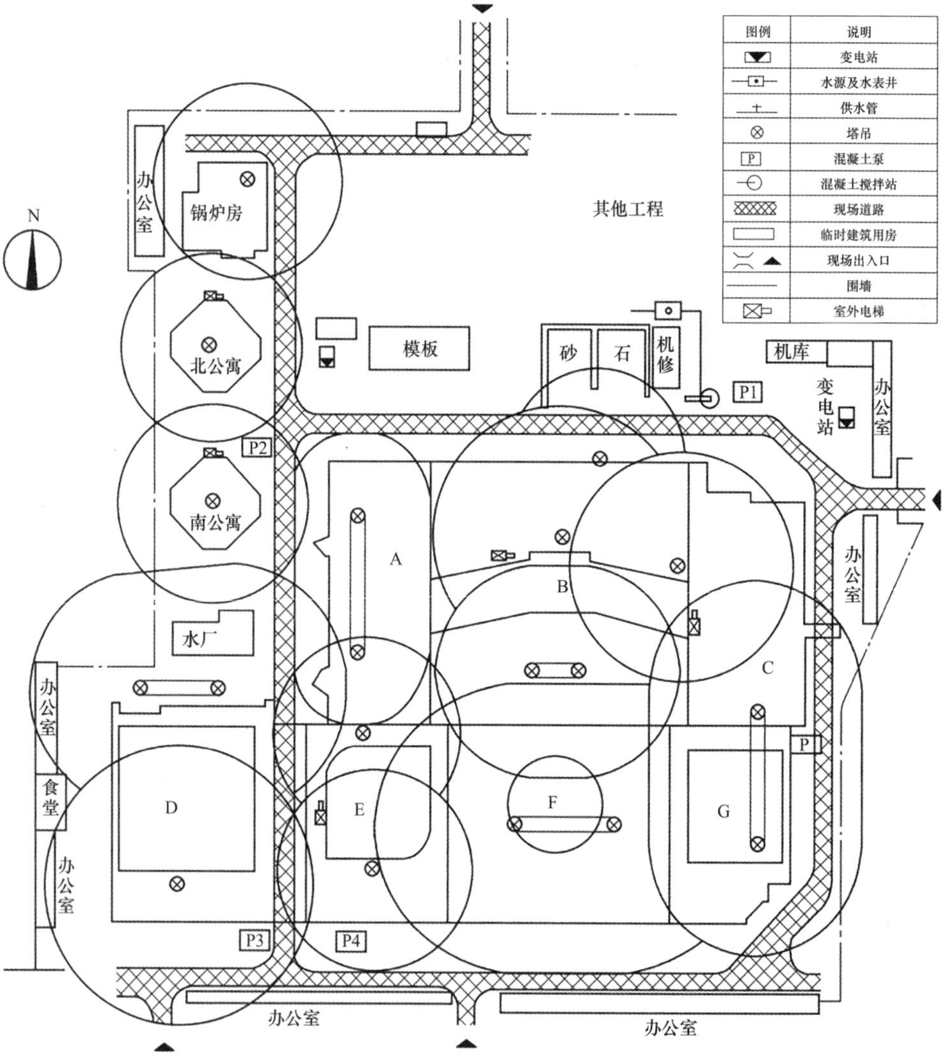

图 6-8 施工现场平面布置图

参考文献

[1] 韩国平. 建筑施工组织与管理[M]. 北京：清华大学出版社，2022.

[2] 袁影辉等. 建筑施工组织[M]. 北京：化学工业出版社，2018.

[3] 张锋等. 建筑施工组织设计[M]. 天津：天津科学技术出版社. 2017

[4] 戴运良等. 土木工程施工组织[M]. 武汉：武汉工业出版社 2016.

[5] 彭仁娥. 建筑施工组织[M]. 北京：北京理工大学出版社. 2016.

[6] 中华人民共和国住房和城乡建设部. 建筑工程施工组织设计规范(GB/T502016).

[7] 彭圣洁. 建筑工程施工组织设计实例应用手册[M]. 北京：中国建筑工业出版社，2016.

[8] 蔡雪峰. 建筑工程施工组织[M]. 北京：高等教育出版社，2015.

[9] 赵继伟. 建筑施工组织[M]. 南京：东南大学出版社，2015.

[10] 徐猛勇，肖婧. 建筑施工组织[M]. 北京：中国建材工业出版社，2012.